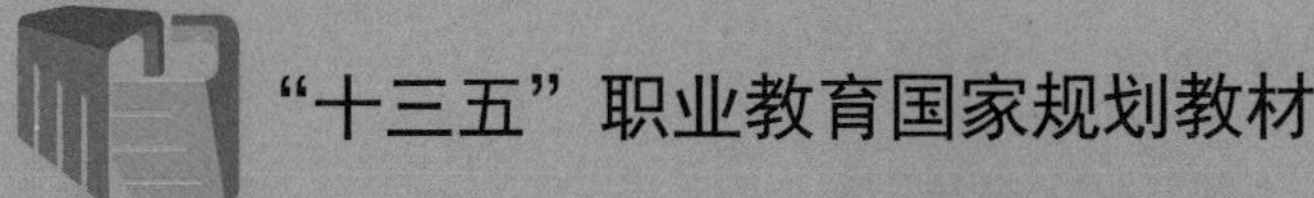

“十三五”职业教育国家规划教材

数字影音编辑与合成

（Premiere Pro CS6）

（第 2 版）

江永春　主　编

電子工業出版社
Publishing House of Electronics Industry
北京 · BEIJING

内 容 简 介

本书第 1 版入选“十三五”职业教育国家规划教材，按照《职业院校教材管理办法》和《“十四五”职业教育规划教材建设实施方案》规定的编写要求修订为第 2 版。

本书通过 23 个课堂实训、10 个课后实训、10 个综合实训，引导学习者循序渐进地学习视频编辑人员必须掌握的相关知识和技能。内容包括“软件入门”“编辑基础”“视频切换效果”“视频特效（一）——调色特效”“视频特效（二）——抠像特效”“视频特效（三）——其他特效”“运动效果”“Premiere 的字幕制作”“数字音频编辑”“输出数字音视频”。本书经过修订，增强了教学内容的深度、广度，突出趣味性和实用性，更有利于启迪学生的求知欲，便于教学。

本书是数字媒体技术、数字媒体艺术、数字影像技术等与音视频相关专业核心课教材，也可作为 Premiere 培训教材，还可供音视频编辑爱好者学习参考。

图书在版编目（CIP）数据

数字影音编辑与合成：Premiere Pro CS6 / 江永春主编．—2 版．—北京：电子工业出版社，2022.4

ISBN 978-7-121-43684-0

Ⅰ．①数… Ⅱ．①江… Ⅲ. ①视频编辑软件—高等学校—教材 Ⅳ. ①TN94

中国版本图书馆 CIP 数据核字（2022）第 095459 号

责任编辑：杨　波
印　　刷：北京富诚彩色印刷有限公司
装　　订：北京富诚彩色印刷有限公司
出版发行：电子工业出版社
　　　　　北京市海淀区万寿路 173 信箱　邮编　100036
开　　本：880×1 230　1/16　印张：14.5　字数：334.08 千字
版　　次：2017 年 12 月第 1 版
　　　　　2022 年 4 月第 2 版
印　　次：2023 年 8 月第 4 次印刷
定　　价：49.80 元

凡所购买电子工业出版社图书有缺损问题，请向购买书店调换。若书店售缺，请与本社发行部联系，联系及邮购电话：（010）88254888，88258888。

质量投诉请发邮件至 zlts@phei.com.cn，盗版侵权举报请发邮件至 dbqq@phei.com.cn。

本书咨询联系方式：（010）88254584，yangbo@phei.com.cn。

前言 | PREFACE

本书以党的二十大精神为统领，全面贯彻党的教育方针，落实立德树人根本任务，践行社会主义核心价值观，铸魂育人，坚定理想信念，坚定“四个自信”，为中国式现代化全面推进中华民族伟大复兴而培育技能型人才。

本书第 1 版入选“十三五”职业教育国家规划教材，按照《职业院校教材管理办法》和《“十四五”职业教育规划教材建设实施方案》规定的编写要求修订为第 2 版，本书二维码供学生课前或课后查阅教学资源用。

本书此次修订增加了剪辑的相关内容，如“什么是剪辑？”“好剪辑的标准是什么？”“剪辑需要仪式感”等知识，突出了内容的人文思政的融入，培养学生的职业道德和规范。教学内容的美学价值在于通过影视作品中的人、景、物、情节、情境来传递真善美，通过剖析集哲理、思想、趣味于一体的微电影《另一只鞋子》，领悟“当善良遇见善良，就会开出世界上最美的花朵”，培养学生美好的家国情怀与正确的核心价值观。以“自然之美”“社会之美”“城市之美”等不同主题设计项目，展现美丽国家、美丽城市、美丽家庭等主题创作，通过体验式思政，入脑入心，使学生建立自信心，为国家多做贡献。本书经过修订，增强了教学内容的深度和广度，突出了趣味性和实用性，更有利于启迪学生的求知欲，培养学生的家国情怀、培养学生的探究精神，利于能力达成。

为帮助读者提升学习效果，增强学习兴趣，本修订版采用彩色印刷，更能突出美学培养，激发学生的学习兴趣。另外，根据读者学习基础的层次不同，教学内容也做了分层管理与使用，将第 1 版中“飘动文字效果”“虚实变化字幕”等多个综合实训的内容，调整为综合提高部分，读者可根据自身喜好，选择使用，该部分将作为教学资料提供，读者可到教学资源平台下载使用。

为符合《儿童青少年学习用品近视防控卫生要求》(GB 40070—2021)，对本书的字号进行了调整，使之更有利于保护视力。

本书内容

本书以岗位工作过程来确定学习任务和目标，综合提升学生的专业能力、过程能力和职位差异能力，以具体的案例任务引领教学内容。本书核心目标是培养学生通过编辑技巧实现作品的叙事和表意功能，精选经典影片的片段剖析，可视化解读剪辑中的隐形艺术，利用 Premiere 软件，从软件应用的基本流程到综合应用。每章精选多个实例，通过实例的操作过程来进一步体会软件 Premiere 的功能和操作技巧，让学生在操作过程中不知不觉地掌握 Premiere 的基本功能，同时也学会实例中的创意思想。希望通过本书，能让学生少走弯路，从初学者成为专业级的数码编辑人员。

本书共分 10 章，主要内容如下。

第 1 章，从非线性编辑的基本概念入手，比较非线性编辑与线性编辑技术的异同，通过实例“美丽的青岛”作为热身，体验 Premiere 软件的基本工作流程。

第 2 章，从剪辑的概念入手，探讨好剪辑的标准以及剪片需要的仪式感，详细介绍 Premiere 软件工作环境下的三点剪辑、四点剪辑以及多机位剪辑。

第 3 章～第 6 章，分别从镜头切换和镜头特效两大方面详细介绍相关切换及特效的使用方法和技巧，特别应重点掌握抠像类特效的使用方法和技巧。

第 7 章，介绍视频的运动效果，主要包括运动的速度、路径的设置及位置、比例、旋转等类型的动画效果。

第 8 章，介绍 Premiere 软件中字幕的创建及设置，重点是滚动字幕和游动字幕。

第 9 章，介绍 Premiere 软件中音频的编辑处理，包括音频特效及切换效果应用。

第 10 章，介绍视频片段的输出方法、参数设置及格式选择等输出设置。

教学资源

本书配有电子教学参考资料包，包括案例素材、案例结果文件、PPT 课件、电子教案、教学指南、习题参考答案等，以方便教师开展日常教学。如有需要，可登录华信教育资源网注册后免费下载。

课时分配

本书的设计宗旨之一，就是便于各类不同层次的读者开展自主学习与探索。建议教学课时为 64 学时，教师和学生可根据自身情况与培养需要，灵活安排授课。具体安排见本书配套的电子教案。

本书作者

本书由江永春担任主编，由胡宇、郑治担任副主编，孙强、王爱峰、林春英等参编。由于编者水平有限，书中难免存在疏漏之处，敬请广大读者批评指正，以便进行改正和完善。

编　者

CONTENTS | 目录

第1章

软件入门

Premiere Pro CS6是当前仍然比较流行的Premiere软件的版本，它将卓越的性能、优美的用户界面和许多奇妙的创意功能结合在一起，被广泛应用于影视后期制作领域。

本章介绍Premiere软件的基础知识和基本操作，通过实例引导读者熟悉Premiere软件的工作环境，了解影视作品的制作流程。

重点知识

- 非线性编辑的概念。
- Premiere软件的工作环境。
- Premiere软件的工作流程和基本操作。

课堂实训1　美丽的青岛

任务描述

这是一段以青岛风光为主题的短视频，视频中突出了海的特色，点点风帆的场景，令人向往。

观看效果文件“美丽的青岛”，画面中三个镜头依次切换。前两个镜头之间采用软转场进行镜头切换，后两个镜头之间采用硬转场进行镜头切换。视频中画面一直显示标题字幕“美丽的青岛”。通过本视频的实例可使读者了解Premiere软件的工作环境，熟悉Premiere软件重要的面板；同时，使读者熟悉用Premiere软件制作影视作品的基本流程。

本实例中只进行了简单的视频编辑，没有涉及复杂的视频编辑、音频编辑和特效应用，主要是想用一个简洁的视频制作实例，让读者熟悉 Premiere 软件的工作环境和制作影视作品的基本流程。

任务分析

首先，创建实例项目并进行对应的设置；然后，导入需要的素材，并对素材进行剪辑，达到需要的效果，再使用剪辑好的素材编辑节目，并添加切换特效；最后，创建字幕并加入到视频作品中。这样，通过本实例即可掌握 Premiere 软件的基本操作和工作流程。Premiere 软件创建影视作品的基本流程是：创建项目→导入素材→剪辑素材→编辑时间线→添加特效→添加字幕→保存和渲染输出。这里的流程是针对一般情况而言的，通常还包含视频和音频素材的处理。

设计效果

本实例完成后的效果如图 1-1 所示。

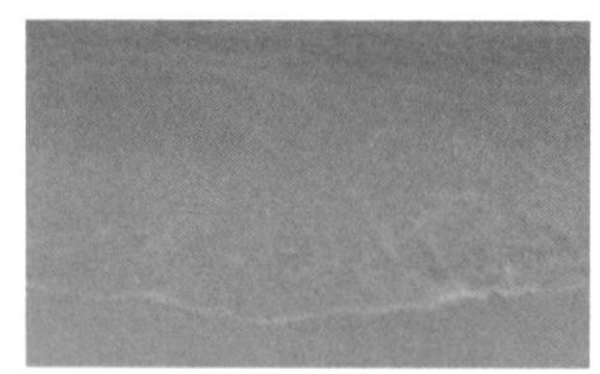

图 1-1　“美丽的青岛”视频作品的效果

知识储备

Premiere 软件是一款非线性编辑软件，那么什么是非线性编辑？非线性编辑的特点是什么？线性编辑与非线性编辑的区别是什么？本例的实现需要了解 Premiere 软件的基本功能，掌握【项目】面板、【时间线】面板、【效果】面板的使用和字幕的制作方法。

1. 非线性编辑的概念

音视频编辑技术的发展过程经历了线性编辑系统和非线性编辑系统两个阶段。其发展转变主要体现在硬件向软件的转变、模拟信号向数字信号的转变、时间的顺序向时间的无序转变。

线性编辑系统是指按照一定时间顺序存取和处理素材的音视频编辑系统，通常指磁带编辑系统。音视频素材在磁带上是按时间顺序排列的，这种编辑方式要求编辑人员对一系列的镜头的组接做出准确地判断，提前做好构思，并规划好，一旦编辑完成就不能轻易改变这些镜头的组接顺序。线性编辑系统构成的硬件比较多，常常包括编辑录像机、编辑放像机，如图 1-2 所示；编辑控制器，如图 1-3 所示，还包括字幕机、特技切换台、时基校正器等设备。

图 1-2 编辑录像机和编辑放像机

图 1-3 编辑控制器

非线性编辑系统是由线性编辑系统发展而来的，其主要以计算机为平台，几乎所有的工作都可在计算机中完成。非线性编辑系统不需要太多的硬件设备，突破了单一的时间顺序编辑的限制，能够随机存取和多次编辑处理音视频素材，是以硬盘为存储介质的音视频编辑系统。非线性编辑具有成本低、信号损耗小、素材存取方便、便于修改、集成化程度高等优点。非线性编辑集录制、编辑、特技、字幕、动画等多种功能于一身，而且可以不按照时间顺序编辑，它可以非常方便地对素材进行预览、查找、定位、设置出点、设置入点；并具有丰富的特效功能。非线性编辑系统的构成主要有计算机、非线性编辑系统和非线性编辑板卡，如图 1-4 和图 1-5 所示。

图 1-4 计算机、非线性编辑系统

图 1-5 非线性编辑板卡

非线性编辑相对于线性编辑的深刻体会：“非线性编辑使我们‘飞’起来”，“非线性编辑是影视节目后期制作革命性的‘飞’跃”。这里的“飞”，主要体现在，一方面是存储介质类型的飞跃，由磁带飞跃为硬盘，由模拟信号飞跃为数字信号；另一方面是素材存储的顺序安排由时间有序飞跃为灵活的管理有序，这就是信息技术的发展带来的变革，两种编辑方式的工作示意图，如图 1-6 和图 1-7 所示。

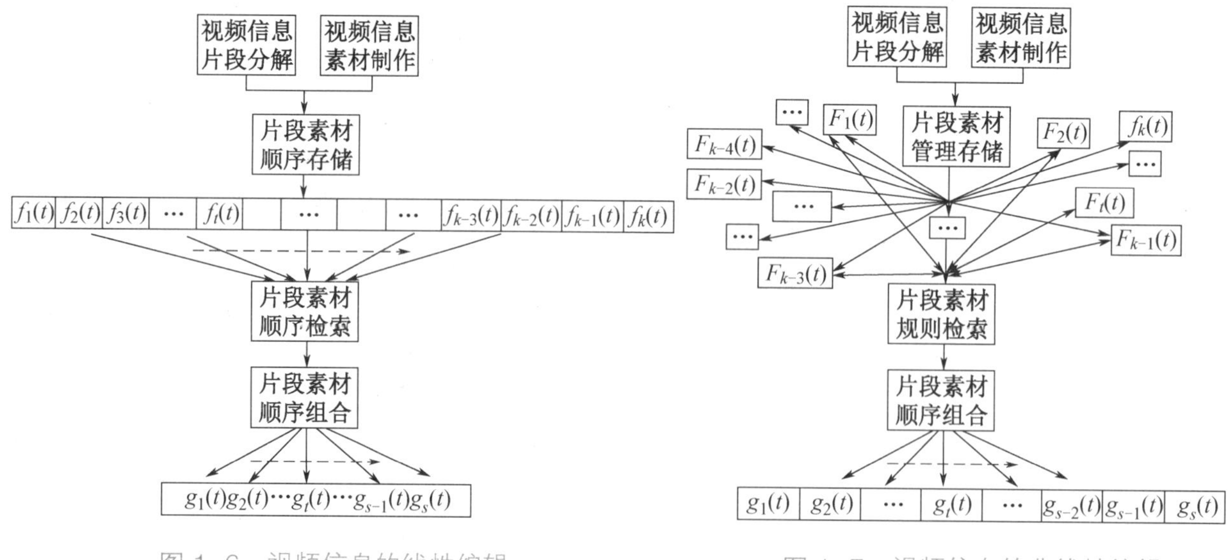

图 1-6　视频信息的线性编辑

图 1-7　视频信息的非线性编辑

2. Premiere 软件的功能特点

Premiere 软件能够对视频进行精细编辑，并可对音频进行一定的编辑处理，能够很好地实现音视频的非线性编辑。同时，还具有丰富的音视频特效和良好的字幕功能。其主要功能特点如下。

- 丰富的格式支持。支持绝大多数的音视频格式，可以将多种音视频素材组合为一个完整的作品，并能够将作品输出为 10 多种数字文件格式。
- 具有强大的音视频采集功能。
- 良好的人机交互界面，既保持了 Adobe 系列软件的标准操作界面，又具有适合音视频编辑工作的人性化设计特点。
- 丰富的实时特效。内置 100 多种视频效果和音频效果，可以进行灵活的设置。
- 增强的 Adobe 软件集成功能。能方便地与 After Effects、Photoshop、Illustrator、Encore 等软件进行数据共享和任务协作。尤其是与 After Effects 软件能兼容应用，使视频编辑工作的效率更高。
- 实时字幕功能。可以实现静态、动态的字幕效果，还可以使用个性化工具进行丰富效果的字幕创作。
- 实时运动路径功能。可以使用关键帧对素材进行实时、精确的运动路径编辑。
- 实时预览。进行特效、字幕、运动路径、色彩调整等操作时，能实时预览效果。
- 增强的调音台功能。增强了对音频的编辑能力，可以直接录制音频；还可以同时对多个音轨进行操作并合成音频效果。

Premiere 软件可以应用在所有涉及音视频处理的工作领域，主要包括。

- 应用在电视节目的制作中。
- 应用在多媒体制作中。

- 应用在三维动画的后期编辑制作中。
- 应用在网络中。
- 应用在广告后期编辑、MTV 合成制作中。
- 还可以应用在电子相册、婚礼纪念视频、生日宴会视频等。

3. Premiere 软件工作区

启动 Premiere 软件后，首先出现的是【欢迎使用 Adobe Premiere Pro】对话框，如图 1-8 所示。

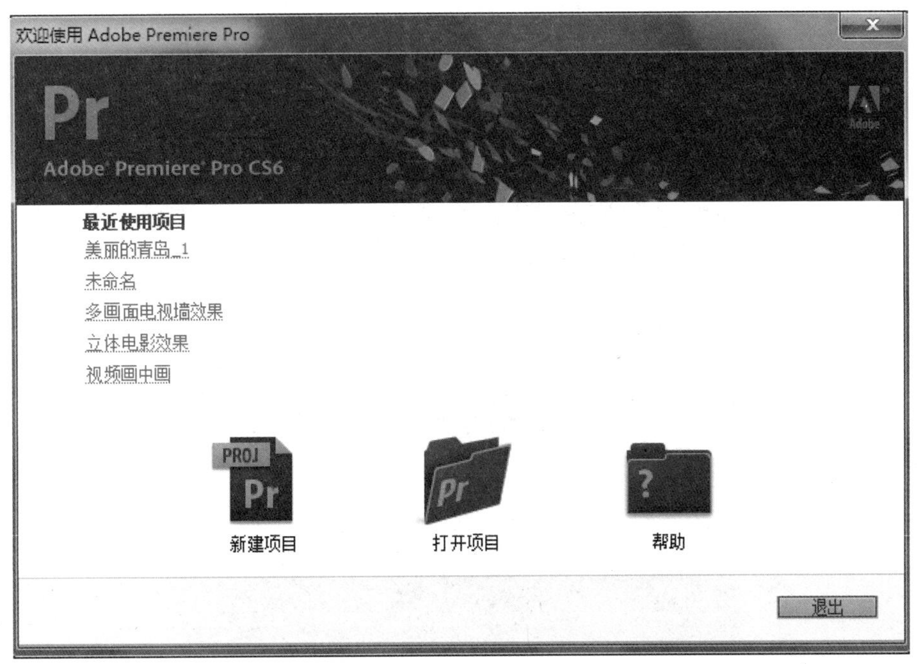

图 1-8 【欢迎使用 Adobe Premiere Pro】对话框

【最近使用项目】区域列出最近创建或编辑过的项目名称。窗口底端的【新建项目】按钮用于创建新项目，单击该按钮可弹出【新建项目】对话框，如图 1-9 所示。该对话框包含两个选项卡：第一个选项卡是【常规】，用于设置【视频】、【音频】、【采集】等参数；第二个选项卡是【缓存】，用于设置保存【所采集视频】、【所采集音频】，以及【视频预览】、【音频预览】的【路径】，缓存的合理设置可提高项目的运行速度。

系统默认的项目名称为【未命名】，可以根据需要输入项目名称，单击【确定】按钮，将出现【新建序列】对话框，该对话框包含三个选项卡：第一个选项卡是【序列预设】，列出了 Premiere 软件能够支持的项目模式，如图 1-10（a）所示；第二个选项卡是【设置】，用于对选择的预置模式的参数进行个性化设置，包括【视频】的【画面大小】、【像素纵横比】、【场序】、【显示格式】，【音频】的【采样频率】和【显示格式】，【视频预览】等，如图 1-10（b）所示，第三个选项卡是【轨道】，可以设置【视频】轨道和【音频】轨道的数量，如图 1-10（c）所示。

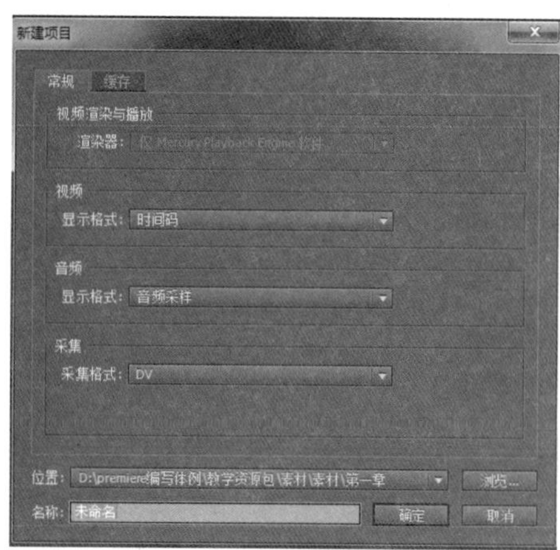

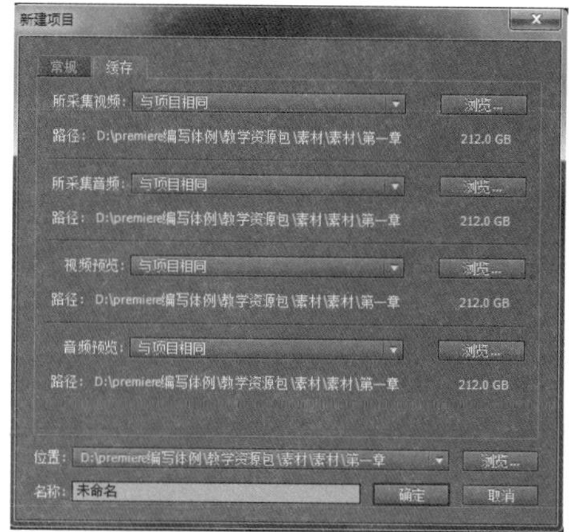

图 1-9 【新建项目】对话框

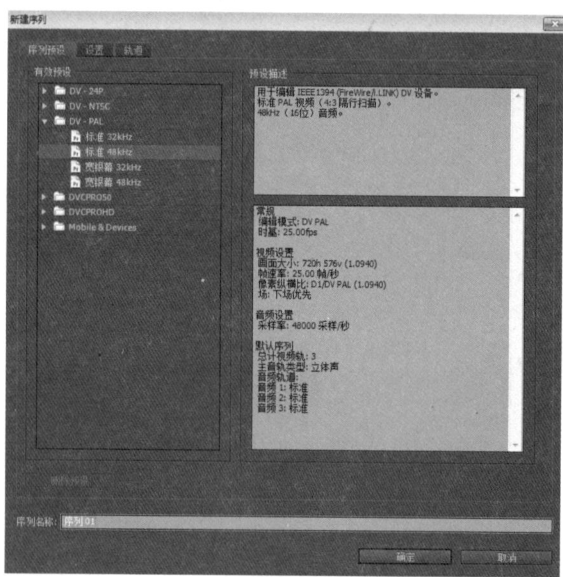

（a）“序列预设”选项卡

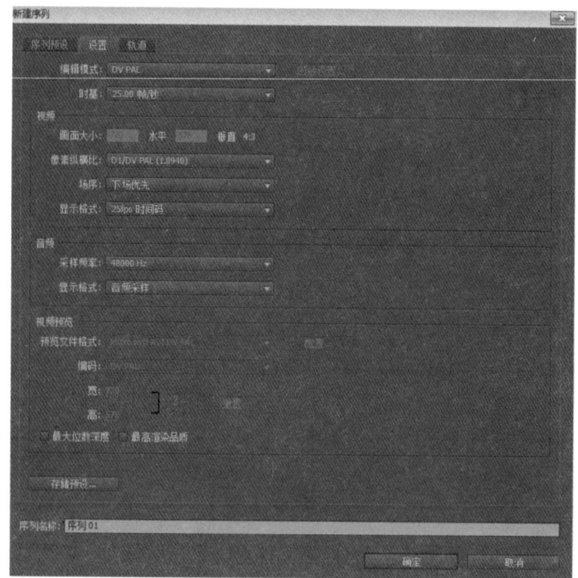

（b）“设置”选项卡

图 1-10 【新建序列】对话框

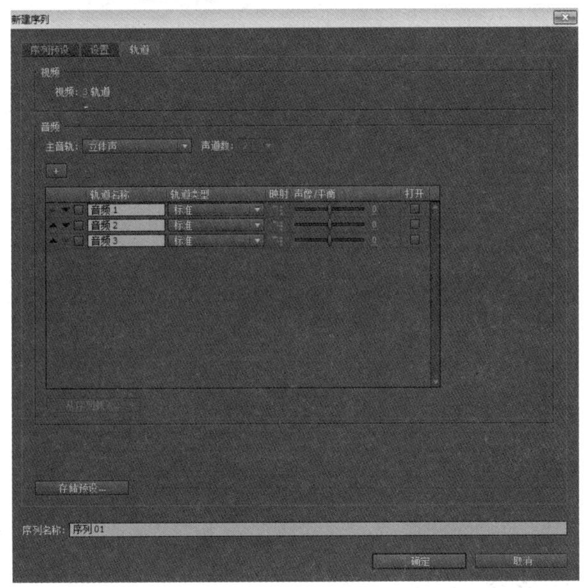

（c）“轨道”选项卡

图 1-10 【新建序列】对话框（续）

设置好参数后，在图 1-10（c）中【序列名称】中输入一个序列名称，单击【确定】按钮，即可进入 Premiere 软件的主界面，如图 1-11 所示，后面的学习都是以此为学习环境。读者也可通过选择【窗口】|【工作区】命令，设置个性化的工作区窗口。

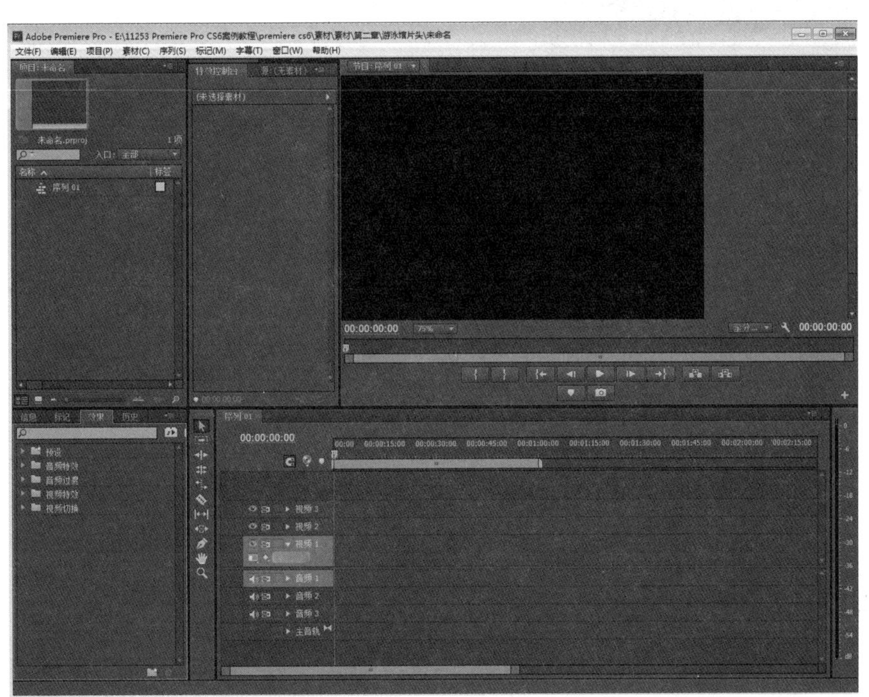

图 1-11 Premiere 软件的主界面

4.【项目】面板

进入工作区后，首先需要操作的是【项目】面板。【项目】面板是素材和节目资源管理器，可以方便地实现素材的导入和整理，创建的节目和字幕也位于该窗口中，还可以查看素材的详细信息，如图 1-12（a）所示。

在【项目】面板中导入素材有三种方式。

- 在【项目】面板的空白区域双击。
- 在【项目】面板的空白区域右击，在弹出的快捷菜单中选择【导入】命令。
- 选择【文件】|【导入】命令。

以上操作均可打开【导入】对话框，如图 1-12（b）所示。在【文件类型】下拉列表框中选择 Premiere 软件支持的【所有可支持媒体】命令，从查找范围中找到素材所在的路径，选择需要的素材后，单击【打开】按钮即可将素材导入【项目】面板中。

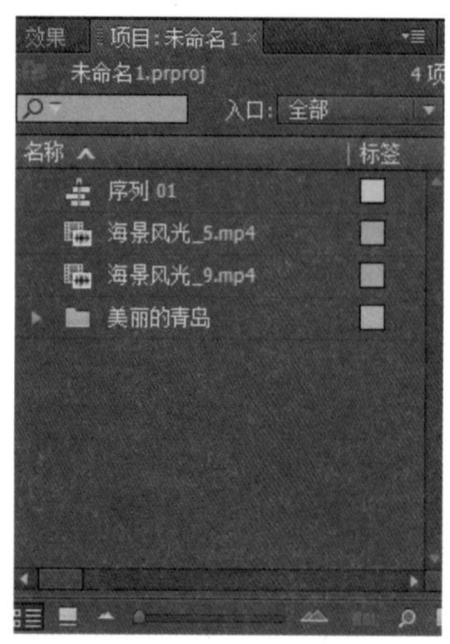

（a）【项目】面板

（b）【导入】对话框

图 1–12　【项目】面板和【导入】对话框

5.【素材源监视器】面板、【节目监视器】面板和【按钮编辑器】面板

【素材源监视器】面板用于预览和编辑音视频素材，如图 1-13（a）所示。【节目监视器】面板用于查看节目预览的效果，如图 1-13（b）所示。单击窗口右下方的 按钮，可打开【按钮编辑器】面板，如图 1-13（c）所示，设置音视频的入点、出点等信息。

（a）【素材源监视器】面板

（b）【节目监视器】面板

图 1–13　编辑素材

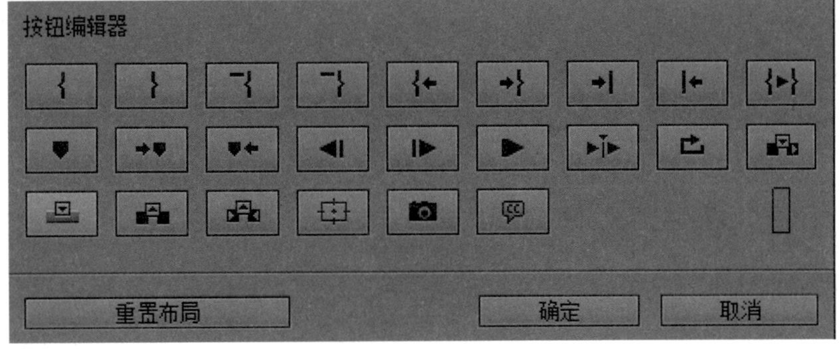

（c）【按钮编辑器】面板

图 1-13 编辑素材（续）

6.【时间线】面板

【时间线】面板是 Premiere 软件进行音视频编辑的主要窗口，如图 1-14 所示。可结合其他工具和面板，对各种素材进行编辑，完成添加效果、标记、设置出点、设置入点、编辑运动路径等操作。

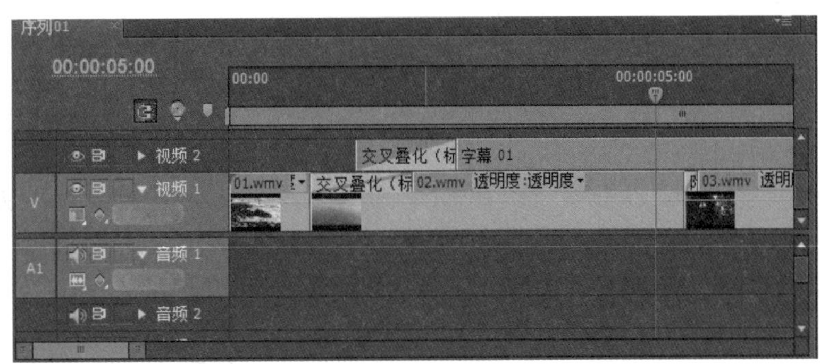

图 1-14 【时间线】面板

7.【效果】面板和【特效控制台】面板

【效果】面板包含 Premiere 软件的特效，分为【音频特效】、【音频过渡】、【视频特效】、【视频切换】、【预设】，如图 1-15（a）所示。

【特效控制台】面板可对各种特效的具体参数进行设置，如图 1-15（b）所示。

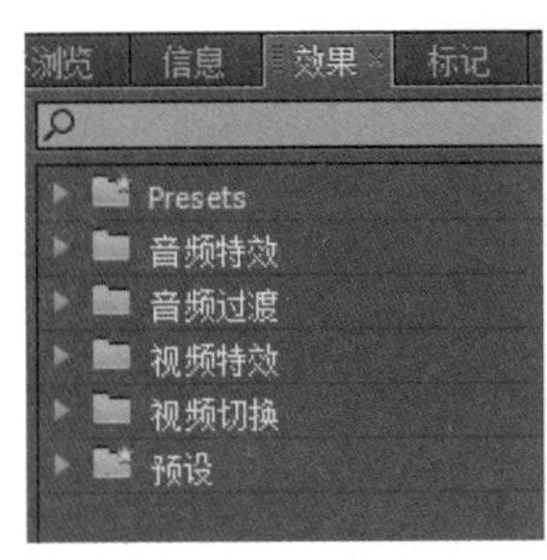

（a）【效果】面板

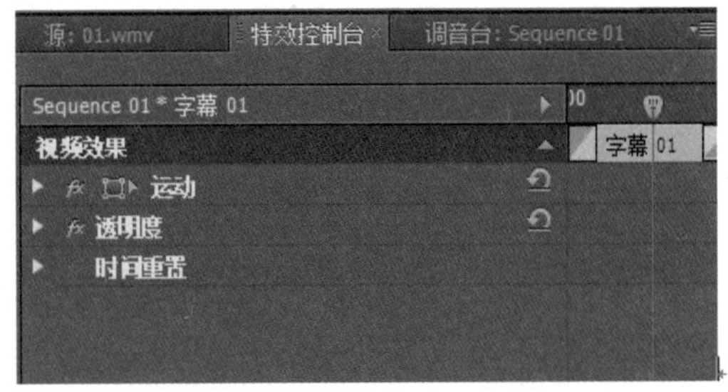

（b）【特效控制台】面板

图 1-15 【效果】面板和【特效控制台】面板

应用效果的操作是在【效果】面板中展开对应的效果文件夹，找到需要的特效，将其拖到时间线上需要应用该效果的素材上即可。然后，在【特效控制台】面板中对所添加效果的详细参数进行修改便可得到满意的效果。

8.【字幕编辑器】面板

创建一个字幕素材主要有以下三种方法。

- 选择【文件】|【新建】|【字幕(T)...】命令，弹出【新建字幕】对话框，在【名称】框中输入字幕名称后单击【确定】按钮即可，同时菜单栏【字幕】菜单中的命令命令被激活。
- 在【项目】面板中右击，在弹出的快捷菜单中选择【新建分类】|【字幕(T)...】命令，也可弹出【新建字幕】对话框，如图 1-16 所示。
- 选择【字幕】|【新建字幕】命令，在出现的二级菜单命令中可选择所要创建的字幕类型，包括默认静态字幕、默认滚动字幕、默认游动字幕、基于模板等。

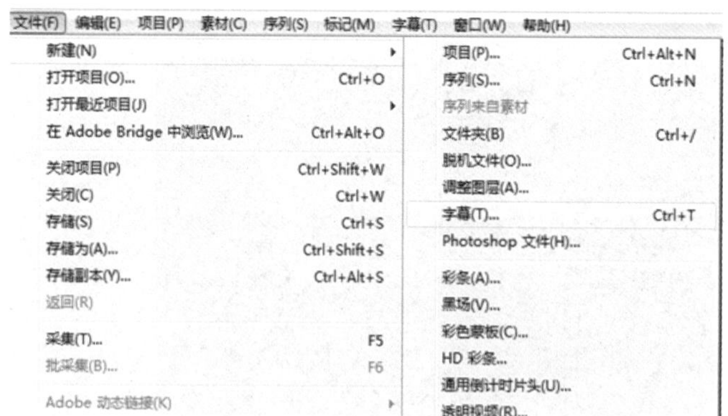

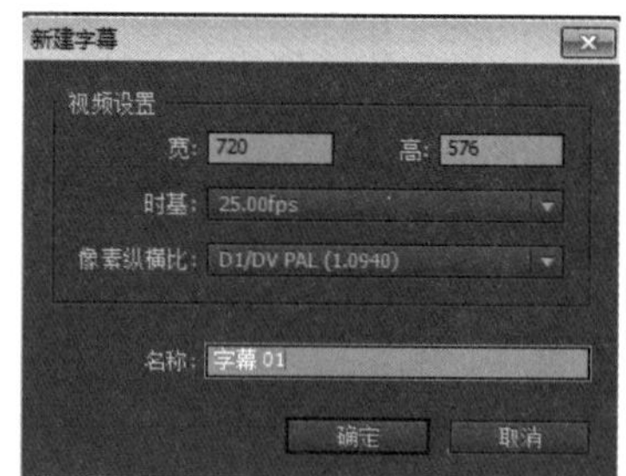

图 1-16 【新建字幕】对话框

通过上述方法新建一个字幕素材后，弹出【字幕编辑器】面板，如图 1-17 所示。字幕编辑器窗口包括字幕工具、字幕动作、命令设置区、工作区、字幕样式和字幕属性等区域。

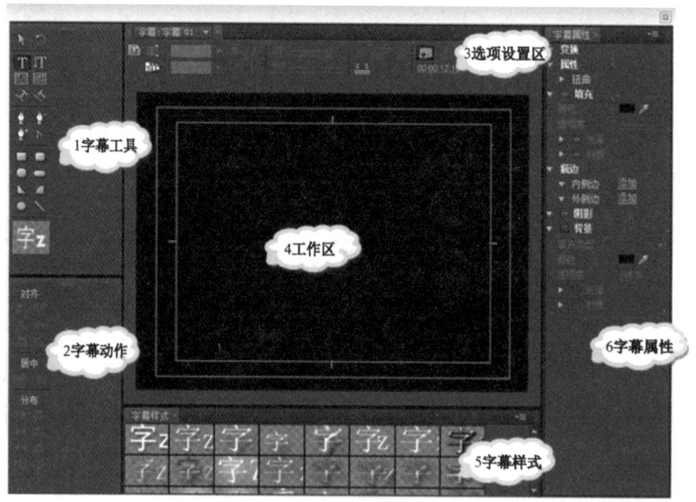

图 1-17 【字幕编辑器】面板

单击工作区，输入字幕文本后，进行详细的参数设置即可。

这里只简单介绍本实例用到的主要功能，字幕编辑器窗口的详细介绍将在后续章节讲解。

操作步骤

学习了 Premiere 软件的基本功能和几个常用面板，下面制作本实例。

步骤 1 新建项目。

启动 Premiere 软件，在【欢迎使用 Adobe Premiere Pro】对话框中单击【新建项目】按钮，弹出【新建项目】对话框。【常规】和【缓存】选项卡中的参数采用默认设置。选择【序列预设】选项卡，在【有效预设】列表中选择【DV-PAL】下的【标准 48kHz】模式，如图 1-18 所示。输入【序列名称】，单击【新建项目】对话框下方的【确定】按钮，创建项目并自动进入工作区。

图 1–18　新建项目

步骤 2 在【项目】面板中导入素材。

在【项目】面板中双击打开【导入】对话框，如图 1-19（a）所示，选择需要导入的素材后，单击【打开】按钮即可导入素材。素材导入后将保存在【项目】面板中，如图 1-19（b）所示。

步骤 3 剪辑素材。

在【项目】面板中导入的素材一般不适合直接使用。我们可能只需要导入素材中的一部分视频片段。因此需要对素材进行剪辑处理，编辑节目之前要使用【素材源监视器】对素材进行编辑。下面我们对导入的素材进行编辑。

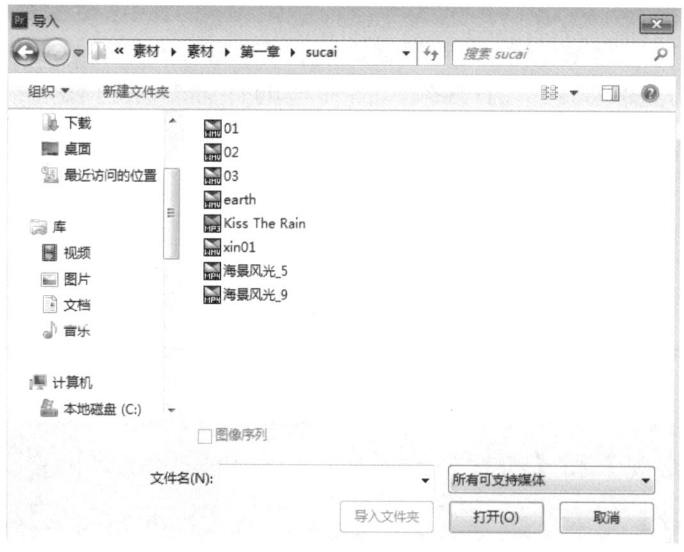

（a）【导入】对话框

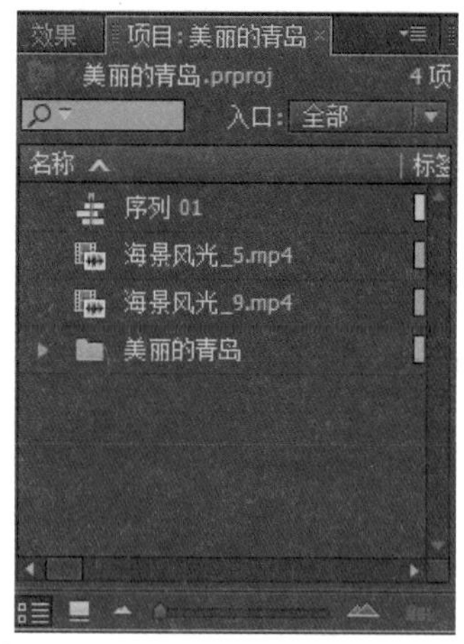

（b）导入素材后的【项目】面板

图 1-19 导入素材

在【项目】面板中双击素材“海景风光_9.mp4”，将素材加载到【素材源监视器】面板中。编辑的操作重点是设置素材的入点和出点，这样入点和出点之间的视频片段就是需要的素材内容。在【素材源监视器】面板的时间标尺上拖动播放头，同时查看窗口中显示的视频画面（如果是音频素材，则需要监听输出的声音），定位到入点位置，单击【素材源监视器】面板右下方的按钮，打开【按钮编辑器】面板，选择入点按钮即可设置入点；同样，在合适的出点位置，单击出点按钮设置出点。准确定位入点和出点还可以用键盘按键逐帧地定位。至此，素材编辑完毕。此时，在时间标尺上会显示所截取素材的游标，如图 1-20 所示。

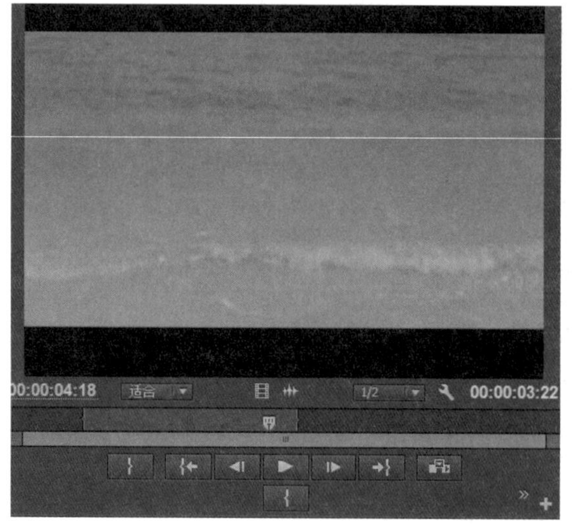

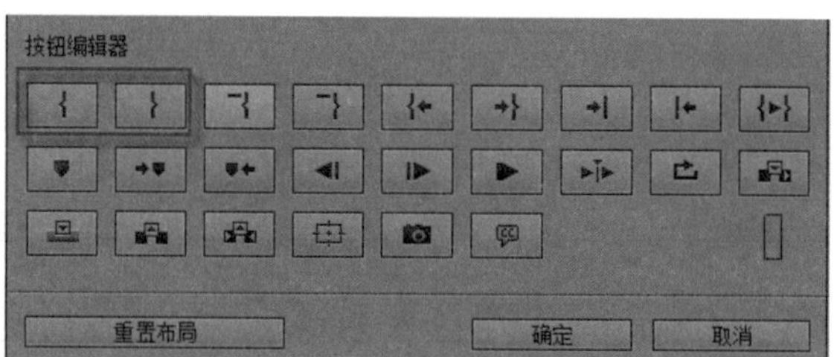

图 1-20 设置素材的入点和出点

步骤 4 编辑时间线。

在【素材源监视器】面板中将编辑后的“海景风光_9.mp4”拖到【时间线】面板的【视频 1】轨道的最左侧，使视频的起始帧与时间线标尺的 00:00:00:00 点对齐，然后松开鼠标即可。

编辑另外一段素材，并拖到【视频 1】轨道上，将拖入的素材的起始帧靠近前一段素材的出点，系统显示一个垂直的参考线，释放鼠标即可使两段素材的首尾紧密相连，如图 1-21 所示。

图 1–21　时间线编辑

步骤 5　添加【视频切换】效果。

切换到【效果】面板，依次展开【视频切换】|【叠化】，将【交叉叠化】转换效果拖到时间线【视频 1】轨道上的第二段素材的开始处，在该素材的缩略图的左上角将显示添加的转换效果的标示，如图 1-22 所示。

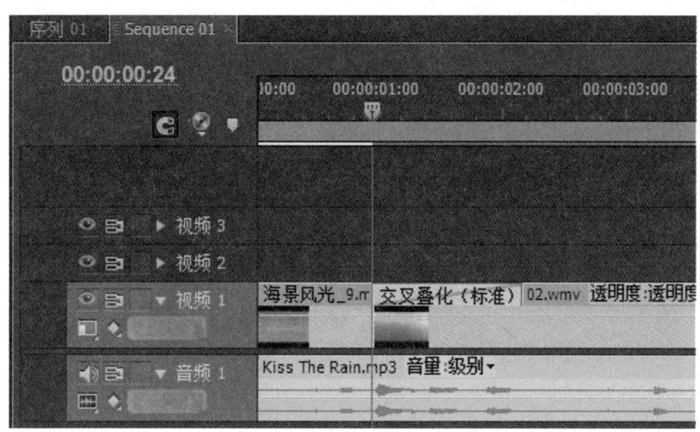

图 1–22　添加【交叉叠化】转换效果

步骤 6　添加字幕。

选择【字幕】|【新建字幕】|【默认静态字幕】命令，弹出【新建字幕】对话框，输入字幕名称为“字幕”，单击【确定】按钮。弹出字幕编辑窗口，如图 1-23 所示。在该窗口的编辑区输入字幕文本“美丽的青岛”，并可以调整字幕文本的属性。

编辑完成后，关闭该窗口。此时，字幕文件在【项目】面板中成为一个素材。将它拖到时间线【视频 2】轨道上，如图 1-24 所示，按住鼠标拖动调整它的出点与【视频 1】轨道素材的出点一致，并给字幕添加切换效果。

图 1-23　字幕编辑窗口

步骤 7　预览节目。

时间线编辑完毕后，在【节目监视器】面板中单击【播放/停止】开关按钮，可完整地预览节目，如图 1-25 所示。通过预览节目，修改不合适的地方，直到最后满意为止。

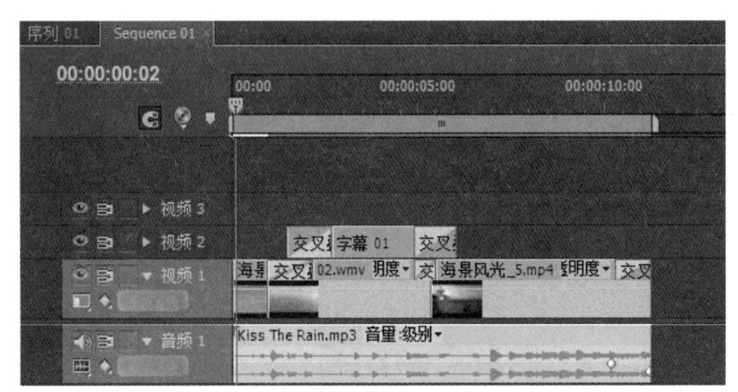

图 1-24　添加字幕到时间线

图 1-25　【节目监视器】面板

步骤 8　输出节目。

选择【文件】|【保存】命令即可保存项目。

提示

在编辑节目的过程中，建议读者养成不间断地执行“保存”操作的习惯，以便随时保存工作成果。

选择【文件】|【导出】|【媒体】命令，弹出【导出设置】对话框，如图 1-26 所示，默认的导出格式为“H.264”，输出名称为时间线的名称。如果要以默认的输出设置导出，直接单击【导出】按钮即可。

图 1-26 【导出设置】对话框

一般情况下，需要对【格式】等参数进行设置。具体设置在后面的章节中介绍。

本实例中不改变【导出设置】对话框的参数设置，单击【导出】按钮，系统自动根据默认的参数对节目进行渲染输出。

知识拓展

Premiere Pro CS6 的特征

1. 系统支持

Premiere Pro CS6 只支持 64 位操作系统中的程序安装，这意味着 Premiere Pro CS6 能够获得更大内存的支持和具有更强的软件性能。

在使用 Premiere Pro CS6 之前首先要确认操作系统是否能够支持软件的安装。

Windows 平台操作系统要求。

- 支持 64 位的 CPU 处理器。
- 64 位操作系统：Microsoft Windows Vista 或 Microsoft Windows 7 及以上版本。
- 4GB 的 RAM（建议分配 8GB）。
- 用于安装的 4GB 可用硬盘空间；安装过程中需要其他可用空间（不能安装在移动闪存存储设备上）。
- 预览文件和其他工作文件所需的其他磁盘空间（建议分配 10 GB）。

- 1 280×900 显示器，支持 OpenGL 2.0 的兼容图形卡。
- 7200 RPM 硬盘（建议使用多个快速磁盘驱动器，首选配置了 RAID 0 的硬盘）。
- 可选：Adobe 认证的 GPU 卡，用于 GPU 加速性能。

Mac OS 平台操作系统要求。

- 支持 64 位多核 Intel 处理器。
- Mac OS X V10.6.8 或 V10.7。
- 4 GB 的 RAM（建议分配 8 GB）。
- 用于安装的 4 GB 可用硬盘空间；安装过程中需要其他可用空间（不能安装在使用区分大小写的文件系统卷或移动闪存存储设备上）。
- 预览文件和其他工作文件所需的其他磁盘空间（建议分配 10 GB）。
- 1 280×900 显示器。
- 7200 RPM 硬盘（建议使用多个快速磁盘驱动器，首选配置了 RAID 0 的硬盘）。
- 支持 OpenGL 2.0 的兼容图形卡。
- 可选：Adobe 认证的 GPU 卡，实现 GPU 的加速性能。

2. 素材替换

在编辑节目的过程中，如果觉得当前时间线上的某个素材需要替换，可使用 Premiere 软件提供的“替换素材”功能。替换素材有以下两种操作方式。

（1）鼠标方式。在【项目】面板中双击要替换的新素材，使其在【素材源监视器】中显示，然后设置素材的入点；若不设置入点，则默认将素材的第一帧作为入点。在按住【Alt】键的同时，将新素材从【素材源监视器】中拖到【时间线】面板被替换的素材上即可。注意，不需要设置新素材的出点，因为确定入点后，系统会自动根据需要替换素材的长度设置新素材的出点。

（2）右键菜单方式。在时间线被替换的素材上右击，在弹出的快捷菜单中选择【替换素材...】命令，如图 1-27 所示。打开替换素材文件的路径对话框，选择需要的替换文件即可。

3. 时间重置

时间重置实际上是调整音视频的播放速度，利用【速度】命令可以实现素材的快放、慢放、倒放、静帧等效果。结合关键帧的设置能够实现同一段视频素材不同片段的播放速度变化，从而产生特殊的视觉效果。

4. Adobe Encore CS6 集成

Premiere Pro CS6 集成了 Adobe Encore CS6 组件。使用该组件，可非常容易地实现将节目输出为普通 DVD 及蓝光高清 DVD；还可以自动实现从蓝光高清 DVD 到普通 DVD 的转换；从而为节目的输出、编码和刻录提供整套解决方案。

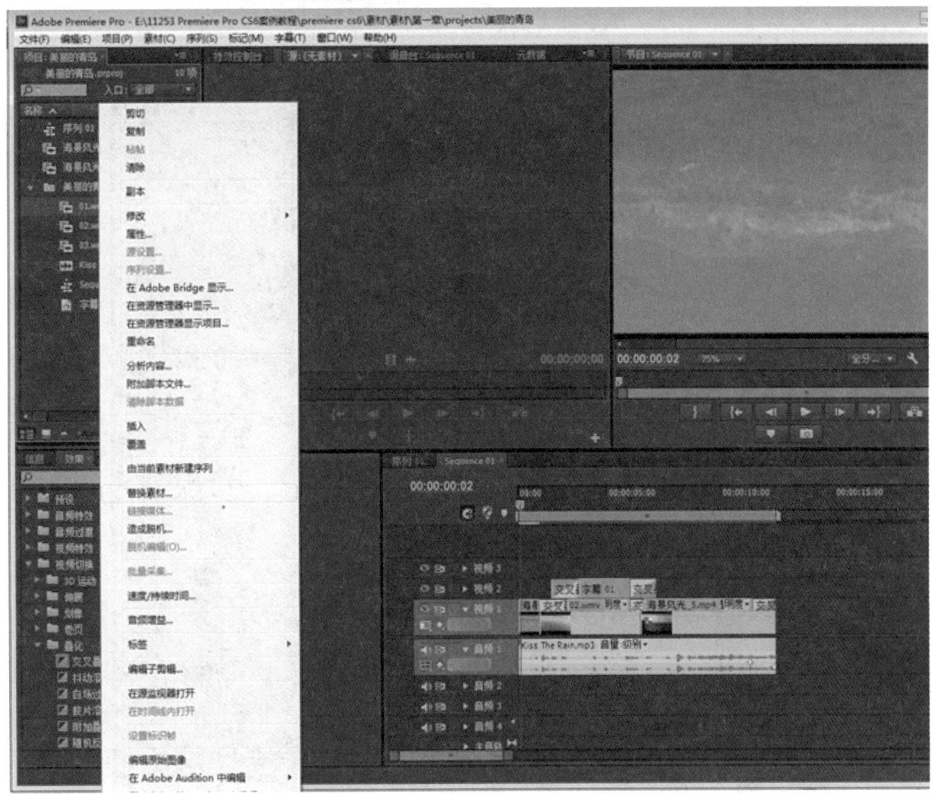

图 1-27 【替换素材...】命令

5. 其他特点

- 编码优化渲染。用户可以选择优化渲染的方式，这有利于大内存的计算机或工作站提高其渲染效率。
- 更方便的键盘快捷方式。提供了人性化和方便的快捷键设置，可以更方便自由地移动面板并执行命令。
- 增强了与 Adobe 其他软件的集成。例如，无须打开 Photoshop 软件便可以创建 psd 格式的文件，并保存图层信息；集成了 After Effects 软件的多种特效，并可以方便地导入 After Effects 软件的项目；可以方便地将节目导入到 Flash 软件中，视频的时间线标记会自动转换为 Flash 软件中的线索点。

其他重要功能窗口和面板

Premiere 软件默认的工作区包含多个功能窗口和面板：【项目】面板、【素材源监视器】面板、【特效控制台】面板、【调音台】面板、【节目监视器】面板、【时间线】面板、【工具】面板、【信息】面板、【效果】面板、【历史记录】面板。

下面介绍前面实例中没介绍的几个。

(1)【调音台】面板

【调音台】面板可对节目的每条音轨进行精确控制，并能够实现实时的多音轨混音，面板中的【主音轨】可以动态显示主控音频电平的值，如图 1-28 所示。

图 1–28　【调音台】面板

（2）【工具】面板

【工具】面板集成了软件中的工具按钮，如图 1-29 所示。

（3）【信息】面板和【历史记录】面板

【信息】面板显示对象的详细信息，同时还显示光标在时间标尺上的位置，如图 1-30（a）所示。【历史记录】面板保存并显示用户对项目的所有操作，单击某步操作能撤销该操作并退回到该步操作的初始状态，如图 1-30（b）所示。

图 1–29　【工具】面板

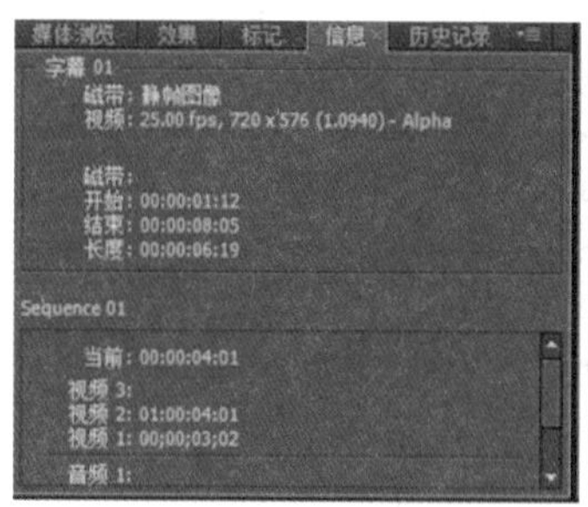

（a）【信息面板】

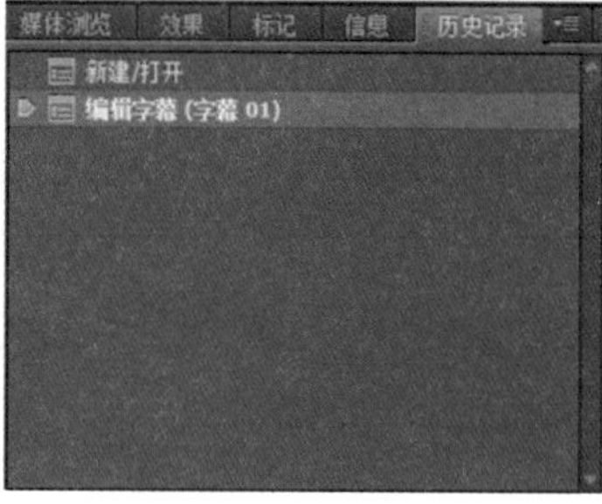

（b）【历史记录】面板

图 1–30　【信息】面板和【历史记录】面板

课后实训 1　淡入淡出效果

任务描述

画面的第一个镜头由暗逐渐变亮，即淡入；画面在镜头结尾又由亮逐渐变暗，即淡出。这种淡入淡出的效果表现的是一种自然、缓慢的转换效果，是影视编辑中常用的转场效果，可使用视频切换中的【叠化】类特效或关键帧实现，在此使用关键帧的方法。

任务分析

打开效果文件“淡入淡出”，镜头表现为淡入淡出的效果，主要使用透明度关键帧的属性来实现。

操作提示

步骤 1　新建一个项目，将项目命名为“淡入淡出”，在【序列预设】选项卡中，选择【DV-PAL】下的【标准 48kHz】，序列名称为“序列 01”，单击【确定】按钮。

步骤 2　双击【项目】面板，导入素材，拖动素材“成山头日出.jpg”到【时间线】面板的【视频 1】轨道上，如图 1-31 所示。左右拖动窗口左下方的时间标尺预览缩放条，可调整合适的预览显示比例。设置素材的持续时间及画幅大小，选中“成山头日出.jpg”并右击，在弹出的快捷菜单中选择【速度/持续时间...】命令，将素材的持续时间设置为 3 秒；继续右击，在弹出的快捷菜单中选择【缩放为当前画面大小】命令，将素材的画面大小设置为与项目的画面大小一致，如图 1-32 所示。

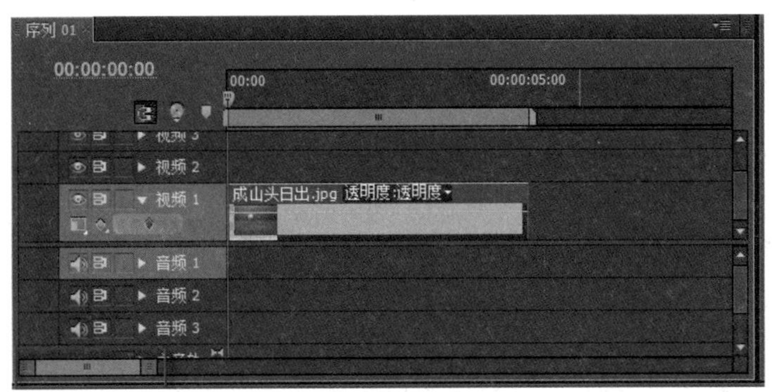

图 1-31　【视频 1】轨道

图 1–32　【缩放为当前画面大小】命令

如果轨道是折叠的，可以单击该轨道的【折叠/展开】按钮，展开轨道，便于后续的操作。

步骤 3　设置效果。在【时间线】面板中，素材上默认显示了一条透明度控制线，下面通过透明度关键帧实现淡入淡出效果。将播放头移动到“00: 00: 00: 00”秒的位置，单击【视频 1】轨道中的【添加/删除关键帧】按钮，添加关键帧。将播放头移动到第 10 帧的位置，单击【视频 1】轨道中的【添加/删除关键帧】按钮，添加第 2 个关键帧。设置透明度属性，向下拖动第 1 个关键帧，使其透明度调整为零，如图 1-33 所示。单击序列预览窗口中的【播放】按钮，预览效果，即可看到淡入效果已经实现。将播放头移动到 2 秒 15 帧的位置，单击【视频 1】轨道中的【添加/删除关键帧】按钮，添加第 3 个关键帧。将播放头移动到 3 秒的位置，单击【视频 1】轨道中的【添加/删除关键帧】按钮，添加第 4 个关键帧。向下拖动第 4 个关键帧，使其透明度调整为零，预览效果，查看视频片段的淡出效果。

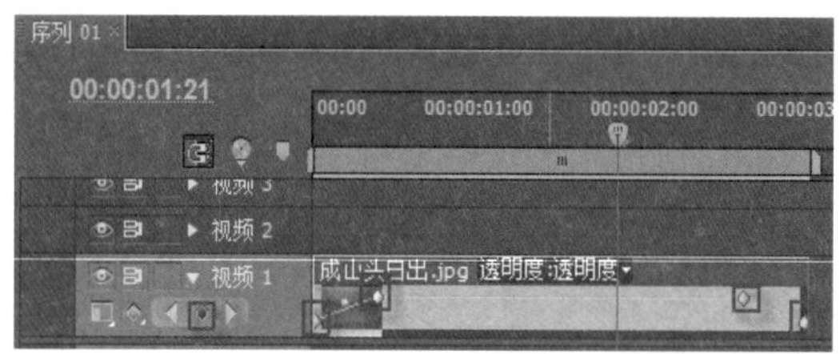

图 1–33　淡入淡出关键帧的调整

步骤 4　利用同样的方法，分别设置第 2 段～第 5 段素材的持续播放时间、缩放画幅大小及各关键帧的添加或调整。预览效果，5 段视频的淡入淡出效果即可实现，如图 1-34 所示。

图 1–34　其他素材的淡入淡出效果

步骤 5 保存项目。选择【文件】|【保存】命令即可保存项目。

提示

调整素材的播放速度，除了可采用【速度/持续时间...】命令，还可采用【时间重置】|【速度】命令，实现速度的变化调整。

用【速度】命令调整素材播放速度的方法。

在【时间线】面板中，选中素材，右击，在弹出的快捷菜单中选择【显示素材关键帧】|【时间重置】|【速度】命令，如图 1-35 所示。

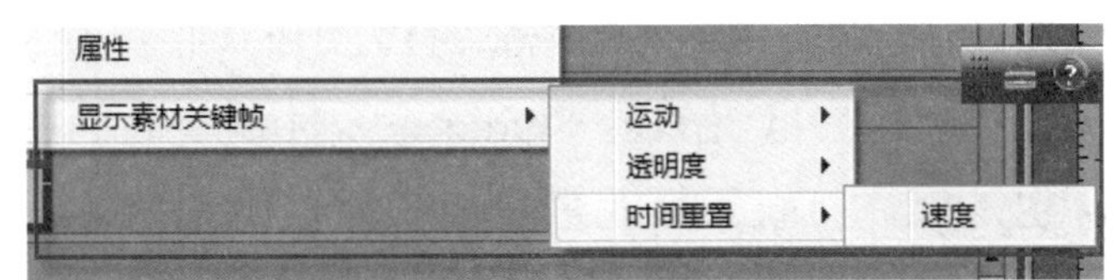

图 1–35 【显示素材关键帧】|【时间重置】|【速度】命令

此时，在素材上方会出现一条速度控制线。当鼠标指针移动到速度控制线上时，鼠标箭头的右侧会出现上、下方向的箭头。按住鼠标向下拖动该曲线，可以降低素材的播放速度，系统以百分比显示。在速度改变的同时，素材的持续时间也会发生改变，慢放使素材的持续时间变长，快放使素材的持续时间变短，如图 1-36 所示。

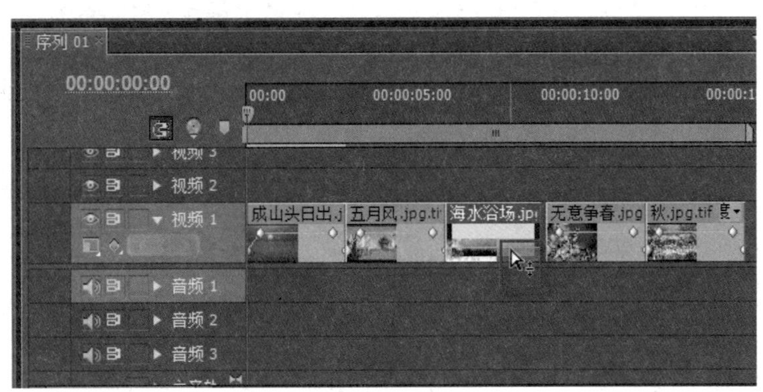

图 1–36 速度曲线调整

知识拓展

主流的非线性编辑软件

1. Inferno/Flame/Flint 和 Combustion

Inferno/Flame/Flint 是 Discreet 公司在数字影音合成方面推出的系列软件，与 SGI 公司的高性能硬件构成整个系统，无论是软件功能还是硬件性能（图像/存储等）都非常强大，是当前影音非线性编辑和特效制作的主流系统之一。

Combustion 也是 Discreet 公司推出的个人计算机平台，它充分吸取了 Inferno/Flame/Flint 系列高端合成软件的长处，在个人计算机平台上能够实现专业的数字视频制作，工作界面和工作方式都非常人性化。

2．Avid Xpress Studio

Avid Xpress Studio 是高清内容创作软件套装，包括高度整合的高清视频编辑、音频制作、3D 动画、合成与字幕制作、DVD 创作等应用，并集成了专业的音视频制作硬件。它将整个制作流程集成为一套整合系统，能帮助专业的内容制作人员进行各种创作，如视频编辑、音频后期处理、合成、字幕、特效及磁带、DVD 和互联网发布等。

Avid Media Composer 是比 Avid Xpress Studio 系统性能更高的用于电影和视频编辑的音视频编辑处理系统，也是媒体与娱乐行业最受信赖的编辑系统之一。它不仅能提供编辑工具，并且能够提供媒体管理和各种创新功能。Avid Media Composer 对硬件要求很高。使用 Avid Media Composer 参与剪辑的影片有《钢铁侠 2》《2012》《阿凡达》等。Avid Media Composer 软件的界面如图 1-37 所示。

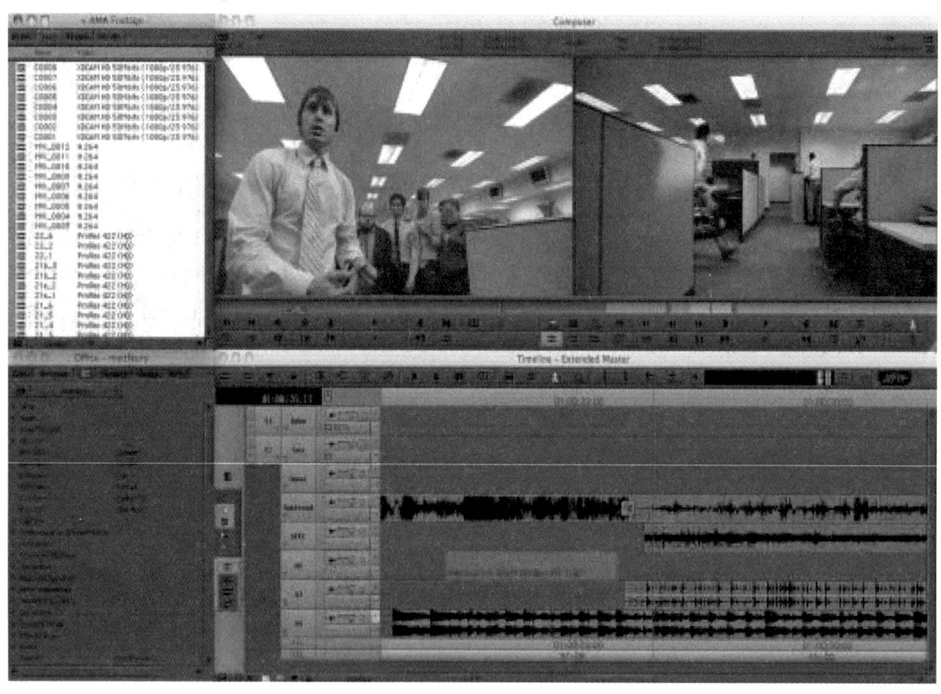

图 1-37　Avid Media Composer 软件界面

3．Premiere

Premiere 是非常优秀的非线性视频编辑软件，在多媒体制作领域扮演着非常重要的角色，广泛地应用在电视台、广告制作、电影剪辑等领域。它能对视频、音频、动画、图片、文本进行编辑加工，并最终生成电影文件。Premiere 软件有较好的兼容性，并且易学易用，受到影视编辑人员的青睐。

4. Edius

Edius 是 Canopus 所推出的非线性视频编辑软件。它集成了 Canopus 强大的效果技术，为编辑者提供了高水平的艺术创造工具：几十种实时视频滤镜，包括白平衡/黑平衡、颜色校正、高质量虚化和区域滤镜、实时色度键和亮度键等。此外，Edius 能够实时回放和输出所有的特效、键特效、转场和字幕，而且具有完全的用户化 2D/3D 画中画效果。

5. Final Cut Pro

Final Cut Pro 是苹果公司开发的一款专业视频非线性编辑软件，具有性能高、功能全的特点。可同时支持 DV、SD、HD 电影等全系列专业视频编辑格式的软件，Final Cut Pro 的硬件如图 1-38 所示。

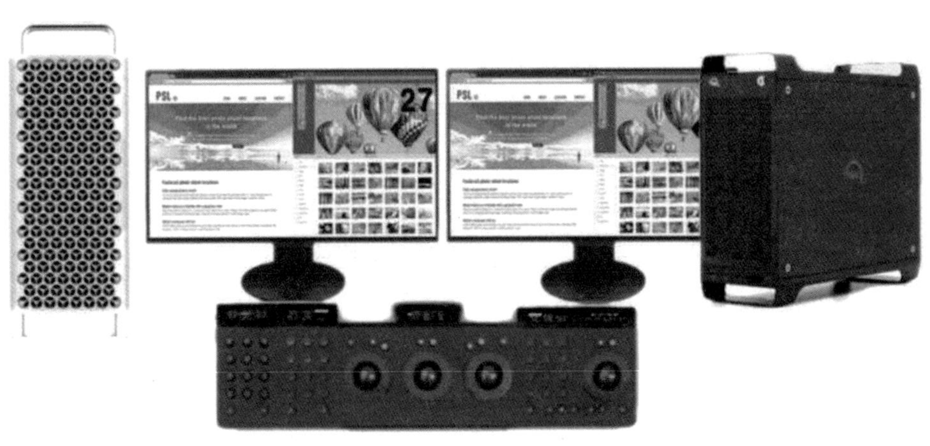

图 1-38　Final Cut Pro 的硬件

6. Video Studio

Video Studio（会声会影）是为个人用户及家庭用户所设计的影音编辑软件，该软件操作简单，可使入门级新手在较短的时间掌握从采集、编辑、转场、特效、字幕、配音到刻录的全过程，Video Studio 在 DV 爱好者中有较高的普及率。

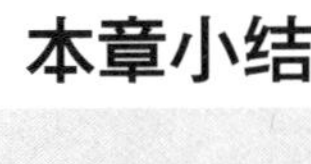

本章小结

本章主要介绍了 Premiere 软件的常用功能、Premiere 软件的工作环境，并通过一个简单的实例操作，让读者了解制作影片的基本流程。

（1）新建项目。

（2）导入素材。

（3）制作影片。

①在【时间线】面板装配影片。

②设置素材的入点和出点时间。

③应用切换效果。

④为素材应用特效。

⑤为对象应用运动。

⑥为影片增加声音。

⑦设置【时间线】面板的时间单位。

（4）输出影片，渲染并播放完成的影片。

习题 1

1. 填空题

（1）Premiere 软件是 Adobe 公司推出的____________软件，广泛应用于广播电视、电影、广告和个人视频编辑领域。

（2）可以利用________________功能轻松实现素材快放、慢放、倒放、静帧等效果。

（3）_______________面板用于对各种特效的具体参数进行设置。

2. 选择题

（1）DV 的含义是（　　）。

A．数字媒体　　B．数字视频

C．模拟视频　　D．预演视频

（2）Premiere 软件中存放素材的窗口是（　　）。

A．项目　　B．监视器

C．时间线　　D．音频混合

（3）视频编辑中，最小的单位是（　　）。

A．小时　　B．分钟

C．秒　　D．帧

（4）执行（　　）操作可以将单个素材文件导入 Premiere 软件的项目面板中。

A．选择【文件】|【导入】命令

B．在【项目】面板中双击

C. 选择【文件】|【导入最近文件】命令

D. 选择【文件】|【打开】命令

（5）在【时间线】面板中，可以通过（　　）键配合鼠标对视频片段进行多选。

A.【Alt】　　B.【Ctrl】

C.【Shift】　　D.【Esc】

3. 简答题

简述 Premiere 软件制作影视作品的基本流程。

第2章 编辑基础

本章将详细讲解主要工具的功能和使用，以及配合工具箱对素材进行编辑的技能，并通过实训使读者体会编辑技巧。

重点知识

- 工具箱主要工具的功能。
- 三点剪辑和四点剪辑。
- 多机位剪辑。

课堂实训 2　汽车短片剪辑

任务描述

打开效果文件“汽车短片剪辑”，这是一段汽车宣传短片，将汽车从外观到内饰做了展示。采用从全景到近景再到特写的多景别的应用，遵循镜头剪辑的组接原理，镜头丰富，视频流畅，最后一个镜头点题，以动画形式展示汽车的 LOGO 和品牌。

任务分析

利用【项目】面板、【素材源监视器】面板、【节目监视器】面板、【时间线】面板、【工具】面板提供的工具，对导入的素材进行剪切、插入、分离、粘贴等操作，形成完整的节目。本章先讲解将要使用的面板和工具，然后利用学习的知识进行实例制作。

设计效果

本实例完成后的效果如图 2-1 所示。

图 2-1 效果图

知识储备

1. 剪辑的概念

剪辑，顾名思义“剪切+编辑”，即将视频素材和音频素材进行加工处理，创造性地把它们组接成一部影片或视频片段。与剪辑相关的概念较多，如编辑（Editing）、裁剪（Cutting）、组合（Montage）等。编辑（Editing），更侧重于镜头的再造，创造的成分更多一些；裁剪（Cutting），剪切的成分更多一些。在一些国家，剪辑和编辑没有明显的区分，而是采用组合的概念，称为蒙太奇（Montage）。蒙太奇来自法语，原来是建筑学上的一个术语，后来被借用到影视创作中，表示镜头的组接和构成。苏联电影理论家普多夫金认为剪辑是电影艺术的根基，而所谓剪辑就是把单个镜头连接起来。

2017 年杜承烨发表的“连贯性剪辑法则与图形匹配在剧情片中的运用与实践”一文中，以电影《爆裂鼓手》为例，通过片中人物的视线衔接、特写镜头的运用等分析，探讨了剪辑在剧情中的运用实践，总结出“剪辑是对镜头画面叙事、传情、达意的再造与升华”，剪辑不仅仅是简单的镜头拼接，而是有着呼吸和节奏的再次创作。

2. 好剪辑的标准是什么

好剪辑的标准是什么？什么是好剪辑？说法很多，标准不一，就连职业剪辑师的看法也不完全相同。有人说，没有痕迹的剪辑是好剪辑，看不见的剪辑是好剪辑；也有人说对文字剧本能够施以诗意性再加工再构造的剪辑是好剪辑；也有人说画面和声音能够完美推进故事情节和人物情感的剪辑是好剪辑；也有人说其实剪辑就是剪辑师多年的经验形成的直觉，是一种潜移默化的剪辑。

什么是好剪辑，这一问题，往往得不到一个标准答案，因为这些说法都没有错，但又都不能概括剪辑到底是什么，使得剪辑成为一门具有研究价值的技艺。

2015年王文涛发表的“奥斯卡最佳剪辑是怎样炼成的——论电影《爆裂鼓手》的剪辑艺术”一文中，作者同样以《爆裂鼓手》为例，从影片标题入手分析了影片的开头、发展、高潮、结尾等重点段落。电影《爆裂鼓手》主要讲述了一个热爱音乐的年轻人努力地想要成为顶尖的爵士乐鼓手，他在一名严格的老师的指导下，突破极限，不断超越自我的热血故事。该影片获得多项奥斯卡奖提名，这部影片的剪辑师汤姆·克罗斯获得最佳剪辑奖，导演和剪辑师围绕“要想通往伟大之路，必须寻找自己的节拍”这一主题设计镜头，找到自己节拍的剪辑就是好剪辑。

3. 剪辑需要仪式感

对于初次学习剪辑的人来说，对于细节性的问题往往重视不够；或者说不注意。如在Premiere 软件应用中项目文件名称的命名比较随意；没有随时保存文件的习惯；机器缓存的设置不妥；所用的素材如视频、图片、声音等文件杂乱，没有进行合理的分类，也没有指定规范的路径，导致经常遇到媒体离线、找不到素材文件等问题；这些细节都将导致剪辑效率不高。注意细节是很有必要的，我发现那些剪辑很优秀的人，都有一个特点，讲究剪辑的仪式感。仪式感是什么？

《小王子》中讲了这样一个小故事，主人公小王子驯养了一只可爱的狐狸，每次在驯养后，次日他就去看望狐狸。有一天，狐狸对小王子说：“你每天最好相同的时间来”“比如你下午四点来，那么，我就开始感到幸福。时间越接近，我就越感到幸福。所以应当有一定仪式。”狐狸口中某个时刻便是仪式感，优秀的剪辑师都有自己的仪式感。

喜欢运动的朋友应该会有这种感觉，当穿上运动服、换上运动鞋，全身的细胞仿佛听到运动的召唤；若某天忘记带运动服，穿着非运动鞋的时候，就很难有运动的状态。穿运动服、换运动鞋就是运动前的仪式感；剪辑前也要有仪式感，仪式感是一种强烈的自我暗示，暗示自己从现在开始，要用认真的态度对待要剪辑的影片。

虽然每个人的剪辑仪式感可能都不一样，但以下5个剪辑仪式感，可以让你的剪辑工作更有效率！

（1）远离各种会让你分心的事物

现在的科技非常发达，每时每刻都会有让我们分心的事物，微信、QQ、今日头条、VR电影、各种通知栏或弹窗等，都不应该在剪辑时使用。剪辑工作前应把手机、网络关闭，当然特殊情况除外。

（2）利用纸和笔去帮你厘清脉络

许多人都习惯使用电子产品做笔记，但是如果用纸和笔把工作任务梳理清楚的话效果会更好。在剪辑的时候，纸和笔是很好的辅助工具。

（3）把工作次序清晰地罗列出来

当剪辑项目不是由自己一个人去完成的时候，要把工作次序清晰地罗列出来。有时候一个视频会由多人一起参与，这个时候应该要将工作流程清楚、明确地罗列好，好让团队能够维持整个剪辑工作的统一进度，而且保持工作效率。

（4）设置自己的个人快捷键

快捷键如果使用得好的话能够帮我们节省非常多的时间。虽然不少剪辑软件都有预设快捷键，但如果你不习惯或者不好记的话，最好更改为我们自己的个人快捷键。

（5）善用标记

利用不同的标记，把要剪辑的影片分成不同段落或类，这种做法可以使我们快速地找到想要的部分。通过颜色标识，也可快速区分哪些素材用过而哪些素材未使用过。

每个人剪辑的仪式感可能都不一样，仪式感可以是关闭手机，可以是设定时间，也可以是换一台配置高的机器设备……这些都很好，仪式感其实是一种强烈的自我暗示，暗示自己必须要投入身心，要认真、用心地去剪好影片。

你剪辑前有仪式感吗？

4．Premiere 软件工作界面中主要的工具

我们先学习 Premiere 软件的工作界面。

经常使用的界面包括【项目】面板、【素材源监视器】、【节目监视器】面板、【时间线】面板、【工具】面板，下面详细讲解这些界面的功能和使用。

（1）【项目】面板

【项目】面板用于导入和存储素材，并对素材进行有效管理，如图 2-2 所示。

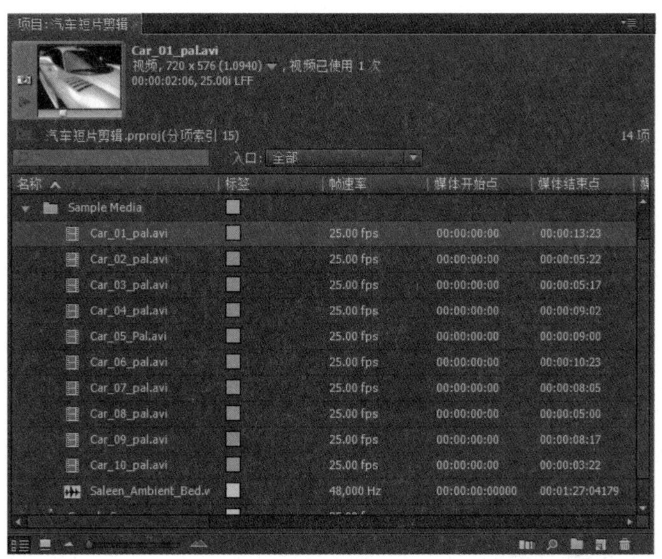

图 2-2 【项目】面板

【项目】面板大体分为上下两个部分：上半部分是素材的预览和信息提示；下半部分是素材详细信息的显示区域。

【项目】面板的下半部分可以用列表或图标两种方式显示素材的信息。显示的信息包括：名称、标签、帧速率、媒体开始点和媒体结束点、媒体持续时间、视频入点和视频出点、视频和音频信息等信息。

【项目】面板的底部是常用工具按钮。

- 列表视图：设置素材显示的方式为列表。
- 图标视图：设置素材显示的方式为图标。它与列表视图按钮组成开关按钮。
- 自动匹配到序列：将【项目】面板中选定的素材按照用户选择的顺序自动添加到序列中。
- 查找：可进行复杂条件的查找。单击该按钮，弹出【查找】对话框，如图 2-3 所示。

图 2-3 【查找】对话框

- 新建文件夹：在【项目】面板中新建一个文件夹用于管理素材，这是 Adobe 系列软件的共有特性。这里需要说明的是，对素材管理很重要的一点就是重命名素材。重命名可以使用两种方法：一是在具体的素材上右击，在弹出的快捷菜单中选择【重命名】命令；二是选中要改名的素材，单击素材名称的区域，也可将素材文件重命名。
- 新建分类：创建常用的对象。单击该按钮弹出【新建】下拉菜单，可以新建序列、字幕、蒙版遮片等对象。

（2）【素材源监视器】/【节目监视器】面板

工作区包括两个监视器，左侧为【素材源监视器】面板，用于预览和编辑素材；右侧是【节目监视器】面板，用于预览和编辑节目，如图 2-4 所示。

【素材源监视器】面板和【节目监视器】面板的上半部分是显示窗口，用于显示素材或节目的效果；下半部分是信息显示区域和工具栏。

下面介绍工具栏中的工具。

① 【播放头位置】00:00:03:24，以时间码方式显示。左侧的时间码显示播放头在时间标尺上的位置，双击可以编辑播放头的准确定位。右侧的时间码不能被编辑，显示素材或节

目的持续时间。

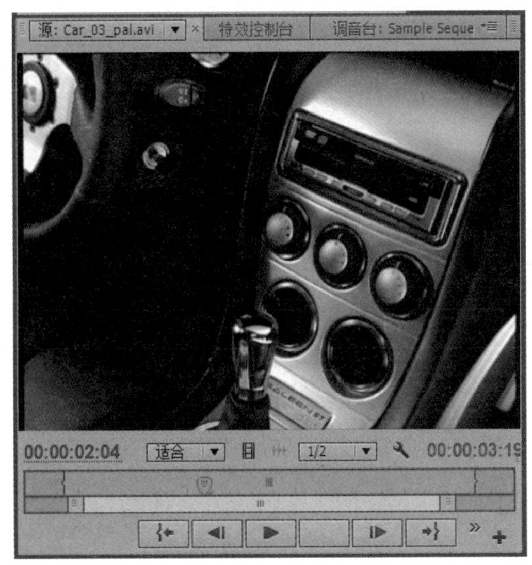

图 2-4 【素材源监视器】面板和【节目监视器】面板

②【缩放级别】按钮，单击该按钮，在弹出的下拉列表框中可选择合适的显示比例（百分比）选项。默认为【适合】选项，即正常显示影片内容并自动适应监视器窗口的大小。

③【跳转到入点】按钮，单击该按钮，播放头跳转到入点位置。

④【跳转到出点】按钮，单击该按钮，播放头跳转到出点位置。

⑤【播放入点到出点】按钮，单击该按钮，自动播放入点到出点的音视频片段。按住【Alt】键，该按钮变为【循环播放】按钮，单击该按钮循环播放入点到出点的音视频片段。

⑥【逐帧退】按钮，将播放头从当前位置后退一帧，按住【Shift】键单击该按钮，可同时后退 5 帧。

⑦【逐帧进】按钮，将播放头从当前位置前进一帧，按住【Shift】键单击该按钮，可同时前进 5 帧。

⑧【按钮编辑器】，展开该按钮可发现【入点】、【出点】、【插入】、【覆盖】等功能按钮都隐藏于此，如图 2-5 所示。

图 2-5 【按钮编辑器】面板

- 设置【入点】按钮：设置素材或节目的有效起始帧的位置。单击该按钮将播放头所在的位置设置为入点。用于删除设置的入点。
- 设置【出点】按钮：设置素材或节目的有效结束帧的位置。单击该按钮将播放头所在的位置设置为出点。用于删除设置的出点。设置好入点、出点后，两者之间的素材片段就是有效素材。
- 设置【无编号标记】按钮：单击该按钮，为素材或节目在当前播放头位置创建一个无编号的标记。
- 【插入】按钮：该按钮仅用于【素材源监视器】。单击该按钮，可将入点到出点间的素材插入到当前时间线的播放头的位置。如果该处原来没有素材，则直接插入；若已存在素材，则将原素材截为两段，并插入到截断处，原素材的后半部分向后移动，节目长度变长。
- 【覆盖】按钮：该按钮仅用于【素材源监视器】。单击该按钮，可将入点到出点间的素材插入到当前时间线的播放头的位置。如果该处原来没有素材，则直接插入；若已存在素材，则覆盖原素材。
- 【提升】按钮：该按钮仅用于【节目监视器】。单击该按钮，可将节目时间线中入点到出点的片段删除，其他部分不动，节目长度不变。
- 【提取】按钮：该按钮仅用于【节目监视器】。单击该按钮，可将节目时间线中入点到出点的片段删除，后面的素材向前移动，节目长度变短。

提示

【插入】按钮、【覆盖】按钮、【提升】按钮和【提取】按钮是实现三点剪辑和四点剪辑的主要工具按钮，读者一定要理解并掌握。

（3）【时间线】面板

【时间线】面板是进行节目编辑的工作台，如图 2-6 所示。

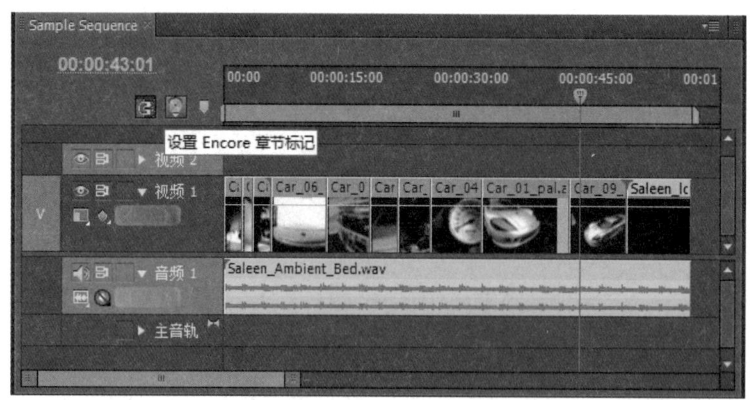

图 2-6 【时间线】面板

【时间线】面板具有装配素材和编辑素材的功能，下面介绍面板的主要组成和功能。

① 时间线: Sequence 01：显示当前编辑的时间线的名称，即节目名称。项目中包含多个节目时，在【项目】面板中双击该节目，即可打开它对应的时间线，多个【时间线】面板以各自的标签显示，单击标签可以切换到对应的时间线。

② 【吸附】按钮：为开关按钮，单击该按钮启动吸附功能，在【时间线】面板中拖动素材，素材能够自动吸附到临近素材的边缘。

③ 【设置 Encore 章节标记】按钮：单击该按钮在播放头的位置处插入一个 Encore 标记，方便对输出的 DVD 章节进行编辑。

④ 【添加标记】按钮：单击该按钮在播放头的位置处插入一个编辑标记。

⑤ 工作区：时间线上只有该区域的节目才能输出。可以拖动该栏左右移动，也可以使用鼠标拖动该栏左右两端的控制点，编辑起点和终点。

⑥ 时间标尺 0:00 00:00:30:00：从左到右按照先后顺序显示时间码。

⑦ 【播放头】按钮：指示当前的编辑位置，与【素材源监视器】面板和【节目监视器】面板的播放头功能相同。

⑧ 【开/关轨道】按钮：默认情况下为打开状态，当轨道处于关闭状态时，该轨道既不可以预览，也不可以输出。

⑨ 【折叠/展开轨道】开关按钮：默认情况下只有【视频 1】和【音频 1】轨道展开，显示为状态，单击该按钮折叠轨道，显示为状态，再次单击又可以展开。其他轨道默认为折叠状态，单击可为展开状态。

⑩ 【显示关键帧】按钮：单击该按钮可弹出快捷菜单，用于设置关键帧的显示方式。

⑪ 【关键帧控制】按钮：共有三个按钮，中间为【添加/删除关键帧】按钮，调整播放头到指定位置，单击该按钮添加一个新的关键帧；左边是【跳转到前一关键帧】按钮，单击该按钮能够使播放头跳转到当前位置的前一个关键帧；右边是【跳转到后一关键帧】按钮，其功能与左边的按钮恰好相反。当播放头位于某关键帧的位置时，单击中间按钮则删除该关键帧。

⑫ 【放大/缩小预览区域】按钮：拖动左右两侧的缩小或放大按钮，或拖动中间的比例标志，能够缩小或放大预览区域。

(4)【工具】面板

【工具】面板如图 2-7 所示。

【工具】面板包含 11 种工具，这些工具都是应用于【时间线】面板，对素材进行编辑操作的。介绍如下。

① 【选择】工具：【工具】面板中默认的工具是【选择】工具，它也是应用最广泛的工具。单击选择该工具。在【时间线】面板中单击某素材能够将其选中；在【时间线】面板中按住鼠标拖

图 2-7 【工具】面板

动，能同时选中多个素材。选中素材后，拖动素材能改变素材在时间线上的位置。拖到某段素材上时能覆盖原来的素材；如果该过程中按住【Ctrl】键，能将素材从轨道提取并插入到原素材所在位置；如果该过程中按住【Alt】键，能实现素材的【提升】操作。定位到素材的入点或出点并按住鼠标拖动，能改变素材的入点或出点，素材的长度和位置会自动变化，而其他素材的位置保持不变。鼠标指针位于关键帧之间的连接线上时，按住鼠标可以垂直改变连接线的位置；同时按住【Ctrl】键单击可在该位置增加一个关键帧。

② 【轨道选择】工具：选择该工具，在单独轨道上某位置单击，能够在此轨道上该处向右选中所有的素材文件。若同时按住【Shift】键，变为【所有轨道选择】工具，单击能够选中该位置向右所有轨道上的素材。

③ 【波纹编辑】工具：单击选择该工具，在【时间线】面板中定位到素材的两端，左右拖动素材的边缘，能够修剪边缘附近不需要的部分，素材的长度会改变，与它相邻的素材的相对位置随之改变，节目的总时间长度相应改变。

④ 【滚动编辑】工具：单击选择该工具，在【时间线】面板中定位到素材的两端，左右拖动素材的入点或出点边缘，能够修剪不需要的边缘部分，素材的长度随之改变，而它的另一端位置保持不变。其相邻素材也会随之发生变化。

⑤ 【比例缩放】工具：单击选择该工具，在【时间线】面板中定位到素材的两端按住并拖动，能够改变素材的持续时间，从而改变素材的播放速度，素材的长度发生改变。

⑥ 【剃刀】工具：单击选择该工具，在【时间线】面板中定位到素材的某个位置，单击该按钮，能够将素材从此处分割为两段。若按住【Shift】键单击该按钮，则作用于所有轨道。

⑦ 【错落】工具：单击选择该工具，在【时间线】面板中定位到某素材按住并左右拖动，能够同时改变所选素材的出点和入点，其结果是节目总时间不变。

⑧ 【滑动】工具：单击选择该工具，定位到某段素材按住并左右拖动，能够自动改变前一段素材的出点或后一段素材的入点，从而使被拖动素材的长度和节目的长度保持不变。

⑨ 【钢笔】工具：该工具可用来绘制形状，并进行关键帧的选择。

⑩ 【手形】工具：单击选择该工具，当鼠标指针移动到【时间线】面板中变为手的形状时，按住鼠标拖动，能够移动窗口的位置。

⑪ 【缩放】工具：单击选择该工具，在轨道窗口上单击可放大时间线视图。若按住【Alt】键时单击，则缩小时间线视图。

5. 素材的基本编辑

Premiere 软件可以对素材进行多种方式的编辑操作，编辑过程主要使用【项目】面板、【素材源监视器】面板、【时间线】面板。编辑的准备阶段是将素材导入到【项目】面板中，这个操作前面已介绍过，不再赘述。

（1）设置标记

设置标记的目的是为了帮助用户快速定位，切换素材或节目的时间点，以及对齐素材的时间点等。可以设置标记的对象包括素材、节目序列和 Encore 章节。

设置标记可以在【素材源监视器】面板、【节目监视器】面板和【时间线】面板中进行。

① 设置素材标记。

【素材源监视器】面板的标记工具用于设置素材的无编号时间标记，使用【编辑标记】命令可以插入有编号的标记。操作步骤如下。

步骤 1 在【项目】面板中双击素材或将素材拖到【素材源监视器】中，在【素材源监视器】中预览素材。

步骤 2 在【素材源监视器】中定位播放头到设置标记的时间点位置，单击【按钮编辑器】中的按钮或者选择【标记】|【添加标记】命令，能为该处设置一个无编号标记，标记在【素材源监视器】面板和【时间线】面板的显示位置是不同的，如图 2-8 所示。

步骤 3 设置带编号的标记时间点，选择【标记】|【添加标记】命令后，再选择【标记】|【编辑标记】命令，在“名称”文本框中输入标记的编号，可插入一个带编号标记，【标记】对话框如图 2-9 所示。

② 设置节目标记。

节目的时间标记可以在节目对应的【时间线】面板或【节目监视器】面板中的时间标尺上设置。操作步骤如下。

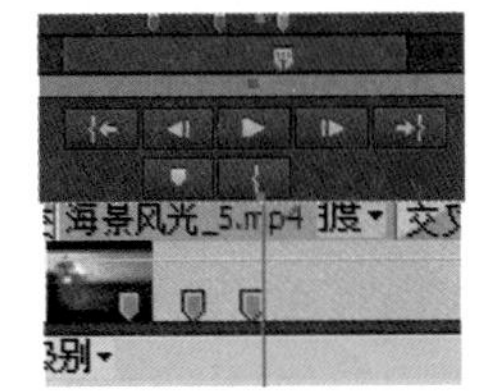

图 2-8 标记在【素材源监视器】和【时间线】面板显示的区别

步骤 1 确定节目时间线中有素材。

步骤 2 在【时间线】面板或【节目监视器】面板中将播放头定位到需要的时间点，单击【按钮编辑器】中的按钮或选择【标记】|【添加标记】命令，在该处插入一个无编号标记，如图 2-10 所示。

步骤 3 按照为素材设置已编号标记相似的操作，选择【标记】|【添加标记】命令后，再选择【标记】|【编辑标记】命令，在“名称”文本框中输入标记的编号，可插入一个带编号的标记，也可叫作注释标记。

图 2-10（上部）是【节目监视器】面板设置标记的效果；图 2-10（下部）为在【时间线】面板设置标记后的效果。

③ 使用标记。

为素材设置标记后，可以用鼠标按住左右拖动，从而改变标记的位置；还可以使用标记定位并对齐素材。

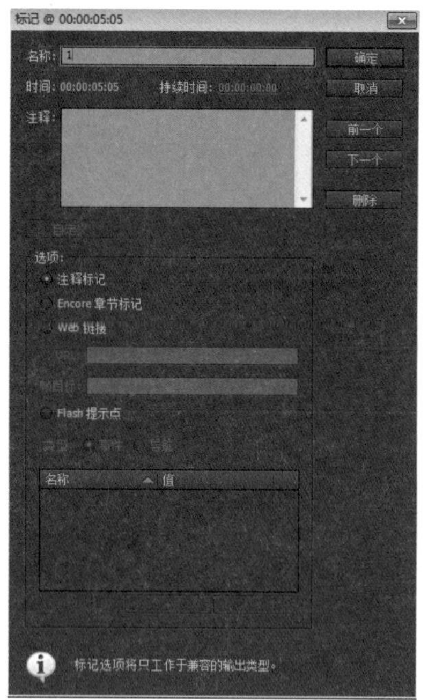

图 2-9 【标记】对话框

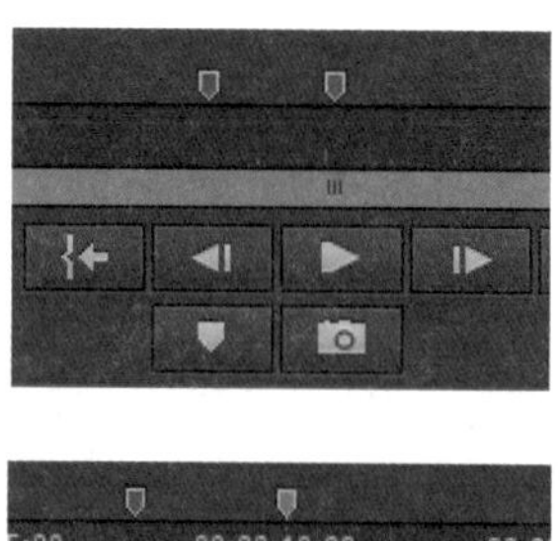

图 2-10 设置标记后的【节目监视器】面板和【时间线】面板

定位素材标记的操作如下。

在【素材源监视器】面板中，打开【按钮编辑器】面板，单击和按钮，分别定位到前一标记和后一标记。

前面的讲解是针对素材而言的，针对节目的标记，同样可以定位节目标记。

④ 删除标记。

设置标记后可以根据需要删除不需要的标记。操作方法有两种。

方法一：使用鼠标操作。在标记上按住鼠标在水平方向向左或向右拖出时间标尺即可。

方法二：使用菜单命令。如果要删除某个标记，定位播放头到该标记处，选择【标记】|【清除标记】命令，即可清除当前标记。

（2）剪切素材

剪切素材是对素材的帧进行删减、增加或分割等操作，从而使素材符合节目的需要。这一操作可以使用的面板包括【素材源监视器】面板、【时间线】面板、【节目监视器】面板、【工具】面板和【修整监视器】面板。

① 使用【素材源监视器】面板。

该窗口只能显示一个素材，如果重复将多个素材加载到该窗口，只能显示最后一个素材。如果需要切换，选择【窗口】|【素材源监视器】命令，它的下一级菜单以列表方式显示所有打开的素材，从中选择需要编辑的素材，即可使其显示在【素材源监视器】面板中。

导入的素材往往只需要其中的一部分，这就需要设置素材的入点和出点，只有入点和出点之间的片段才能应用到节目中。

在【素材源监视器】面板中设置入点和出点的步骤如下。

步骤 1 加载素材到【素材源监视器】面板中，用鼠标拖动播放头或通过窗口的帧操作或【搜索】按钮定位到需要的视频片段的开始时间点，单击入点按钮设置此处为入点。

步骤 2 继续搜索、定位到视频片段的结束时间点，单击出点按钮设置此处为出点。设置完毕后，时间标尺中以深色显示的入点到出点之间的视频片段部分，即为有效的素材片段，如图 2-11 所示。

图 2-11 素材的入点和出点

步骤 3 设置了入点和出点后，移动鼠标到时间标尺的入点或出点上，鼠标指针变为或状态时，按住拖动就可以修改入点或出点。还可以将播放头定位到新的时间点，单击入点或出点按钮，修改入点或出点为新的时间点。

如果素材是视频和音频混合素材，设置的入点和出点是对素材整体而言的，视频和音频的入点和出点相同。如果需要单独设置音频和视频的入点或出点，操作如下。

步骤 1 在【素材源监视器】面板中加载素材使之显示，定位播放头到视频入点或出点的时间点。

步骤 2 选择【标记】|【标记拆分】下的【视频入点】或【视频出点】命令，设置视频的入点或出点。同样，定位到音频的入点或出点时间点，执行【标记】|【标记拆分】下的【音频入点】或【音频出点】命令，设置音频的入点或出点。设置完成后，音频和视频分别设置入点和出点的时间线如图 2-12 所示。

图 2-12 分别设置音视频入点和出点的时间线

② 使用【时间线】面板、【节目监视器】面板和【工具】面板。

【时间线】面板与【节目监视器】面板，以及【工具】面板结合使用，提供了丰富的剪切功能。

A. 使用【选择】工具

单击选中【选择】工具，在【时间线】面板中，移动鼠标到素材的两端边缘，当变为或时，按住鼠标水平拖需要的时间点松开鼠标即可。拖动时，【节目监视器】面板中会显示当前鼠标所处时间点的画面，同时时间码会显示当前所处的时间点及素材的总长度。

B. 使用【波纹编辑】工具

单击选中【波纹编辑】工具，在【时间线】面板中定位到素材的出点，当鼠标变为时，按住左右拖动素材，能够修改出点的位置。此时，【节目监视器】面板中显示本素材向前或向后修剪的时间，如图 2-13 所示。该段素材后面的素材的入点和出点不变，但是位置随之发生左右移动。同样，鼠标移动到入点处，鼠标变为时，能够修改素材的入点。

C. 使用【滚动编辑】工具

单击选中【滚动编辑】工具，在【时间线】面板中定位到任意一段素材上左右拖动，

【节目监视器】面板中显示素材向前或向后修剪的时间，如图 2-14 所示。两段素材的长度均发生改变，而两段素材的总长度不变，与它相邻素材的绝对位置保持不变。当然，也可以单独调整片头或结尾素材的入点和出点。

图 2-13 【波纹编辑】效果

图 2-14 【滚动编辑】效果

D. 使用【错落】工具

单击选中【错落】工具，在【时间线】面板中定位到某素材并拖动，能够同时改变素材的入点和出点，改变的入点和出点在素材长度的有效范围内变化，但是素材的长度和位置保持不变，并且其他素材和节目总时间不受影响。如图 2-15 所示，画面上部显示的是正被编辑素材的前一段素材的结束帧，以及后一段素材的起始帧，下面是现在调整的素材的入点和出点画面及时间点的时间码。时间码显示调整的方向，正值为向后调整，负值为向前调整。

E. 使用【滑动】工具

单击选中【滑动】工具，在【时间线】面板中移动到某段素材上，按住鼠标并拖动，将自动改变前一段素材的出点和后一段素材的入点，而被拖动的素材的长度和项目的长度保持不变。如图 2-16 所示，画面上部显示的是正被编辑的素材的入点帧和出点帧，左下部分是前一段素材的出点的帧画面，右下部分是后一段素材的入点的帧画面，画面下方的时间码显示该帧在素材中的时间点。时间码显示调整的方向，正值为向后调整，负值为向前调整。

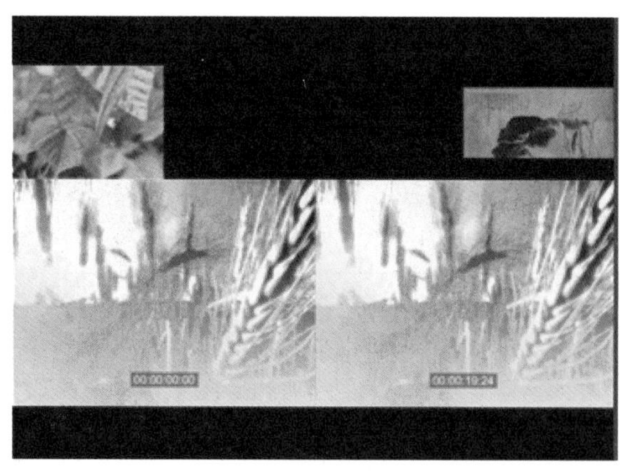

图 2-15 【错落】工具编辑效果

图 2-16 【滑动】工具编辑效果

F. 使用【剃刀】工具

图 2-17 【剃刀】工具

单击选中【剃刀】工具，在【时间线】面板中定位鼠标到素材的具体时间点，单击，即可将素材从此处切割为两段。切割后生成的每段素材又具有单独的入点和出点，如图 2-17 所示。

使用该工具还可同时切割多个轨道上的素材。单击选中该工具，同时按住【Shift】键，此时在【时间线】面板中显示为【多重剃刀】工具。移动鼠标指针到需要切割的时间点单击，能够将未锁定的所有轨道上的素材从该时间点分割。

③ 使用【修整监视器】面板。

【修整监视器】面板能够对节目时间线进行详细和精确地编辑。【时间线】面板中视频轨道上依次有多段素材摆放，将鼠标放在两段素材的连接处时，双击或按住【Ctrl】键的同时单击，会出现【修整监视器】面板，如图 2-18 所示。

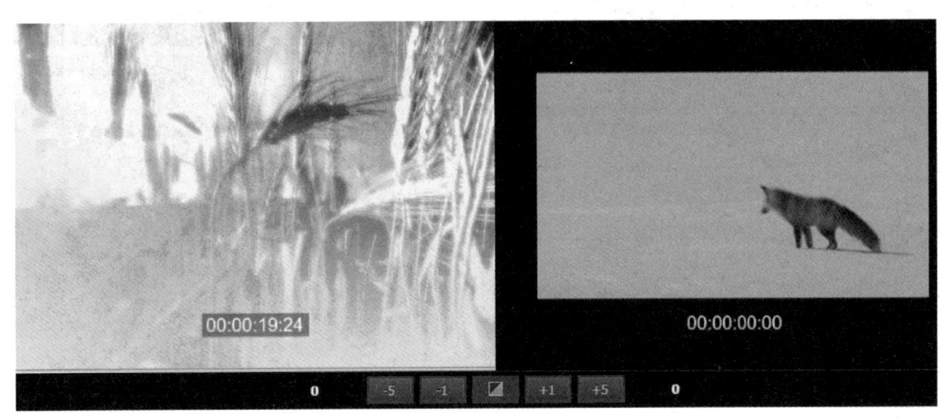

图 2-18 【修整监视器】面板

在【修整监视器】面板中修整某段素材时，【时间线】面板中的其他素材长度保持不变，相对位置不变，节目时间线会随着素材的修整自动移动，从而使节目的长度发生变化。与使用【波纹编辑】工具和【滚动编辑】工具编辑素材的操作方法类似。

（3）【插入】与【覆盖】

节目时间线中没有素材时，可以直接从【素材源监视器】面板或【项目】面板中将素材插入到时间线中。时间线中已存在多段素材时，再插入素材就可能发生素材之间的替换或覆盖的情况，这时需要使用【素材源监视器】面板的【插入】按钮或【覆盖】按钮，进行【插入】或【覆盖】操作。

① 【插入】编辑。

【插入】素材有两种方法。

A. 使用【素材源监视器】面板的【插入】按钮

操作步骤如下。

步骤 1 在【素材源监视器】面板中加载素材，并设置好素材的入点和出点。

步骤 2 在【时间线】面板中单击要插入素材的轨道将其选中，调整播放头到需要插入素材的时间点。

步骤 3 单击【素材源监视器】面板的【插入】按钮，将入点到出点间的素材插入到选中的轨道中，插入点是播放头的位置。如果该处原来没有素材，则直接插入；若已存在素材，则直接插入并将原素材截断为两部分，原素材的后面部分向后移动，接在新素材的出点处，从而使节目的长度变长，如图 2-19 所示。

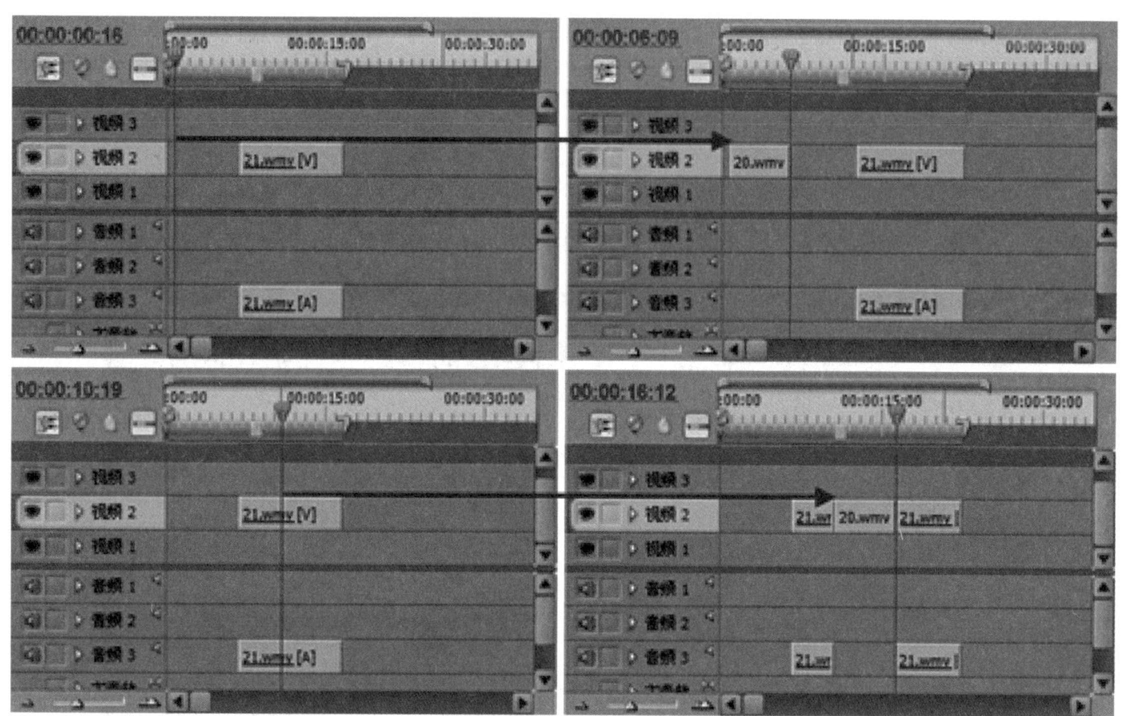

图 2-19 【插入】编辑

B. 使用菜单命令

该方法的操作步骤如下。

步骤 1 在【项目】面板中选中素材；或者将素材显示在【素材源监视器】面板中。

步骤 2 选择【素材】|【插入】命令，即可将素材插入到时间线中，插入时的处理方式同第一种方法。

② 【覆盖】编辑。

【覆盖】操作与【插入】操作类似。

步骤 1 在【素材源监视器】面板中加载素材，并设置好素材的入点和出点。

步骤 2 在【时间线】面板中单击要插入素材的轨道将其选中，调整播放头到需要插入素材的时间点。

步骤 3 单击【素材源监视器】面板的【覆盖】按钮，该按钮仅用于【素材源监视器】面板。将入点到出点间的素材插入到选中的轨道中，插入点是播放头的位置。如果该处原来没有素材，则直接插入。若已存在素材，则覆盖原来的素材，整个节目的长度不变，如图 2-20 所示。

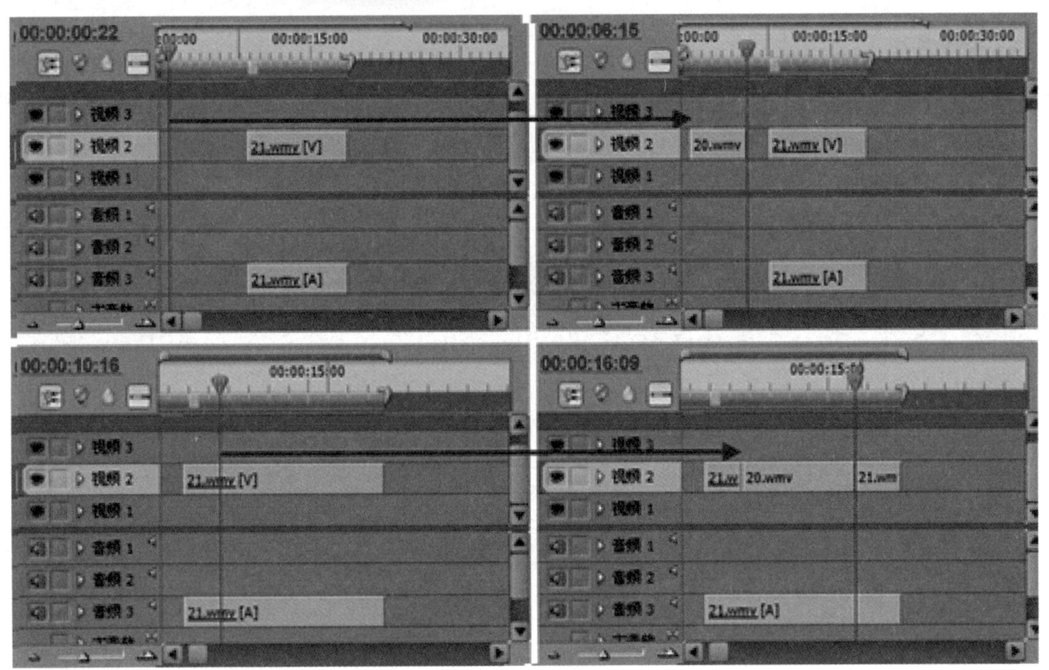

图 2-20 【覆盖】编辑

（4）【提升】与【提取】

插入到时间线中的素材，如果不符合要求可以将其删除。删除部分素材，称为【提升】或【提取】。

① 【提升】编辑。

步骤 1 在【时间线】面板中选中需要删除素材的轨道。

步骤 2 使用【时间线】面板的播放头，在【节目监视器】面板中设置要删除的素材片段的入点和出点。

步骤 3 单击【提升】按钮；或者选择【序列】|【提升】命令，能将节目时间线中选中轨道的入点到出点的素材片段删除，其他部分不动，节目的长度不变，如图 2-21 所示。

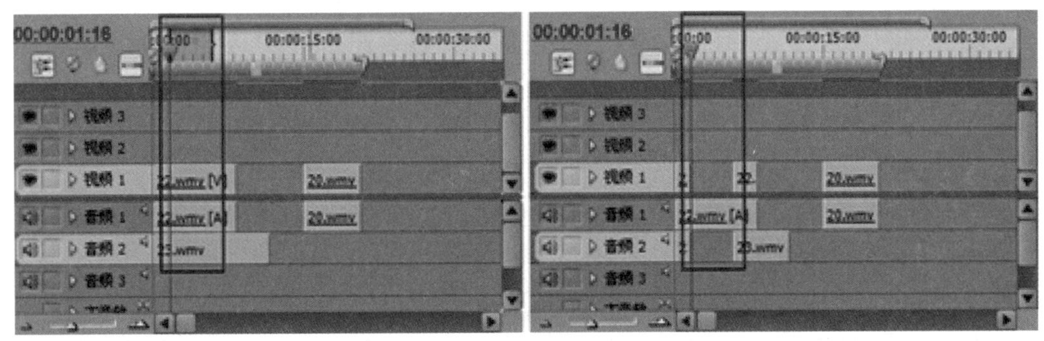

图 2-21 【提升】编辑

② 【提取】编辑。

步骤 1 在【时间线】面板中选中需要删除素材的轨道。

步骤 2 使用【时间线】面板的播放头，在【节目监视器】面板中设置要删除的素材片段的入点和出点。

步骤 3 单击【提取】按钮；或者选择【序列】|【提取】命令，能将节目时间线中入点到出点的素材片段删除，后面的素材向前移动覆盖删除素材所产生的空白，节目的长度变短，如图 2-22 所示。

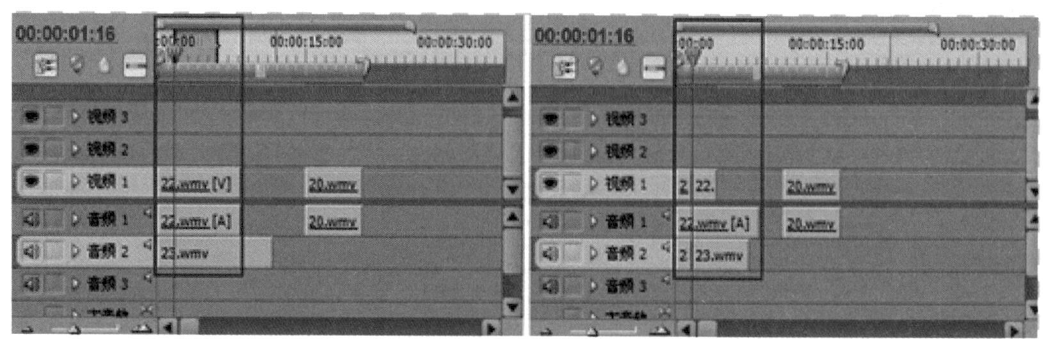

图 2–22 【提取】编辑

（5）组合与分离

编辑的素材包括独立的视频素材、独立的音频素材和音视频混合的素材，使用音视频混合的素材时，常常需要将视频和音频分离开，有时又需要将独立的音频和独立的视频素材组合起来。组合与分离操作可以分为【链接音视频】/【解除音视频链接】、【群组】/【解除群组】操作。

下面分别讲解素材的组合与分离。

①【链接音视频】/【解除音视频链接】。

【链接音视频】/【解除音视频链接】的操作步骤如下。

步骤 1 在【时间线】面板中选中需要进行组合的一段视频素材和一段音频素材。

步骤 2 选择【素材】|【链接音视频】命令，或右击，在弹出的快捷菜单中选择【链接音视频】命令，即可将视频和音频素材链接到一起，如图 2-23 所示。若两段素材具有相同的入点，链接后的音视频的名称后添加[V]和[A]标记；若两段素材具有不同的入点，链接后的音视频的名称前面显示两者之间相差的时间，正值表示向后偏移，负值表示向前偏移。

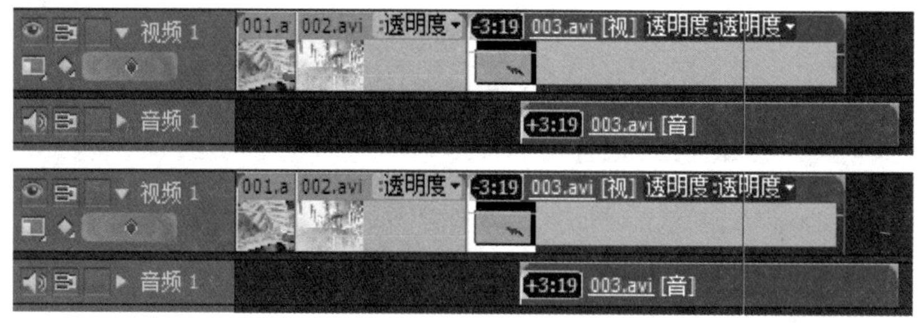

图 2–23 链接音视频

步骤 3 【解除音视频链接】的操作是，在时间线中选中链接的素材，然后选择【素

材】|【解除音视频链接】命令；或者右击，在弹出的快捷菜单中选择【解除音视频链接】命令即可。

② 【编组】/【取消编组】。

【编组】/【取消编组】与【链接音视频】/【解除音视频链接】的操作相似。不同点在于【链接音视频】必须是一段音频和一段视频；而【编组】没有这个限制，可以将多个素材组合起来，组合之后就作为一个整体进行操作，多个素材丧失了独立性，不能进行某些具体的操作。

【编组】/【取消编组】的操作步骤如下。

步骤 1 在【时间线】面板中选中多段素材。

步骤 2 选择【素材】|【编组】命令；或者右击，在弹出的快捷菜单中选择【编组】命令。

步骤 3 解除编组的操作是，选中已被编组的素材，然后选择【素材】|【取消编组】命令；或者右击，在弹出的快捷菜单中选择【取消编组】命令即可。

（6）复制与粘贴

Premiere 软件提供了通用的编辑命令，常用的编辑命令包括【剪切】、【复制】、【粘贴】等命令。

下面介绍常用的编辑命令的使用操作。

步骤 1 在【时间线】面板中，选中轨道上的素材。

步骤 2 选择【编辑】菜单下的【剪切】命令或【复制】命令，可将素材保存到系统剪贴板中。剪切与复制的区别是剪切会将时间线中的素材删除，而复制命令不会删除时间线中的素材，只是将素材的副本保存到剪贴板中。

步骤 3 在【时间线】面板中将播放头定位到需要粘贴的时间点，选择【编辑】|【粘贴】命令，将剪贴板中的素材粘贴到【时间线】面板时间标记处的轨道上，可覆盖原有的素材，相当于覆盖操作，节目的长度不变。

如果选择【编辑】|【粘贴插入】命令，则能够粘贴到对应的时间点处，该处后面原有的素材向后移动，相当于插入操作，节目的长度变长。

系统还提供了【粘贴属性】命令，能将一个素材的属性应用到另一个素材上，这些属性包括特效、运动效果等，具体操作步骤如下。

步骤 1 在【时间线】面板中，选中轨道上的素材，选择【编辑】菜单下的【复制】命令。

步骤 2 在【时间线】面板中选中目标素材，选择【编辑】|【粘贴属性】命令。

操作步骤

下面制作本实例。

步骤 1 新建一个项目，将项目命名为“汽车短片”，在【序列预设】选项卡中，选择【DV-PAL】下的【标准 48kHz】，输入序列名称，单击【确定】按钮。然后，在【项目】面板中导入多段素材，分别为“Car_01.avi”“Car_02.avi”等。注意在导入具有图层属性的 PSD 格式的图片时；要选择【分层】导入；或者选择【序列】导入，不能合并图层。在此导入汽车的 LOGO 文件时，为【序列】导入方式，如图 2-24 所示。

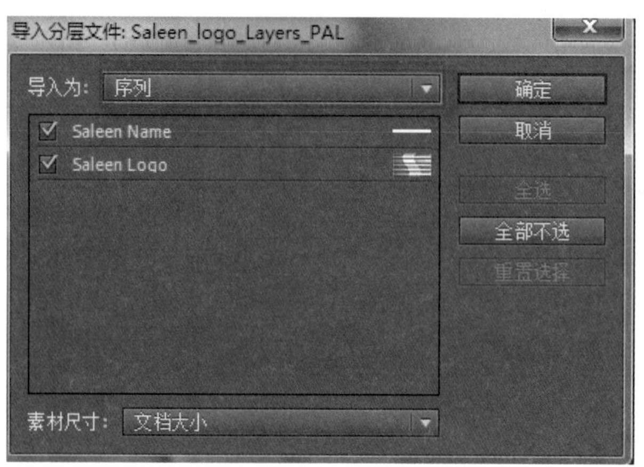

图 2-24 以【序列】方式导入图层属性的文件

步骤 2 双击素材 Car_10.avi，打开【素材源监视器】面板，设置其入点和出点。播放头在00:00:00:16时，单击 { 按钮设置入点；播放头在00:00:02:24时，单击 } 按钮设置出点，入点和出点设置结束后，拖动该片段到【时间线】面板的【视频 1】轨道上。

步骤 3 对素材 Car_05.avi 设置入点和出点，其入点和出点的时间标尺分别为00:00:01:06和00:00:07:20，将其拖到节目时间线第一段素材出点的下一帧处，使两者的出点和入点紧密相连。

步骤 4 利用同样的方法分别对其他素材进行入点和出点设置，并进行视频片段的拖动拼接，各视频片段的入点和出点如表 2-1 所示。

表 2-1 各视频片段的入点和出点

镜 头 号	文 件	时 间 段
1	Car_10.avi	00:00:00:16～00:00:02:24
2	Car_05.avi	00:00:01:06～00:00:07:20
3	Car_02.avi	00:00:03:16～00:00:05:22
4	Car_06.avi	00:00:02:13～00:00:09:03
5	Car_07.avi	00:00:01:13～00:00:06:23
6	Car_08.avi	00:00:01:00～00:00:04:09
7	Car_03.avi	00:00:00:22～00:00:04:15
8	Car_04.avi	00:00:01:07～00:00:07:13
9	Car_01.avi	00:00:01:00～00:00:11:09
10	Car_09.avi	00:00:01:18～00:00:08:17

各视频片段在时间线上的摆放如图 2-25 所示。

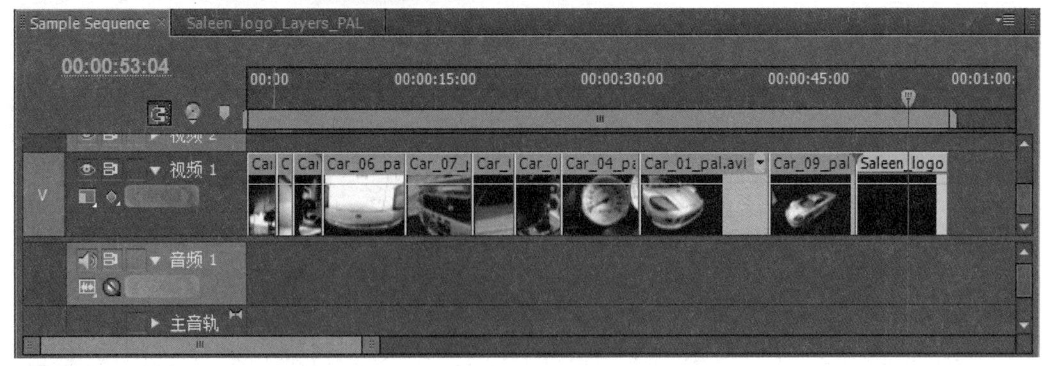

图 2-25　各视频片段在时间线上的摆放

步骤 5　设置 LOGO 动画。

双击【项目】面板中 Sample Sequence 序列，打开【时间线序列】面板，分别对两个轨道设置运动动画。

① 选择 Saleen Name 轨道素材，在【特效控制台面板】中选中【运动】属性，播放头在 0 秒时，添加【位置】关键帧 位置，并将画面移到【节目监视器】面板的右方，如图 2-26 所示。

播放头在 2 秒时，将 Saleen Name 移动到画面中间，软件自动添加另一个关键帧。

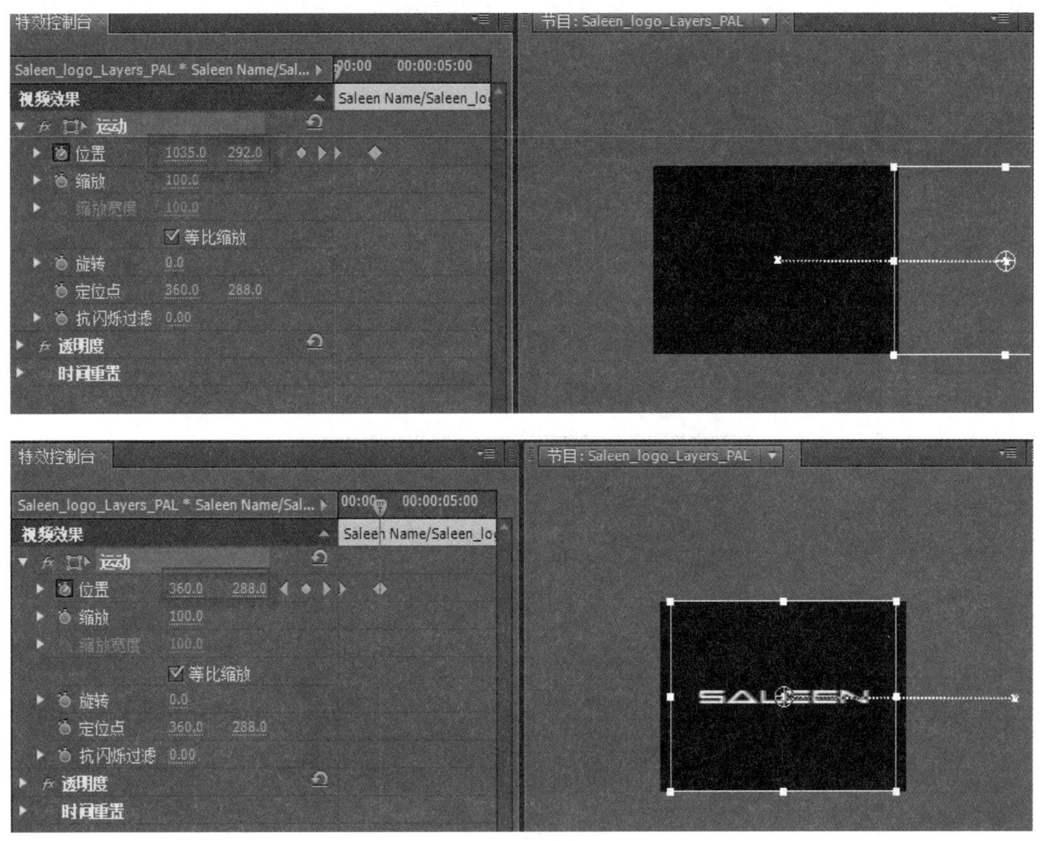

图 2-26　运动效果 1

预览效果，可以看到产生了 Saleen Name 的从右往左的位置动画。

② 利用同样的方法，为 Saleen_logo 设置位置动画，使其产生从左往右的位置动画。

如图 2-27 所示。

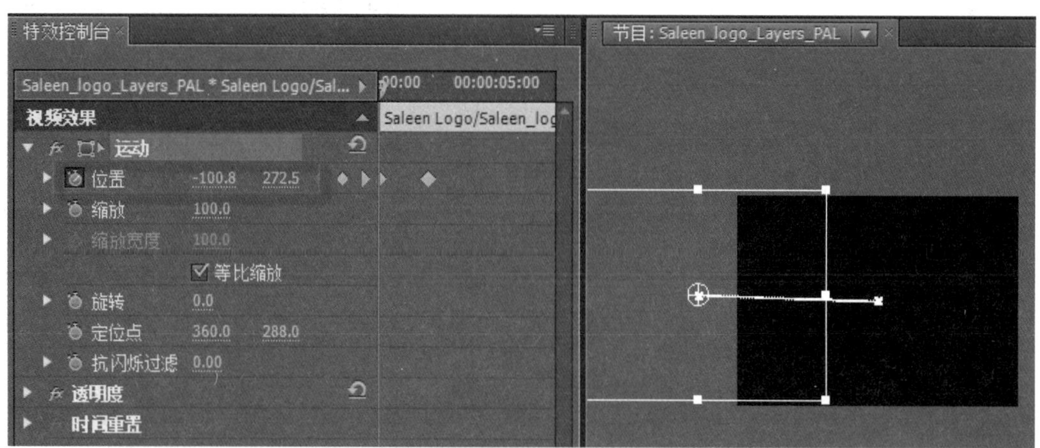

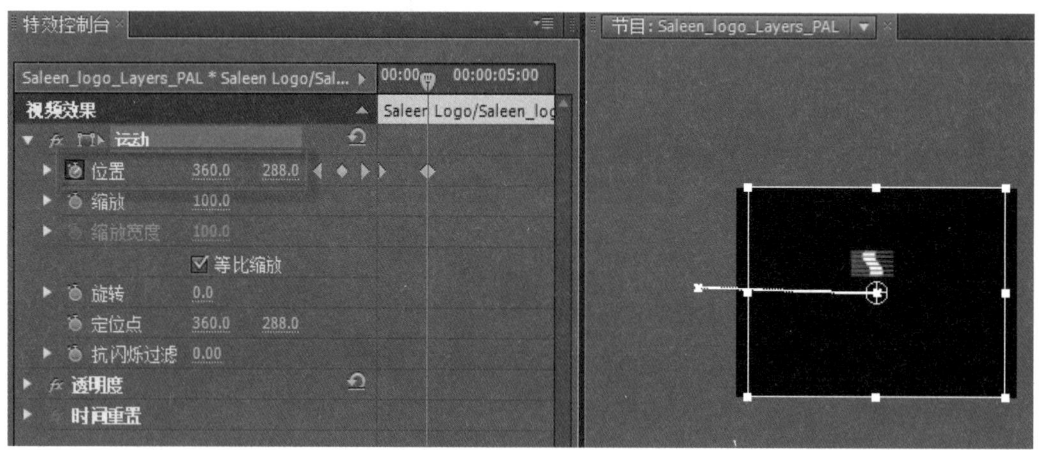

图 2-27　运动效果 2

③ 给 LOGO 添加【镜头光晕】特效。

选中 Saleen_logo 素材轨道，选择【效果】|【视频特效】|【生成】|【镜头光晕】选项，调整镜头光晕的位置，效果如图 2-28 所示。

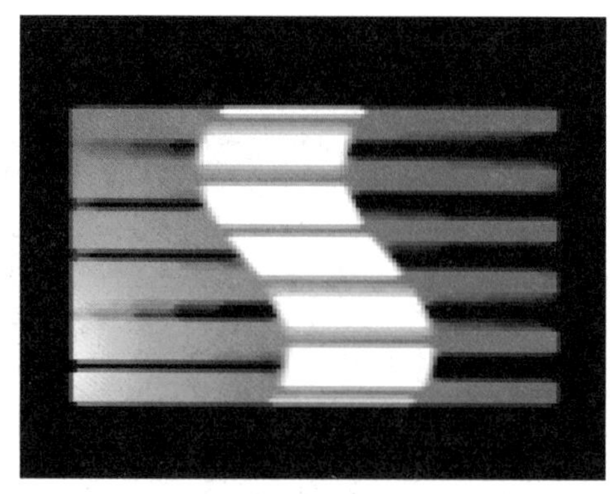

图 2-28　【镜头光晕】效果

步骤 6　预览效果，直到动画的效果满意为止。

步骤 7　加入声音。将 Saleen.wav 文件拖到【音频 1】轨道中，保存项目，输出影片。

课堂实训3　三点剪辑与四点剪辑

三点剪辑和四点剪辑是编辑节目的两种常用方法，是在不影响影片整体内容的情况下常用的素材插入或替换的方法。

课堂实训3
剪辑中的三点剪辑

1. 剪辑中的三点剪辑

三点剪辑是指通过入点和出点的设置定义要插入素材的时间长度，然后再设置插入素材的入点或出点，无须设置全部的入点和出点。也就是说两个视频片段只要设置3个点，通过【插入】操作完成素材片段的插入剪辑。

三点剪辑举例如下。

步骤1　新建项目文件，将项目命名为“三点剪辑”，在【序列预置】选项卡中，选择【DV-PAL】下的【标准 48kHz】，输入序列名称，单击【确定】按钮。在【项目】面板中导入两段素材，分别为01.avi、02.avi。

步骤2　将素材01.avi拖到时间线的【视频1】轨道中，利用【按钮编辑器】面板中的 { 、 } 设置片段的入点和出点，时间分别为00:00:00:00和00:00:00:16。

步骤3　在【项目】面板中双击素材02.avi文件，打开【素材源监视器】面板，利用【按钮编辑器】面板中的 { 设置片段的入点，入点在素材的合适位置即可，但视频片段的长度一定要大于前面设置的入点和出点之间的长度。

步骤4　单击【素材监视器】面板中的【插入】按钮，这时会自动将【素材源监视器】面板中设置的片段插入到视频轨道中具有入点和出点时间的视频片段中，时间线上的总时长自动向后延伸。

步骤5　保存项目。

2. 四点剪辑

四点剪辑与三点剪辑类似，但是需要在【素材监视器】和【节目监视器】中分别设置入点和出点，总共4个点，再进行【插入】操作。

四点剪辑举例如下。

步骤1　新建项目文件，将项目命名为“四点剪辑”，在【序列预置】选项卡中，选择【DV-PAL】下的【标准 48kHz】，输入序列名称，单击【确定】按钮。然后，在【项目】面板中导入两段素材，分别为01.avi、02.avi。

步骤2　将素材01.avi拖到时间线的【视频1】轨道中，利用【按钮编辑器】面板中的 { 、 } 设置片段的入点和出点，时间分别为00:00:00:00和00:00:00:16。

步骤3　在【项目】面板中双击素材02.avi文件，打开【素材源监视器】面板，利

用按钮编辑器中的 、 设置片段的入点和出点，入点在素材的合适位置即可，时间间隔任意。

步骤 4　单击【素材监视器】面板中的【覆盖】按钮，弹出【适配素材】对话框，如图 2-29 所示，选中相应的选项后，系统会自动修改素材的播放速度进行匹配。也就是说在插入素材时通过改变素材的播放时间来满足节目的需要。

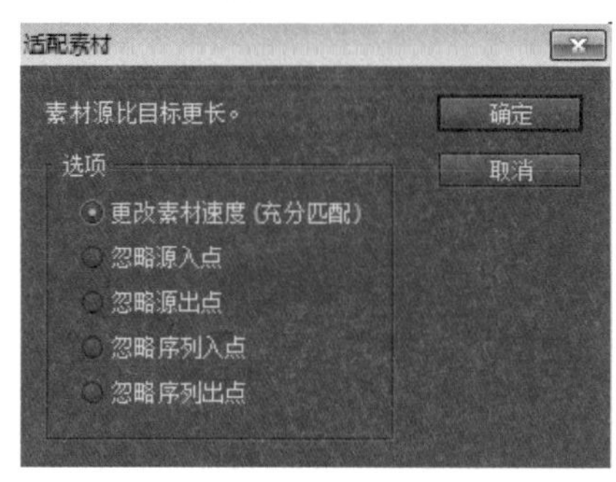

图 2-29　【适配素材】对话框

步骤 5　保存项目。

关于三点剪辑和四点剪辑，读者可通过参与一些实际的项目去体会其优点。

课堂实训 4　多机位剪辑

在大型活动的直播节目或电影的拍摄过程中为了全方位完成镜头调度，通常会多机位、多角度进行现场拍摄，并进行现场直播镜头的调度。这样，在后期剪辑时，可以将这些拍摄的素材在 Premiere 软件中使用多机位剪辑，提高剪辑的工作效率。多机位剪辑很像现场导播，不同的是导播是实时剪辑。

多机位剪辑可实现画面的层次感，可多角度、多方位展现内容，丰富画面的表现形式，并形成一定的节奏。

一段主题为“吹牛皮”的影片节选，以两人对话为主要内容的场景镜头调度，采用三机位，从主镜头、外反切镜头、内反切镜头等类型的镜头，可实现多机位剪辑的镜头调度，如图 2-30 所示。

图 2-30　多机位剪辑的镜头调度

图 2–30　多机位剪辑的镜头调度（续）

多机位剪辑的基本操作步骤如下。

步骤 1　创建项目，导入素材。

新建项目文件，将项目命名为“多机位剪辑”。双击【项目】面板，打开【导入】对话框，将选择的多段素材导入到【项目】面板。

步骤 2　创建多机位源序列。

同时选定导入的所有素材，右击，在弹出的快捷菜单中选择【创建多机位源序列...】命令，打开【创建多机位源序列】对话框，如图 2-31 所示。命名剪辑的名称为“多机位剪辑”，设置入点、出点。

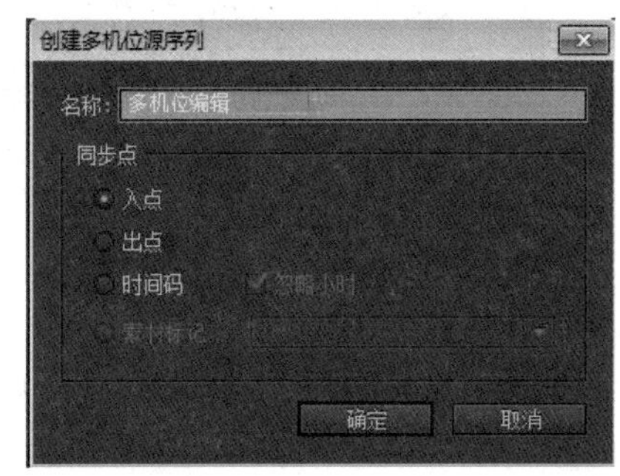

图 2–31　【创建多机位源序列...】菜单和【创建多机位源序列】对话框

步骤 3　创建多机位目标序列。

将“多机位剪辑”序列拖到【时间线】面板；或者在【项目】面板中选中多机位源序列的同时，选择【文件】|【新建】|【来自剪辑的序列】命令；也可以右击多机位源序列，然后从快捷菜单中选择【从剪辑新建序列】命令。

步骤 4　在节目监视器中启用多机位剪辑。

单击【设置】图标 并从【节目监视器】面板中选择【剪辑】|【多机位】命令。随即【节目监视器】面板将切换到多机位模式。

在多机位模式中，可同时查看所有摄像机的素材，并可在摄像机之间切换来选择用于最终序列的素材，如图 2-32 所示。

图 2-32　多机位的【节目监视器】面板

步骤 5　多机位剪辑的录制。

根据需求，在素材的 4 个窗口中分别选择相应的镜头进行剪辑衔接，此时会看到时间线轨道上的序列片段会在不同的时间点上进行镜头的切换，如图 2-33 所示。

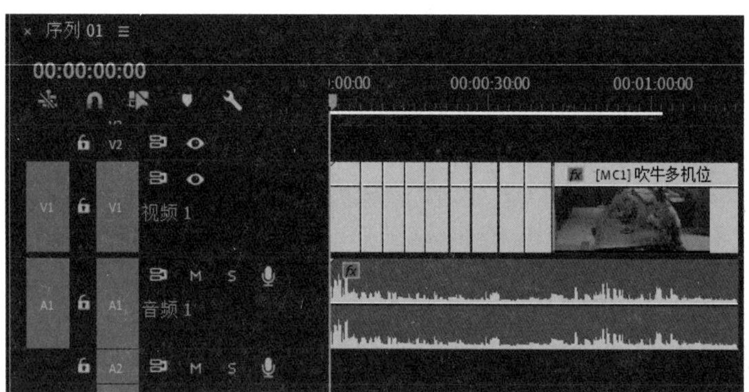

图 2-33　多机位剪辑

步骤 6　调整和优化编辑。

调整最终序列并用来自另一个摄像机的素材替换剪辑，切入不同的角度，更改摄像机的机位。可以在多机位序列播放时使用多机位键盘快捷键的数字键来切换摄像机，关于多机位键盘快捷键的设置，读者可自行研究其设置。

步骤7 导出多机位序列。

预览效果满意后，保存序列，导出最终效果。

关于多机位剪辑，读者可自行准备同一场景的多个镜头，练习使用多机位剪辑的方法。

知识拓展

视频格式

视频格式实质是视频压缩编码或解压缩编码的多种方式，可以分为适合本地播放的本地影像视频和适合在网络中播放的网络流媒体影像视频两大类。尽管后者在播放的稳定性和播放画面质量上没有前者优秀，但网络流媒体影像视频正被广泛应用于视频点播、网络演示、远程教育、网络视频广告等互联网信息服务领域。

研究视频编码的主要目的是在保证一定视频清晰度的前提下缩小视频文件的存储空间。数字视频是对模拟视频信号数字化的结果。数字视频可以来自扫描光栅采样，也可以直接来自数码摄像机。直接数字化而未经压缩的视频的数据量是十分惊人的，以画幅大小为“720像素×480像素”、RGB模式的帧尺寸大小的一段视频为例来进行计算，720×480×3（红、绿、蓝三种颜色）=1036800B；若每秒播30帧，播放1秒需30MB；假如一部剧场片的时间为120分钟，那么数据量就是庞大的数字。巨大的视频文件严重阻碍了视频信息的传播，视频压缩技术因此成为视频技术的研究热点。科学家在研究中发现，视频图像数据包含大量的冗余信息。使用特定的编码技术，保留视频中最重要和最本质的信息，用编码的方式减少冗余信息并对原来的画面进行重构，可达到更高的数据压缩比，就可以大大减小视频文件的存储空间，在用户忍耐范围内损失一些清晰度，就可以把视频压缩到原大小的1/10、1/100甚至1/1000。正是以损失清晰度换取压缩效果这一视频数据处理领域具有革命性的设计思想，催生了如今百花齐放的视频编码格式。

视频压缩的方法很多，基于不同的压缩算法，产生了不同的视频压缩格式，就是我们常说的视频格式。下面简要介绍常见的视频压缩格式。

1. MPEG-1

音视频经过MPEG-1标准压缩后，视频数据压缩率为1/100～1/200，音频数据压缩率为1/6.5，可提供每秒30帧的352×240分辨率的图像，具有接近家用视频系统（VHS）录像带的质量。VCD采用的就是MPEG-1的标准，该标准是一个面向家庭电视的音视频压缩标准。

2. MPEG-2

MPEG-2标准是为实现音视频服务与应用的交互而产生的。MPEG-2标准是针对标准数字电视和高清晰度电视在各种应用下的压缩方案和系统层的详细规定，编码率为3～

100Mb/s，MPEG-2 标准分为 9 个部分，统称为 ISO/IEC13818 国际标准。MPEG-2 特别适用于广播质量的数字电视的编码和传送，应用于无线数字电视、数字视频广播、数字卫星电视、DVD 等技术中。

3．MPEG-4

MPEG-4 标准是针对一定比特率下的音视频编码，更注重多媒体系统的交互性和灵活性。MPEG-4 标准力求做到两个目标：低比特率下的多媒体通信；成为多媒体通信的标准。为此，MPEG-4 引入了 AV 对象（Audio/Visual Objects），使更多的交互操作成为可能。

与 MPEG-1 和 MPEG-2 相比，MPEG-4 更适于交互 AV 服务及远程监控，它的设计目标使其具有更广的适应性和可扩展性。MPEG-4 传输速率在 4 800～64 000b/s，分辨率为 176×144，可以利用很窄的带宽通过帧重建技术压缩和传输数据，能以最少的数据获得最佳的图像质量。因此，它适用于数字电视、动态图像、互联网、实时多媒体监控、移动多媒体通信、Internet/Intranet 上的视频流与可视游戏、DVD 上的交互多媒体应用等。

4．AVI

AVI（音频视频交错格式）是微软公司推出的将视频和音频同步交叉记录在一起的文件格式。它对视频文件采用一种有损压缩方式，但压缩程度较高，它的兼容性好，支持跨平台，调用方便而且图像质量较好。其应用范围非常广泛，主要应用在多媒体光盘上，用来保存电视、电影等各种影像信息。

5．MOV

MOV（影片格式）是苹果公司推出的一种音视频文件封装格式，也适用于个人计算机。它可以采用不压缩或压缩的方式，其品质与 AVI 相当，常用于视频存储和网络应用。

6．WMV 和 WMV-HD

WMV 是微软推出的一种流媒体格式，它是由 ASF 格式升级延伸而来的。文件一般同时包含视频和音频部分。在同等视频质量下，WMV 格式的文体非常小，很适合在网络中播放和传输。

WMV-HD，是微软开发的一种视频压缩格式。采用该格式的 HDTV 文件一般也使用“.wmv”为后缀名，其压缩率甚至高于 MPEG-2 标准。

课后实训 2　体育场馆宣传片头编辑制作

打开效果文件“体育场馆宣传片头”，这是一个主题为体育场馆宣传片头的视频，该实

课后实训 2
体育场馆宣传片头
编辑制作

例的目的是使读者熟悉基本剪辑中视频片段出点和入点的精准设置方法及镜头组接流程，利用准备好的视频文件及音频文件剪辑成一个完整的视频效果。

首先，创建实例项目并进行对应的设置；然后，导入需要的素材，利用【素材源监视器】面板对素材的出点和入点精准定位；接下来将设置好的素材摆放到时间线轨道中，添加特效；最后保存输出。

操作步骤

步骤 1 新建项目。在【欢迎使用 Adobe Premiere Pro】对话框中单击【新建项目】按钮，弹出【新建项目】对话框，在【位置】文本框中输入项目的保存路径；或者单击【浏览】按钮，选择保存位置，在【名称】文本框中输入项目要保存的名称，给项目命名为“体育场馆宣传片头”，单击【确定】按钮后，弹出【新建序列】对话框，序列名称为“序列 01”，从【有效预设】列表中选择一种需要的模式，如图 2-34 所示，单击【确定】按钮。

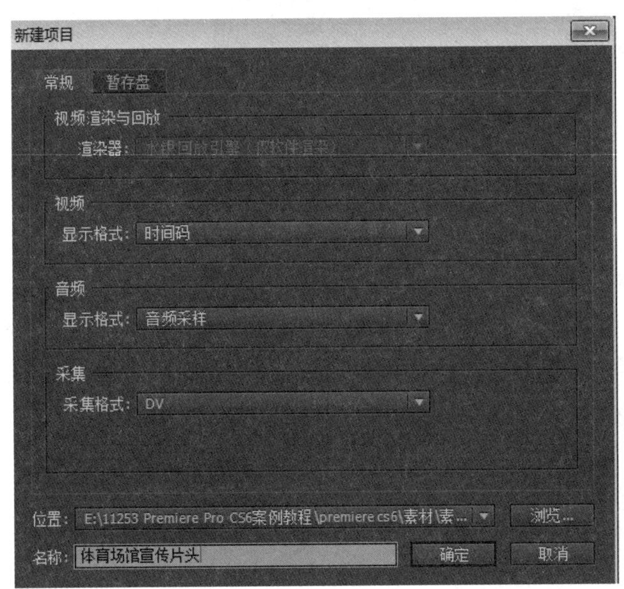

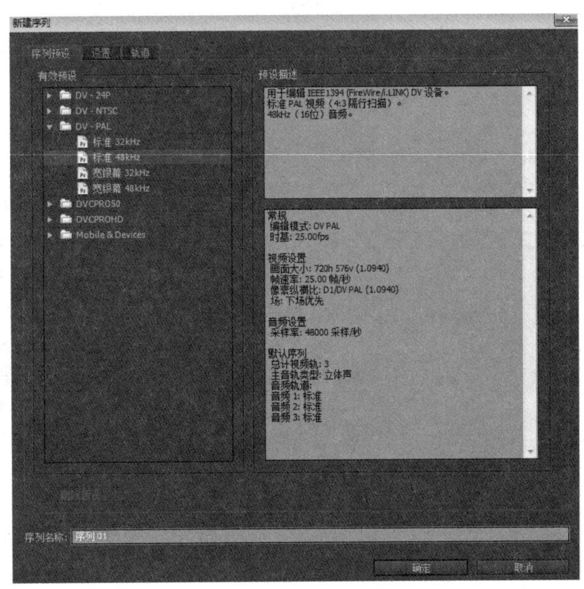

图 2-34 【新建项目】和【新建序列】对话框

步骤 2 自定义设置。单击【设置】选项卡，在【编辑模式】下拉列表框中选择【自定义】命令，对预置的项目进行自定义设置，并可以单击【确定】按钮或【存储预设...】按钮保存修改后的设置，方便用户以后调用。各项设置如下。

① 选择或修改【编辑模式】【时基】，如图 2-35 所示。

② 【视频】。设置【画面大小】【像素纵横比】【场序】等。

③ 【音频】。设置音频的【采样频率】及【显示格式】。

④ 【视频预览】。设置渲染时是否使影片颜色达到【最大位数深度】的复选框，设置

是否为【最高渲染品质】的复选框，设置【预览文件格式】等。

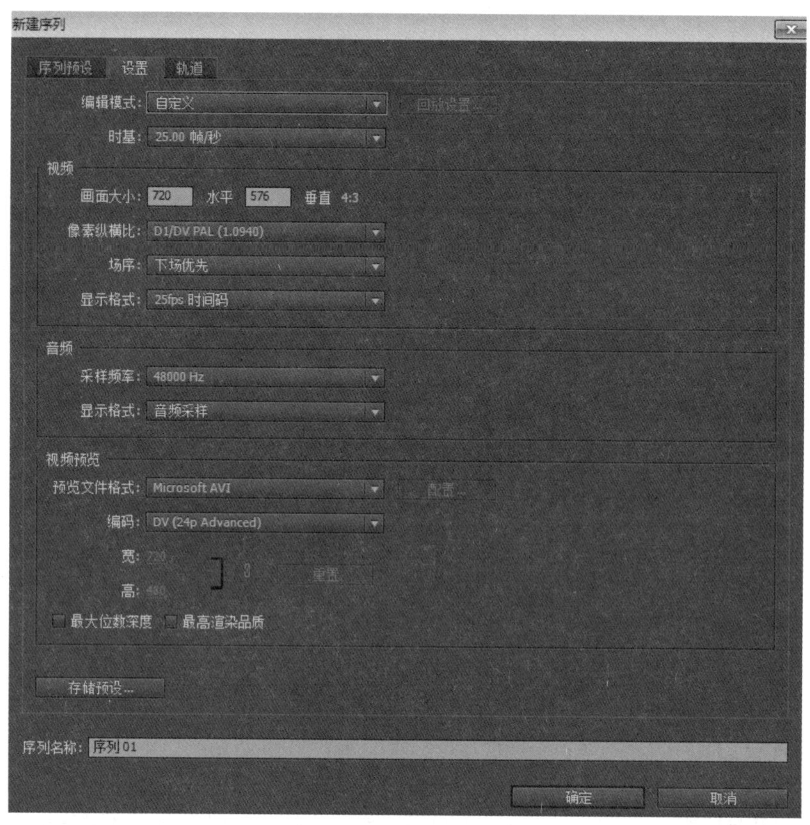

图 2-35 【新建序列】设置的【设置】选项卡

设置完毕后，单击【确定】按钮，创建项目并进入工作区，如图 2-36 所示。

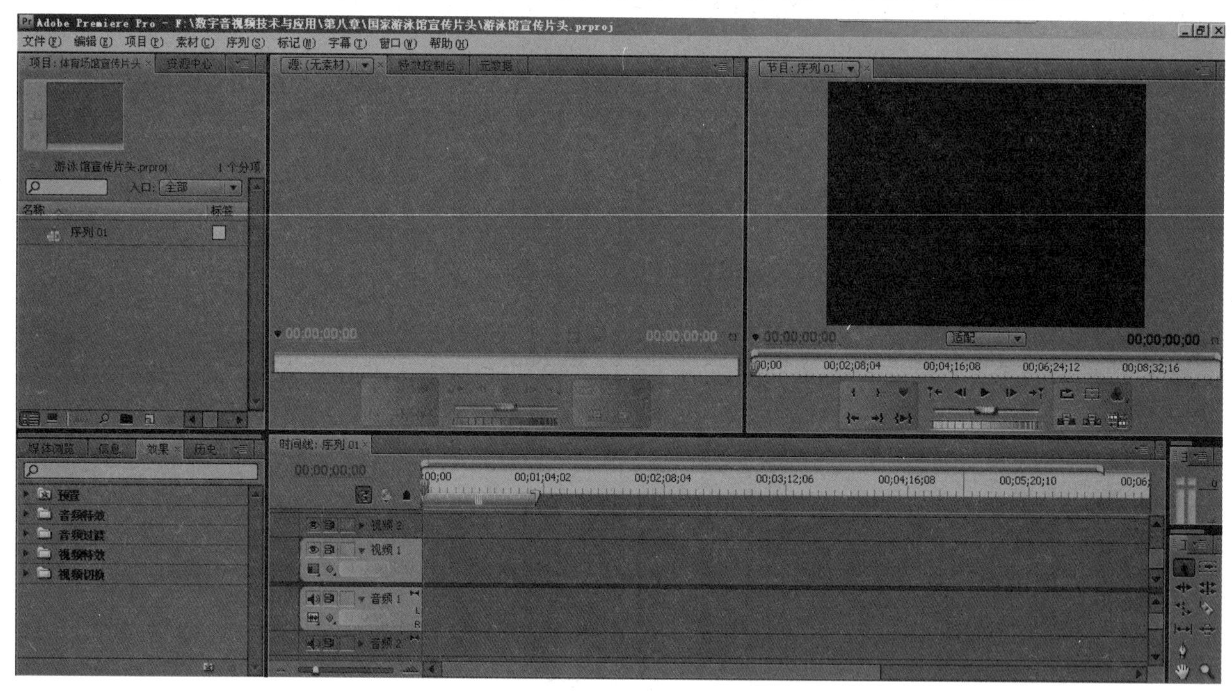

图 2-36 新建项目的工作区

步骤 3 在左侧【项目】面板中右击面板底部，在弹出的快捷菜单中选择【新建文件夹】

命令，新建“文件夹 01”，如图 2-37 所示。输入“图片”作为新文件夹的名称。用同样的方法，继续创建文件夹，分别命名为“视频”、“音频”和“鸟巢”，如图 2-38 所示。

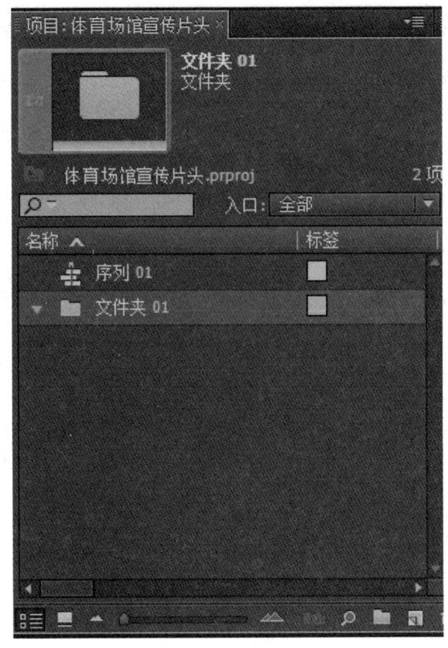

图 2-37　新建“文件夹 01”命令

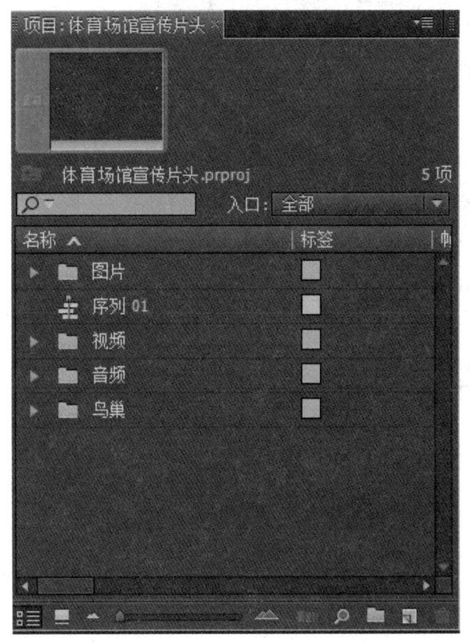

图 2-38　创建 4 个文件夹

提示

这里在 Premiere 软件中用文件夹来分类管理项目中的素材，不是在用户计算机的硬盘中创建文件夹。

步骤 4　在【项目】面板中导入素材。右击“体育场馆宣传片头”文件夹，在弹出的快捷菜单中选择【导入】命令，弹出【导入】对话框，选择视频文件导入，素材就导入到【项目】面板中了，如图 2-39 所示。使用同样的方法，将其他的素材导入到项目中。

提示

导入素材的方法有多种，下面再介绍两种。

- 双击【项目】面板，弹出【导入】对话框，根据需要选择文件。
- 选择【文件】|【导入】命令，弹出【导入】对话框，根据需要选择文件。

步骤 5　展开“视频”文件夹，如果该文件夹没有展开，可单击其左侧的按钮▶，展开后将显示文件夹中的资源名称，并且按钮变成▼。

步骤 6　双击其中的“鸟瞰.avi”，该素材资源的信息将显示在【素材源监视器】面板中，如图 2-40 所示，同时在【信息】面板中将显示当前选择资源的相关信息。

步骤 7　在【素材源监视器】面板中设置视频的【入点】和【出点】，即指定其中的一小段视频片段，将其添加到时间线中，拖动面板中时间线上的播放头，在视频预览窗口中查看视频内容。

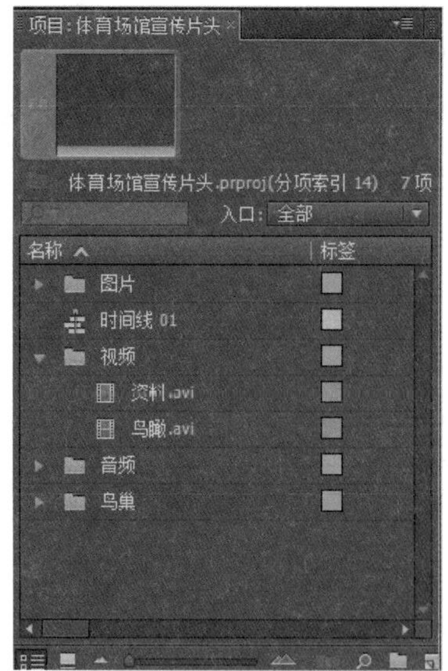

图 2-39　导入视频素材后的【项目】面板

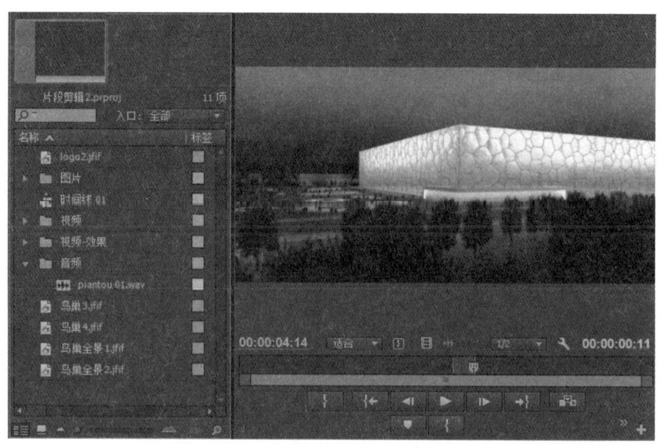

图 2-40　查看视频资源

提示

当前面板时间线上方左右两侧分别显示了时间信息，其中右侧的时间信息表示的是整个视频的长度，而左侧时间信息表示当前播放头所对应的时间点。

步骤 8　将播放头定位在“00:01:02:17”的位置，如果无法精确定位，可在播放头靠近目标位置后，单击【逐帧进】按钮或【逐帧退】按钮进行以帧为单位的微调，如图 2-41 所示。

提示

像本实例这样已经知道了播放头要定位的精确时间点，可以直接双击左侧的时间信息，双击后变成可编辑状态，直接输入具体时间即可。

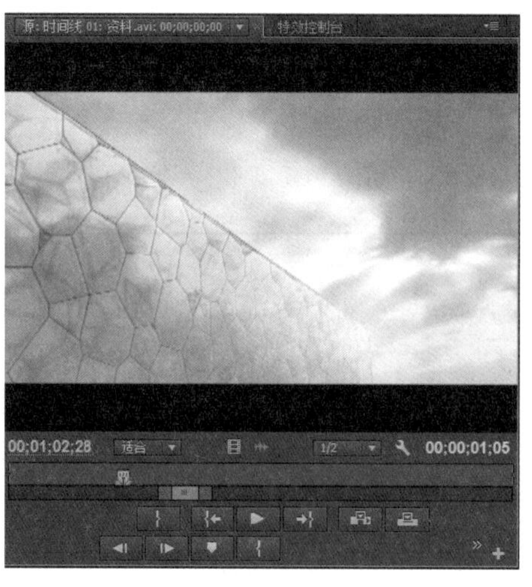

图 2-41　定位时间点

步骤 9 单击【入点】按钮，设置视频片段的入点。此时时间线发生变化，播放头右侧用黑色着重显示，如图 2-42 所示。

步骤 10 将时间点定位到"00:01:04:01"的位置，单击【出点】按钮，设置视频片段的出点。

步骤 11 将视频片段拖到视频轨道中；或者单击【插入】按钮，将视频片段插入到时间线的视频轨道中，如图 2-43 所示。

图 2-42 设置入点

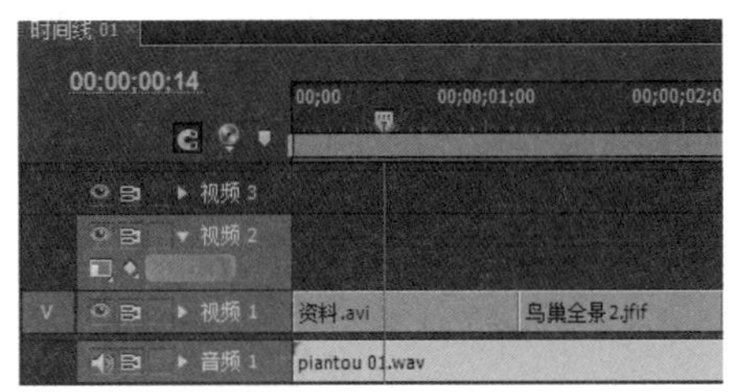

图 2-43 插入视频片段

提示

默认情况下，新建项目文件的时间线中包含 3 个视频轨道、3 个音频轨道及 1 个主音频轨道。这些视频、音频轨道中的内容可以相互叠加，从而产生各种转换效果。读者可以根据需要添加或删除视频轨道、音频轨道。视频片段默认插入【视频 1】轨道中。如果当前看不清楚，可以拖动【时间线】面板左下角的缩放条放大或缩小轨道内容的显示比例。

步骤 12 在【节目监视器】面板中也会显示当前【时间线】面板中播放头所对应位置的视频内容，如图 2-44 所示。

提示

【节目监视器】面板与【素材源监视器】面板的布局相同，只不过【素材源监视器】面板用来显示资源文件的内容，而【节目监视器】面板用来显示当前【时间线】面板中所编辑的内容。所以【节目监视器】面板中显示的是最终视频的输出效果。

图 2-44 【节目监视器】面板

步骤 13 用同样的方法可设置其他视频片段的入点和出点，然后将每一个视频片段拼接起来。各段视频的时间设置如表 2-2 所示。

表 2-2　各段视频的时间设置

序　号	文　件	时　间　段
1	资料	00:00:28:09～00:00:30:03
2	鸟巢全景	00:00:00:00～00:00:01:08
3	资料	00:02:30:06～00:02:31:01
4	鸟巢 3	00:00:00:00～00:00:01:02
5	资料	00:02:43:17～00:02:44:03
6	鸟巢 4	00:00:00:00～00:00:01:05
7	资料	00:02:23:05～00:02:24:11
8	资料	00:01:00:10～00:01:01:01
9	嬉水大厅	00:00:01:00～00:00:02:00
10	资料	00:01:57:18～00:01:58:16
11	鸟瞰	00:00:04:00～00:00:04:24
12	热身大厅	00:00:00:17～00:00:01:13
13	鸟瞰	00:00:04:04～00:00:04:14
14	资料	00:00:32:15～00:00:33:06
15	鸟巢 1	00:00:33:07～00:00:34:02
16	资料	00:02:05:05～00:02:05:22

注意

两个视频片段拼接时一定要将播放头放到前一个视频片段的后面再插入，否则新插入的视频片段会将原来轨道中的视频分割开，产生错误。

步骤 14　【时间线】面板的视频轨道上有多段视频，如图 2-45 所示。可以在【节目监视器】面板中单击【播放】按钮，预览效果。

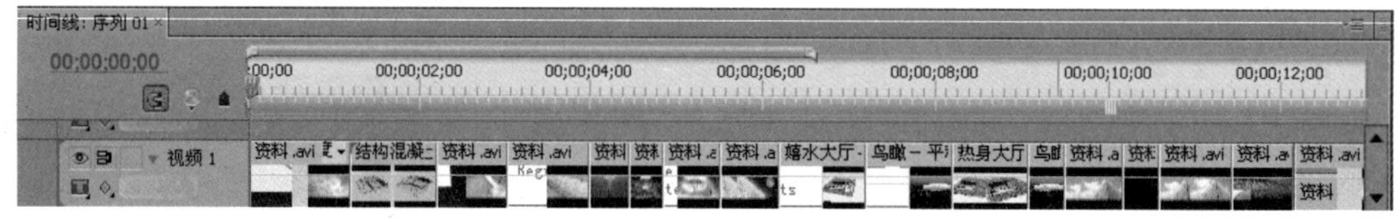

图 2-45　视频轨道上视频片段的摆放

注意

在剪辑过程中，相邻的两个视频片段在拼接时一定要保证无缝连接；否则会出现夹帧的现象，造成两个视频片段间的黑屏，产生闪烁的视觉问题。目前的 Premiere 版本中，在【时间线】面板增设有【吸附】功能按钮，该功能可大大减少出现夹帧的情况，希望读者注意。

步骤 15　最后一段视频为轨道的叠加效果。双击【项目】面板中“鸟巢”文件夹中的“logo2”，在【素材源监视器】面板显示视频文件的内容。

步骤 16 设置视频片段的时间段为“00:00:00:00～00:00:03:08”，这是体育馆的 logo 静态图片。

步骤 17 将该视频片段添加到【视频 2】轨道中，如图 2-46 所示。

步骤 18 将当前的视频片段向左移动，使两个视频轨道片段有部分叠加，叠加时长读者可自行确定，如图 2-47 所示。

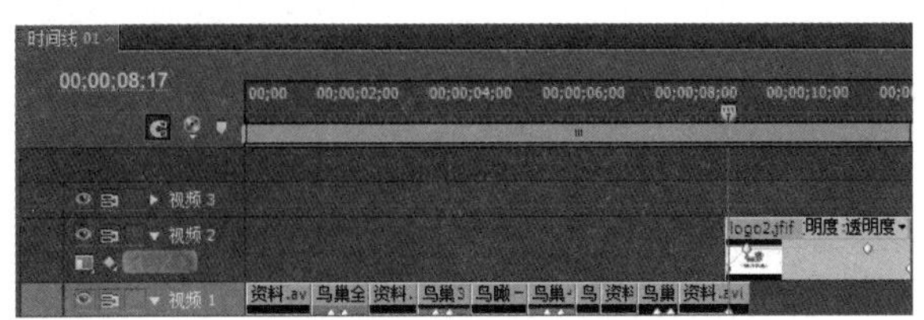

图 2-46 【视频 2】轨道中摆放的视频片段

图 2-47 视频片段的叠加摆放

步骤 19 将播放头定位到【视频 1】轨道的最后一帧，为其设置淡出效果。选择【特效控制台】面板，如图 2-48 所示。

图 2-48 【特效控制台】面板

步骤 20 在“00:00:08:24”的位置，添加关键帧，将【透明度】设置为“0.0%”；将播放头移动到“00:00:08:15”的位置，将【透明度】设置为“100.0%”，软件自动添加关键帧，实现视频片段的淡出效果，如图 2-49 所示。

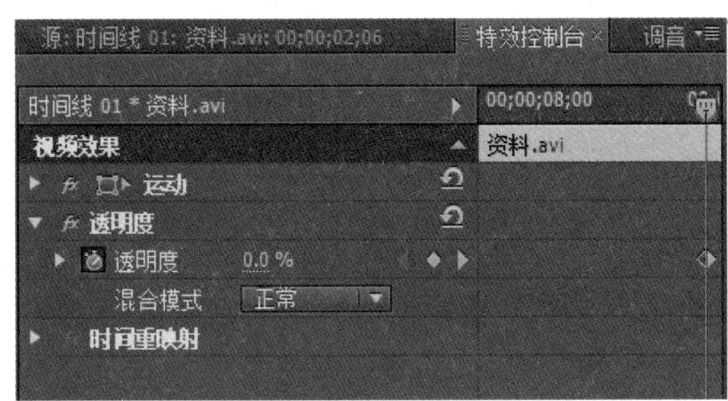

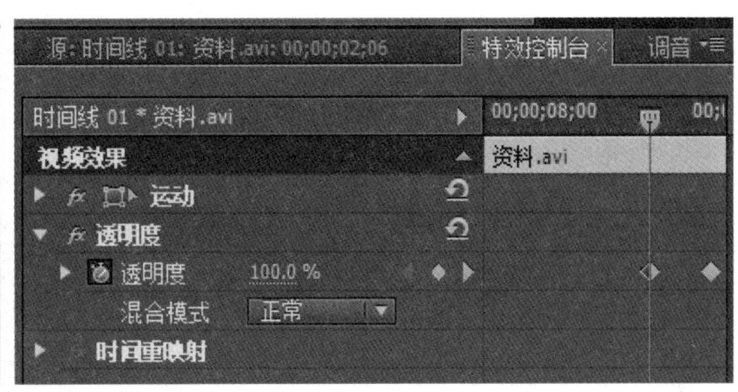

图 2-49 添加关键帧

提示

【特效控制台】面板分为左右两个部分，左侧是控制参数设置，右侧是播放头所在位置的时间线。

步骤 21 用同样的方法，用【透明度】参数的关键帧为【视频 2】轨道中的“logo2”视频片段的入点部分设置淡入效果，为“logo2”视频片段的出点部分设置淡出效果，如图 2-50 所示。

图 2-50 淡入、淡出效果

所添加的关键帧不仅显示在【特效控制台】面板中，而且在【时间线】面板中各个视频片段也会显示其关键帧，如图 2-51 所示。

图 2-51 【时间线】中的淡入、淡出效果

步骤 22 为【视频 1】轨道中的“鸟巢”相关视频片段分别设置淡入、淡出效果，如图 2-52 所示。

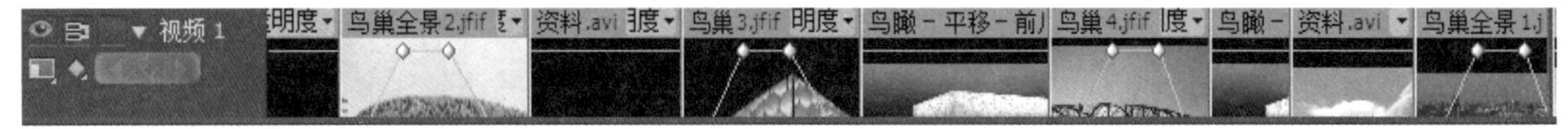

图 2-52 分别设置淡入、淡出效果

步骤 23 预览效果，可以看到，多个视频片段以慢慢淡入的形式进入显示窗口，然后慢慢淡出。

步骤 24 选择【文件】|【保存】命令，保存当前的项目文件。

提示

在【时间线】面板中各视频轨道是有先后叠加顺序的，位于上层的轨道会遮挡其下层轨道中的内容，在这里通过【透明度】的设置可实现视频片段之间的叠加效果。

步骤 25 添加蒙版和音频。在此，我们通过添加一个图片，实现宽银幕的效果。

将【项目】面板中“图片”文件夹中的“黑边.psd”拖到【视频 3】轨道中，如图 2-53 所示。

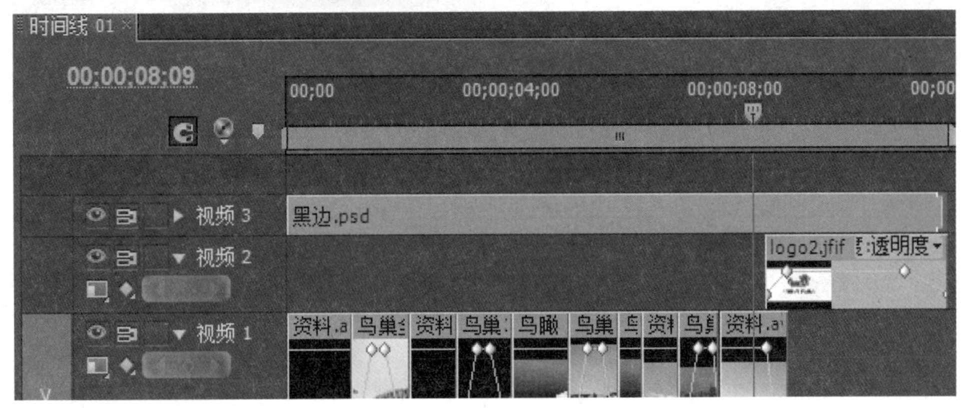

图 2-53 添加"黑边.psd"图片

步骤 26 将鼠标移动到【视频 3】轨道的"黑边.psd"图片的最后一帧，光标变为时，按住鼠标向右拖动，延长视频片段的长度使其与【视频 2】的轨道长度一致，如图 2-54 所示。

图 2-54 延长视频片段的长度

提示

在编辑视频的过程中，单击轨道左侧的图标，可关闭该轨道以查看对比效果。

步骤 27 在【项目】面板中展开"音乐"文件夹，将其中的"piantou01.wav"文件拖到【时间线】面板的【音频 1】轨道中，如图 2-55 所示。

步骤 28 在【节目监视器】面板中单击【播放】按钮，播放视频，可以在播放视频的同时听到声音。

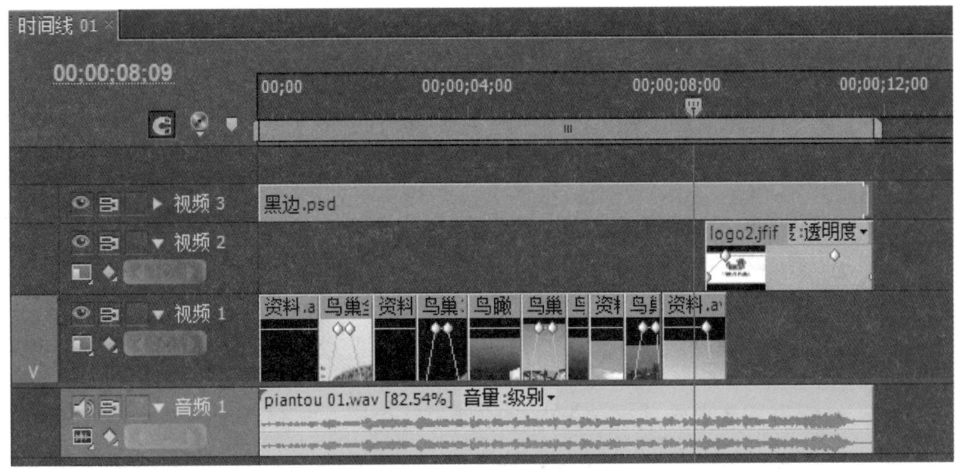

图 2-55 添加音频

提示

视频画面与声音配合，往往会出现时间的长短不一致的情况，可以通过工具箱中的【剃刀】工具进行裁剪；或者通过【速率伸缩】工具进行调整，以实现声画同步，即视频画面和声音保持同步。

步骤 29　选择【文件】|【保存】命令，保存项目。

步骤 30　输出影片。

选择【文件】|【导出】|【媒体】命令，打开【导出设置】对话框，如图 2-56 所示。

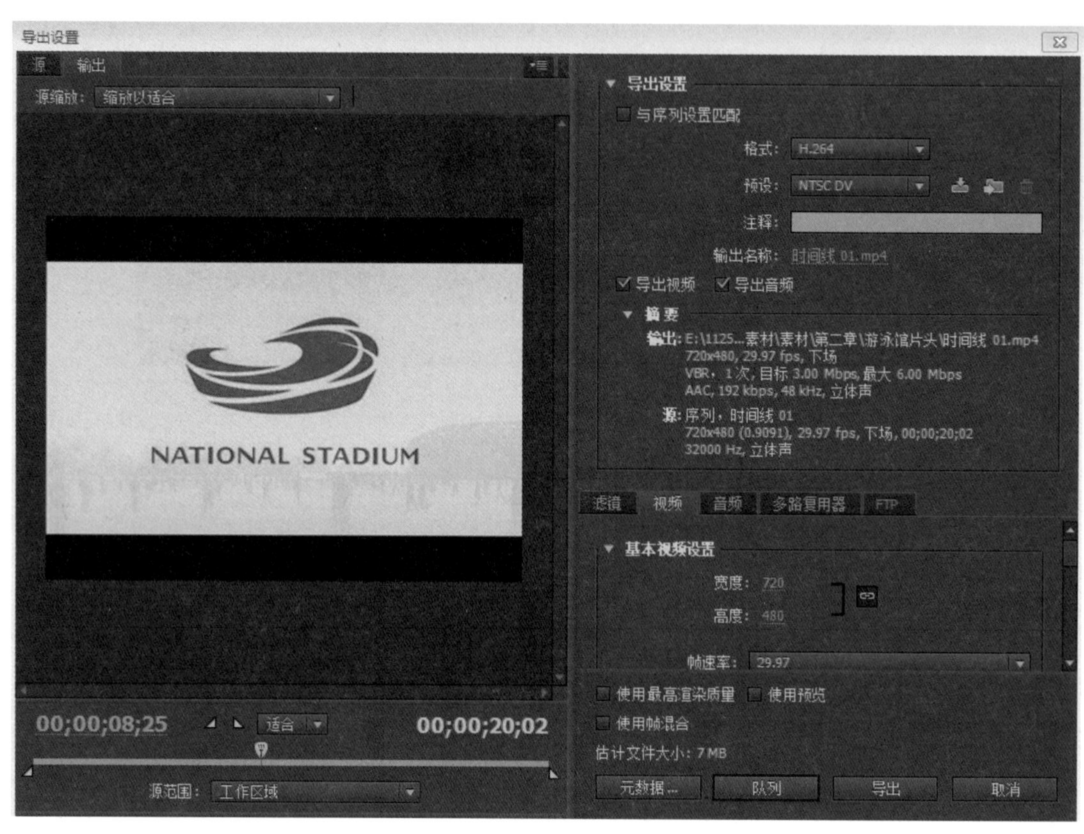

图 2-56　【导出设置】对话框

在【格式】下拉列表框中选择【H.264】命令，输出计算机格式的视频文件。默认选择【导出视频】和【导出音频】复选框，确认【输出名称】为默认的名称，并保持其他默认设置。

本章小结

本章主要介绍了常用工具面板及窗口的使用方法，包括【时间线】面板的操作、工具箱的使用及【节目监视器】面板的使用；介绍了视频与音频及静态图像的常用编辑方法，包括剪辑操作、出点、入点和标记点的设置；最后介绍了音频特效及切换的应用。

习题 2

1. 填空题

____________是用户使用视频素材等对象进行节目编辑的场所，是用户的“工作台”。

2. 选择题

（1）在 Premiere 软件中，（　　）操作无法使用【Ctrl+Z】的方式恢复。

A．设置素材的出点和入点

B．通过命令【编辑】/【首命令】更改预设参数

C．在【项目】面板中删除某素材

D．在【项目】设置窗口中更改安全区域的范围

（2）【项目】面板的主要作用是（　　）。

A．导入素材　　B．整理素材

C．剪辑素材　　D．美化素材

3. 简答题

在视频编辑过程中，怎样避免视频剪辑过程中两段或多段素材之间产生夹帧现象。

视频切换效果

切换的术语来自电影剪辑，是指将两个分离的影视片段连接在一起。切换分为硬切换和软切换两种。硬切换是指从一个素材直接切换到另一个素材；软切换是指两个素材在切换时加入了过渡效果。Premiere 软件提供了丰富的过渡效果，每一种切换的过渡经过特殊的参数设置，能产生不同的效果。切换效果可增强镜头转换的形式，丰富影视画面的效果。

重点知识

- 切换的含义及应用。
- 切换的添加及设置。
- 切换的类型及效果。

课堂实训 5　画中画效果

任务描述

所谓画中画效果，是指在一个背景画面上叠加一幅或多幅小于背景尺寸的其他画面（静态图片或视频）。被叠加的画面素材和其他素材一样，可以被添加各种特效或设置运动效果。画中画效果一般可分为两画面效果和多画面效果，关于多画面效果，将在后面的章节中加以应用，在此不再赘述。在本实例中，我们用两种方法来实现两画面的画中画效果。

任务分析

画中画效果是影视后期处理中经常使用的一种效果，画面的叠加形式可以是圆形、方形、三角形等多种形状。

设计效果

如图 3-1 所示为本实例完成后的两种不同形状的画中画效果，画面中圆形切换的“画中画效果 1”与两画面缩放叠加的“画中画效果 2”。

画中画效果 1

画中画效果 2

图 3-1　两种不同形状的画中画效果

知识储备

1．切换的概念

切换的类型有两种：一种是无附加效果的切换，也叫硬切换；另一种是有附加效果的切换，也叫软切换。

最基本的切换类型就是无附加效果的切换，两个或两个以上不同镜头的连接；或偶尔，是同一镜头的两个部分的组合。镜头的组合必须有一个合理的理由来完成某个剪辑，这些组合可以表达思想、流露感情、保持节奏。

例如，在影片《加勒比海盗 2》中有一个经典的、两个镜头之间的无附加效果的切换案例。一个镜头是一群居住在岛上的当地人穿过索桥；镜头一转，手握鱼叉的哨兵守卫着索桥；两个镜头由远及近，由全局到局部，交代了故事发生的环境、地点和人物，如图 3-2 所示。

无附加效果的切换是最基本的切换，为了方便读者理解镜头转场的多样性和丰富的效果，本章重点讲解有附加效果的切换——软切换。

镜头 1　远景

镜头 2　中景

图 3-2　镜头由远及近的切换效果

2．视频切换的添加与设置

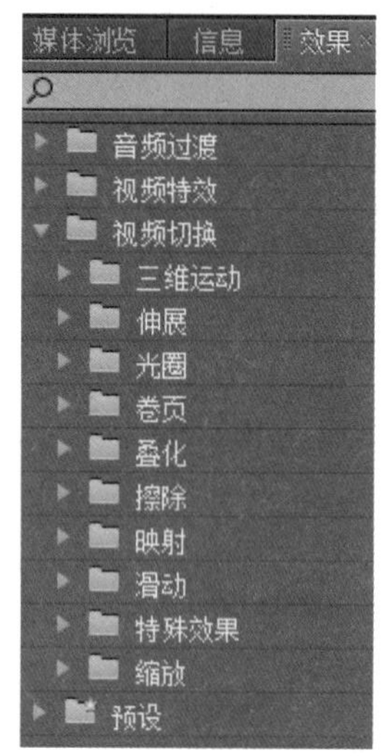

图 3-3　【效果】|【视频切换】选项组

（1）视频切换的添加

Premiere 软件中，【视频切换】功能在【效果】面板中，选择【效果】|【视频切换】选项组即可选择各种切换方式，如图 3-3 所示。

具体操作如下。

步骤 1　新建一个项目，导入素材“01.avi”和“02.avi”。

步骤 2　将素材分别拖到【时间线】面板的【视频 1】轨道上，依次摆放。

步骤 3　选择【效果】|【视频切换】|【叠化】|【交叉叠化】选项，按住鼠标左键将其拖到素材“01.avi”和“02.avi”相交的位置，鼠标右下角会出现图标，松开鼠标左键，【交叉叠化】切换效果就被添加到素材上，如图 3-4 所示。

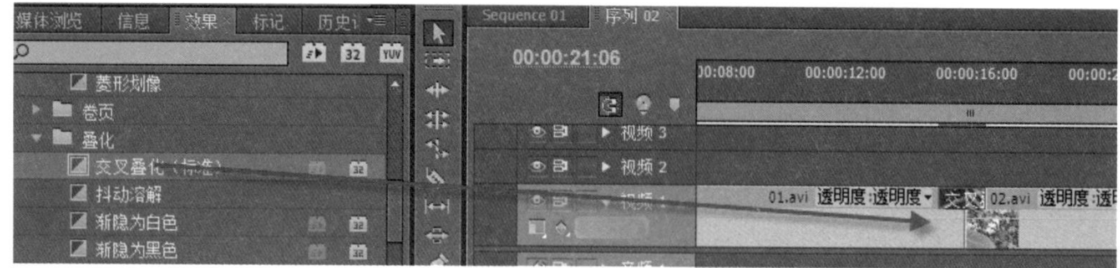

图 3-4　【交叉叠化】切换效果的添加

步骤 4　拖动时间线标尺上的播放头可以预览所添加的【交叉叠化】切换效果，即【视频 1】渐隐于【视频 2】，实现两个镜头的转场。

一般情况下，切换可以在同一轨道上的两段相邻素材之间使用；也可以为不同轨道相交错的两段视频素材之间添加切换；另外还可以对一段素材的开始和结尾添加切换，如图 3-5 所示。

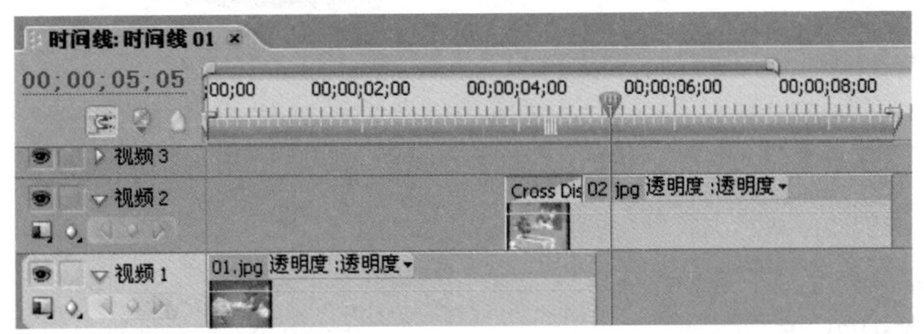

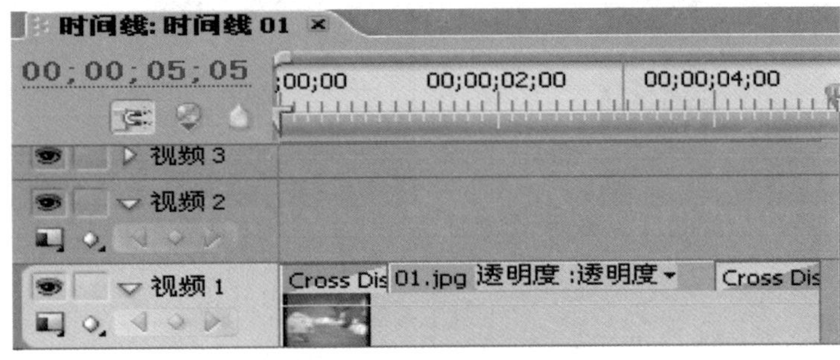

图 3-5　切换添加的不同位置

为影视片段添加切换后，还可以改变切换的时间长度。最简单的方法是在【时间线】面板中选中切换，拖动切换的边缘即可改变切换的时间长度。还可以在【特效控制台】面板中对切换进行进一步的调整，双击切换效果即可打开切换的设置界面，如图 3-6 所示。

（2）视频切换的设置

切换包括多种设置，均可在【特效控制台】面板中进行。这些设置包括切换持续时间、切换顺序、切换方式等。

默认情况下，切换都是从 A 到 B 完成的。要改变切换的开始和结束状态，可拖动【开始】和【结束】滑块。按住【Shift】键并拖动滑块，两个参数值以相同数值变化。

选择【显示实际来源】复选框，可以在切换设置上方的【开始】和【结束】显示框中显示切换的开始和结束帧画面，如图 3-7 所示。

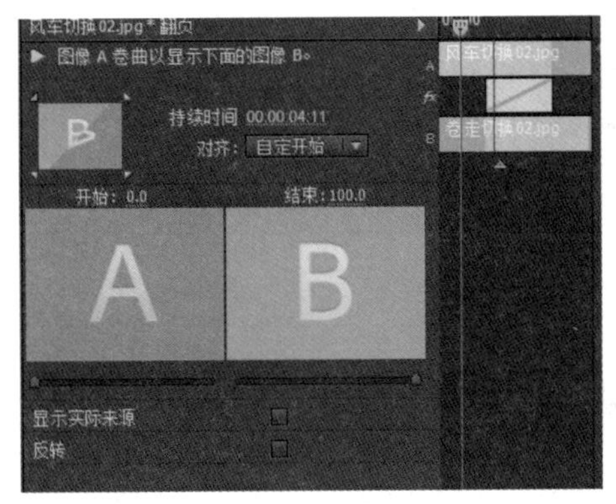

图 3-6　切换设置界面

图 3-7　【显示实际来源】复选框

在切换设置的上方单击按钮，可以在小视窗中预览切换效果。对于某些有方向性的切换，可以单击小视窗 4 个角的箭头来改变切换方向，如图 3-8 所示。选择【反转】复选框，可改变切换顺序或切换方向。例如，由 A 到 B 的切换变为由 B 到 A 的切换；设置为左上方向右下方的切换，变成右下方向左上方的切换。

某些切换具有位置的性质，即出入屏幕的时候，画面从屏幕的哪个位置开始，可以在切换的【开始】和【结束】显示框中调整其位置，如图 3-9 所示。

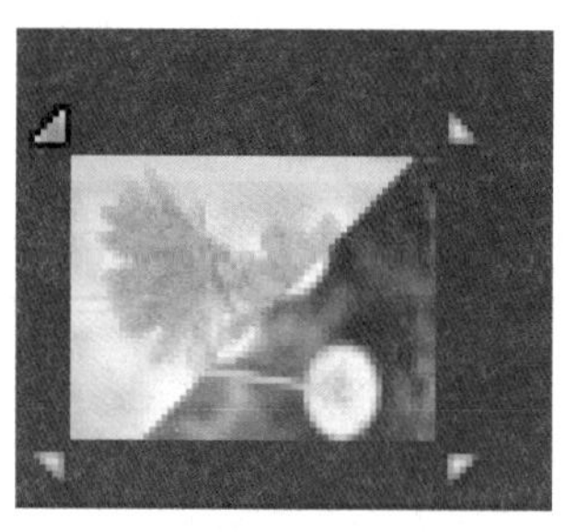

图 3-8　设置切换方向

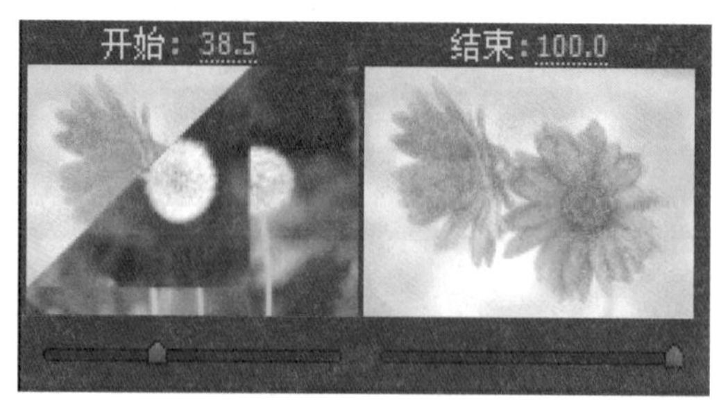

图 3-9　设置切换位置

【持续时间】栏中可以输入切换的持续时间，这和拖动切换边缘改变切换的时间长度是相同的。

在【对齐】下拉列表中提供了 4 种切换的对齐方式。

- 【居中于切点】：在两段影片之间加入切换。
- 【开始于切点】：以片段 B 的入点位置为准建立切换。
- 【结束于切点】：以片段 A 的出点位置为准建立切换。
- 【自定开始】：当游标移动到切换边缘的开始位置拖动可改变切换的长度。

不同的切换类型，可能有不同的参数设置。

3.【三维运动】切换效果

【三维运动】命令组中包含三维运动的切换效果，共 10 种，如图 3-10 所示。通常情况下，三维运动转场效果是为了加强某种视觉效果、表现节奏或表现同一时间不同空间所发生的事情。

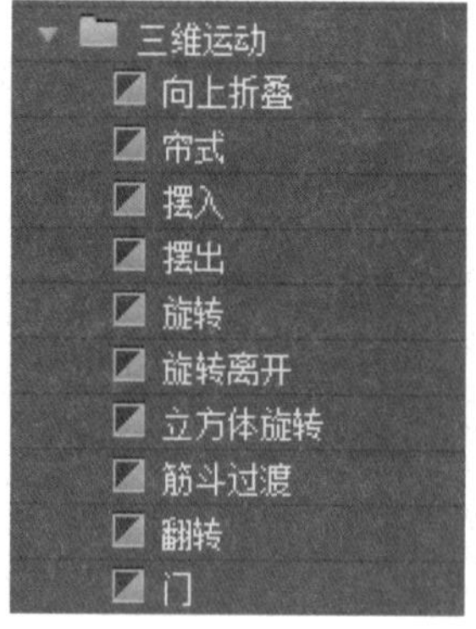

图 3-10　【三维运动】的 10 种切换效果

（1）【向上折叠】切换效果

【向上折叠】切换的效果如图 3-11 所示。

图 3-11 【向上折叠】切换效果

（2）【帘式】切换效果

【帘式】切换是使视频片段 A 像窗帘一样被拉起，显示出视频片段 B，效果如图 3-12 所示。

图 3-12 【帘式】切换效果

（3）【摆入】切换效果

【摆入】切换是使视频片段 B 以屏幕的一边为中心绕着从后方转入过渡到视频片段 A 的画面，显示出视频片段 B，效果如图 3-13 所示。

图 3-13 【摆入】切换效果

（4）【摆出】切换效果

【摆出】切换是使视频片段 B 以屏幕的一边为中心绕着从前方转入过渡到视频片段 A 的画面，显示出视频片段 B，效果如图 3-14 所示。

图 3-14 【摆出】切换效果

（5）【旋转】切换效果

【旋转】切换是使视频片段 B 从屏幕中心逐渐展开并将视频片段 A 的画面覆盖，显示出视频片段 B，效果如图 3-15 所示。

图 3-15 【旋转】切换效果

（6）【旋转离开】切换效果

【旋转离开】切换是使视频片段 B 从屏幕中心旋转出现，逐渐将视频片段 A 的画面覆盖，显示出视频片段 B，效果如图 3-16 所示。

图 3-16 【旋转离开】切换效果

（7）【立方体旋转】切换效果

【立方体旋转】切换可以使视频片段 A 和视频片段 B 分别以立方体的两个面进行过

渡转换，效果如图 3-17 所示。

图 3-17 【立方体旋转】切换效果

（8）【筋斗过渡】切换效果

【筋斗过渡】切换是使视频片段 A 在屏幕的中心旋转并逐渐缩小消失，将视频片段 B 逐渐显示出来，效果如图 3-18 所示。

图 3-18 【筋斗过渡】切换效果

（9）【翻转】切换效果

【翻转】切换是使视频片段 A 和视频片段 B 分别作为纸的两面，通过旋转该页面的方式将视频片段 B 逐渐显示出来。

单击【自定义】按钮，打开【翻转设置】对话框，如图 3-19 所示。

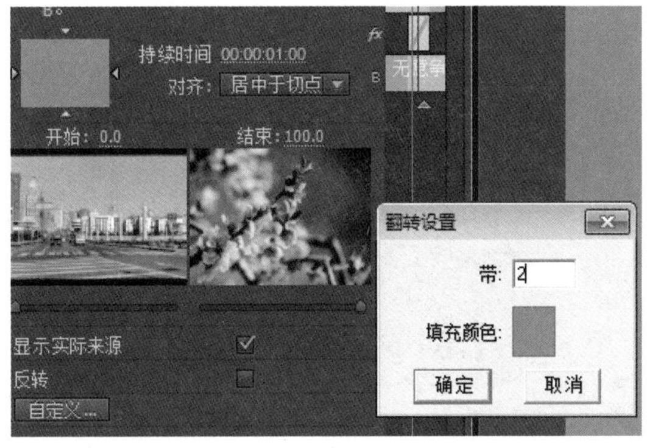

图 3-19 【翻转设置】对话框

【翻转设置】对话框中的参数含义如下。

- 【带】：输入翻转的片段数量。
- 【填充颜色】：设置空白区域的颜色。

【翻转】切换的效果如图 3-20 所示。

图 3-20 【翻转】切换效果

（10）【门】切换效果

【门】切换是使视频片段 B 像关门一样覆盖视频片段 A，使视频片段 B 显示出来，效果如图 3-21 所示。

图 3-21 【门】切换效果

4.【划像】切换效果

图 3-22 【划像】7 种切换效果

【划像】命令组中包含 7 种切换，如图 3-22 所示。这类切换效果使两个画面直接交替切换，一个画面以某种方式出现的同时，另一个画面开始出现。这种转场比较自然、流畅，常用来表现倒叙、回忆、幻想等场景，以达到深化影片意境和表达人物情绪的作用。

切换效果的操作比较简单，从这里开始将重点地讲解几种典型的切换效果，没有讲到的切换效果希望读者自行练习并熟练掌握。

(1)【圆划像】切换效果

【圆划像】切换使视频片段B以圆形在屏幕上逐渐放大从而将视频片段A覆盖，其效果如图3-23所示。在该效果中圆形出现了边框属性，下面来学习这种切换类型的使用。

图3-23 【圆划像】切换效果

操作步骤如下。

步骤1 新建一个项目，导入两段视频素材。

步骤2 将两段视频素材拖到时间线【视频1】轨道上依次摆放。

步骤3 选择【效果】|【视频切换效果】|【划像】|【圆划像】选项，将其拖到两个视频片段的交叉处，加入切换效果，如图3-24所示。

步骤4 双击切换效果 圆划像 ，打开【圆划像】切换的设置界面，具体设置如图3-25所示。

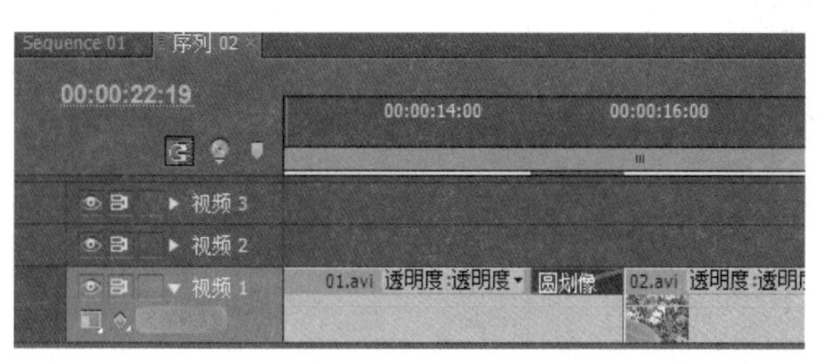

图3-24 加入切换效果

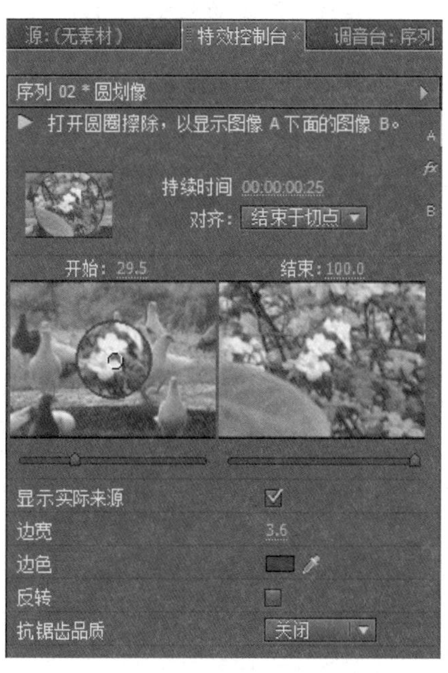

图3-25 【圆划像】切换的设置界面

在该对话框中可以进行更多的设置，其功能说明如下。

- 【边宽】：可以为切换效果设置一个边缘，并调整边缘的宽度。
- 【边色】：设置边缘的颜色。
- 【抗锯齿品质】：在抗锯齿品质中可以选择产生一个锐利或柔化的边缘。

另外，圆形的出现点位置也可通过小视窗对画面的小圆圈进行调整。

步骤 5 拖动切换效果【圆划像】，调整切换的时间长度，使之与视频片段 1 的时间长度相等，如图 3-26 所示。

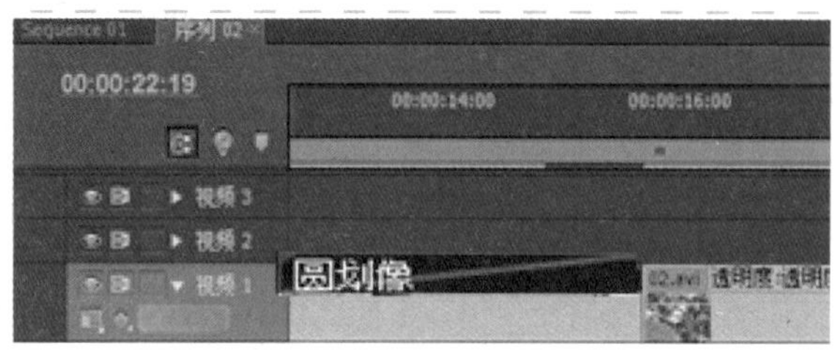

图 3-26 调整切换的时间长度

步骤 6 按键盘上的空格键，预览效果。

（2）【划像形状】切换效果

【划像形状】切换使视频片段 B 呈规则形从视频片段 A 中展开。双击【划像形状】切换打开其设置界面，单击【自定义...】按钮，打开【划像形状设置】对话框，如图 3-27 所示。

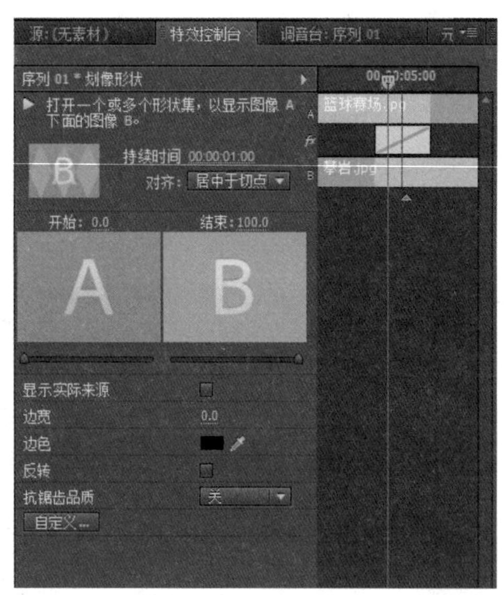

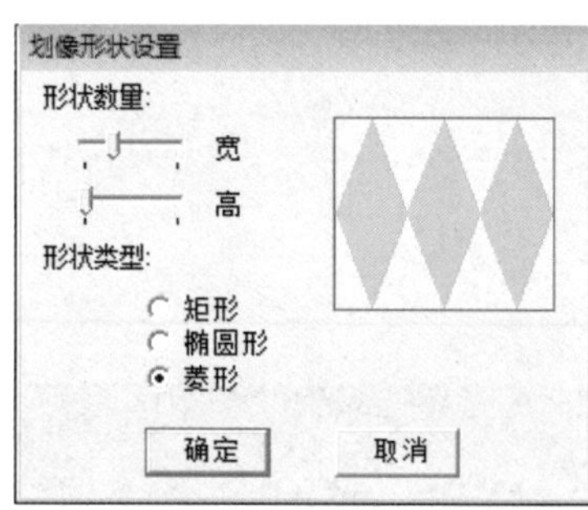

图 3-27 【划像形状设置】对话框

其参数含义如下。

- 【形状数量】：拖动滑块调整水平和垂直方向规则形状的数量。

- 【形状类型】：可选择形状，有【矩形】、【椭圆】和【菱形】3种类型。

【划像形状】切换的效果如图3-28所示。

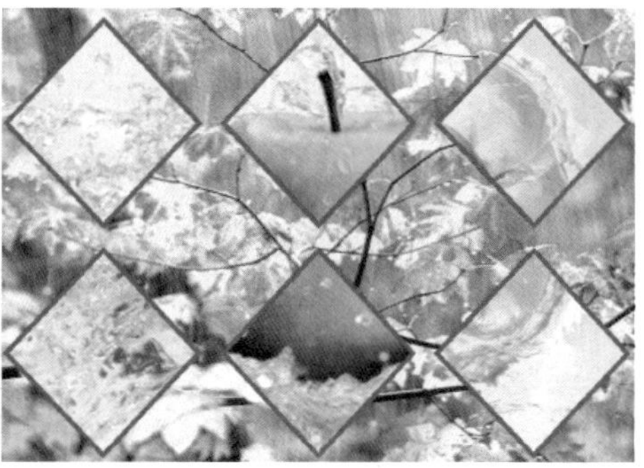

图3-28 【划像形状】切换效果

操作步骤

在本实例中，画面中圆形切换的“画中画效果1”与两画面缩放叠加的“画中画效果2”，可用两种方法来实现切换效果。

方法一：利用【圆划像】切换实现画面中圆形切换的“画中画效果1”，效果如图3-29所示。

图3-29 画中画效果1

本例的操作步骤如下。

步骤1 新建一个名为“画中画1”的项目文件，导入“花.avi”和“4.avi”两个素材文件，将两个素材文件拖到视频轨道上，如图3-30所示。

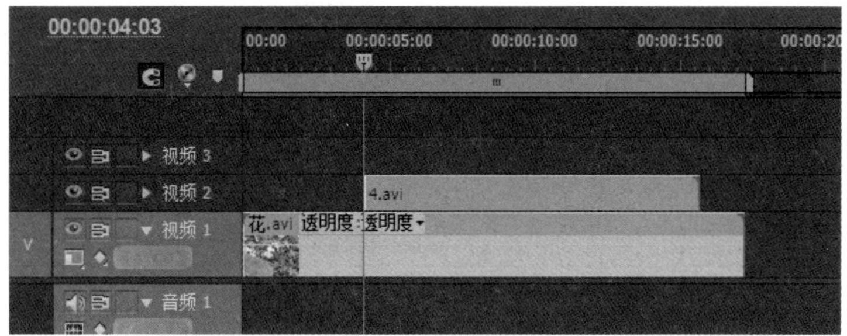

图3-30 导入素材并在【时间线】面板排列好

步骤 2 选择【效果】|【视频切换】|【光圈】|【圆划像】选项，将其拖到“4.avi”视频片段上，加入【圆划像】切换效果。然后进入【特效控制台】面板，将它的出点调整到和“花.avi”视频片段等长；并在面板的小视窗中移动画面的开始位置（如图中标志所示），并通过调整【边宽】和【边色】给画面添加边框和颜色，如图 3-31 所示。

图 3–31 调整【圆划像】的参数设置

步骤 3 可以将画面大小固定而不是让它逐渐出现，通过【特效控制台】面板设置视频素材的【开始】和【结束】显示框上方的数值来即可，如图 3-32 所示。

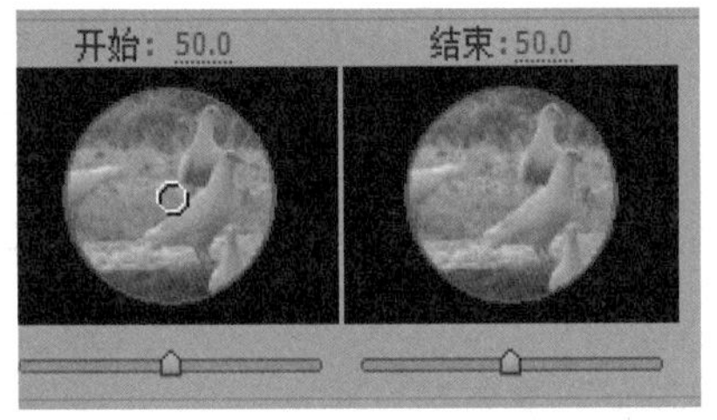

图 3–32 设置【开始】和【结束】的数值以固定画面的大小

步骤 4 预览效果，保存文件。

方法二：利用【运动】参数设置，实现两个画面缩放叠加的“画中画效果 2”。

步骤 1 在“方法一”“步骤 1”的操作后，选择“4.avi”视频素材，打开【特效控制台】面板中的【运动】特效，设置【位置】和【缩放比例】参数，如图 3-33 所示。

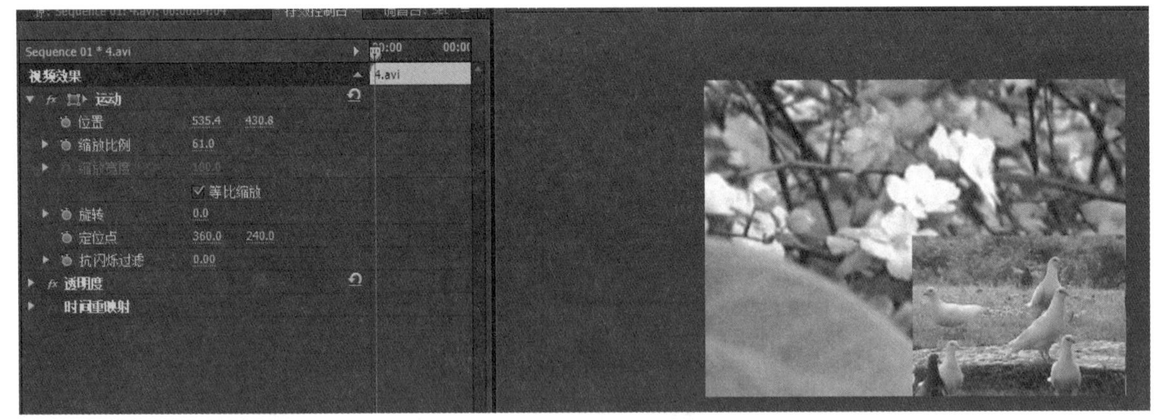

图 3–33 利用【运动】特效实现画中画效果

步骤 2 用同样的方法实现多个画面的平铺切换效果，如图 3-34 所示。

图 3-34 多个画面的平铺切换效果

利用切换效果创建画中画效果时，会将画面尺寸进行裁切，除非它充满整个屏幕；利用【运动】参数设置创建画中画时，只是将画面缩小，并不会裁切画面内容。

课堂实训 6 倒计时效果

任务描述

电影播放之前，经常看到荧幕上出现数字的倒计时，提醒观众，影片将正式开始。打开观看效果文件“倒计时效果”，倒计时效果是指多个数字之间的划的效果，即 1 个数字划向另一个数字，依次产生的倒计时效果。在 Premiere 软件中，可以制作两种倒计时效果：一种是利用 Premiere 软件自身的【通用倒计时片头】切换制作倒计时效果；另一种是制作个性化倒计时效果。

任务分析

制作个性化倒计时片头的效果，首先要准备倒计时图片牌数张，然后利用切换效果中的【时钟式划变】切换类型来实现。

设计效果

本实例完成的个性化倒计时片头的效果如图 3-35 所示。

图 3-35 个性化倒计时片头的效果

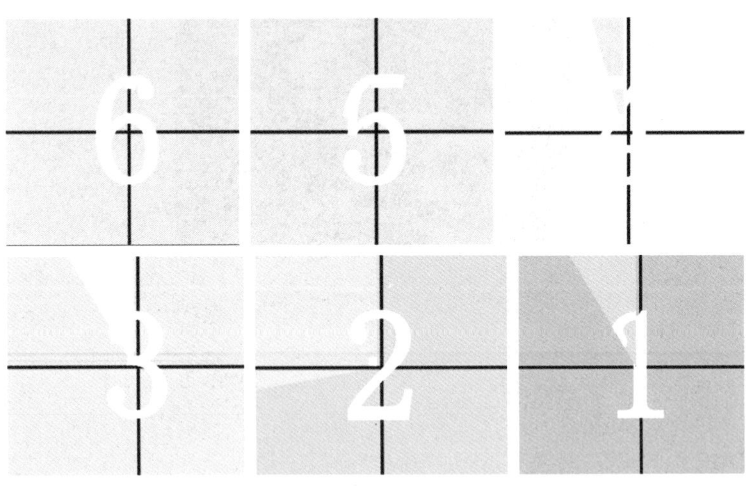

图 3–35　个性化倒计时片头的效果（续）

知识储备

1.【卷页】切换效果

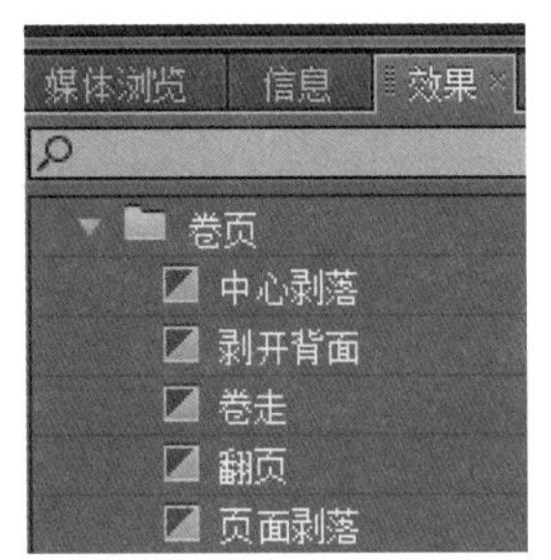

图 3–36　【卷页】命令组的 5 种切换类型

【卷页】命令组中包含 5 种切换，如图 3-36 所示。这类切换效果是在前一个镜头结束时通过翻转或滚动等方式实现与后一个镜头的转换。这种转场主要用于表现时间或空间的转换。

（1）【翻页】切换效果

【翻页】切换使视频片段 A 像纸张一样被翻面卷起显示视频片段 B，【翻页】切换的效果如图 3-37 所示。在切换设置中可设置上、下、左、右这 4 个卷页方向。

图 3–37　【翻页】切换效果

（2）【剥开背面】切换效果

【剥开背面】切换使视频片段 A 在正中心被分为 4 块分别卷起显示视频片段 B，【剥开

背面】切换的效果如图 3-38 所示。

图 3-38 【剥开背面】切换效果

2.【叠化】切换效果

【叠化】命令组中包含 8 种切换，如图 3-39 所示。这类切换效果的切换节奏较慢，经常应用在影视剧中表现关于时间、空间的转换场景或者传达人物的思维情绪等。

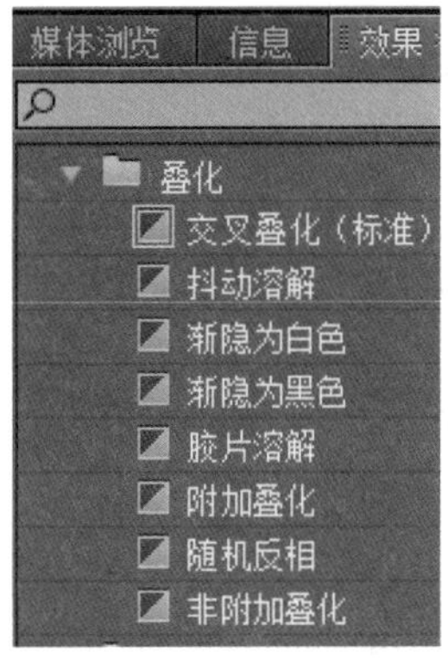

图 3-39 【叠化】命令组的 8 种切换类型

(1)【交叉叠化（标准）】切换效果

【交叉叠化（标准）】切换是 Premiere 软件默认的一种切换效果，使视频片段 A 淡化为视频片段 B。【交叉叠化（标准）】切换是标准的淡入、淡出方式的切换，【交叉叠化（标准）】切换效果如图 3-40 所示。

图 3-40 【交叉叠化（标准）】切换效果

（2）【随机反相】切换效果

【随机反相】切换使视频片段 A 以随机块的方式过渡到视频片段 B，在随机块中，显示反色效果。双击效果，在其设置界面中单击【自定义…】按钮，弹出【随机反相设置】对话框，如图 3-41 所示。

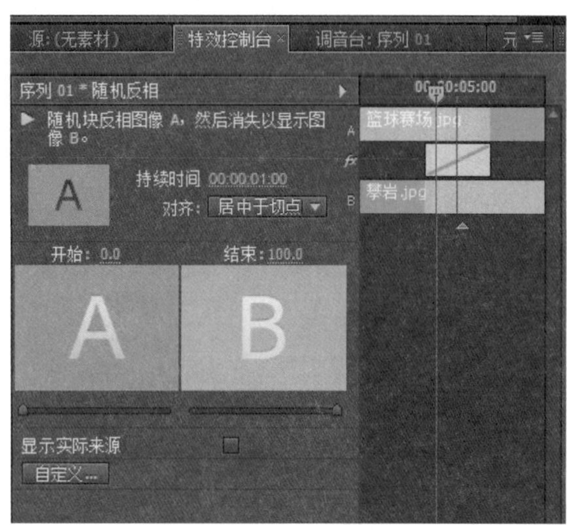

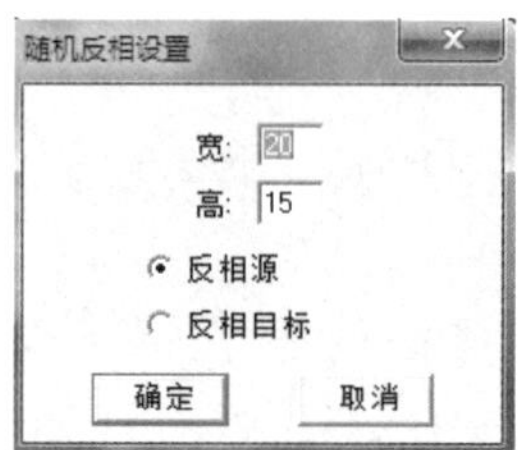

图 3-41 【随机反相设置】对话框

各参数的含义如下。

- 【宽】：图像水平随机块数量。
- 【高】：图像垂直随机块数量。
- 【反相源】：显示素材即视频片段 A 的反色效果。
- 【反相目标】：显示作品即视频片段 B 的反色效果。

【随机反相】切换效果如图 3-42 所示。

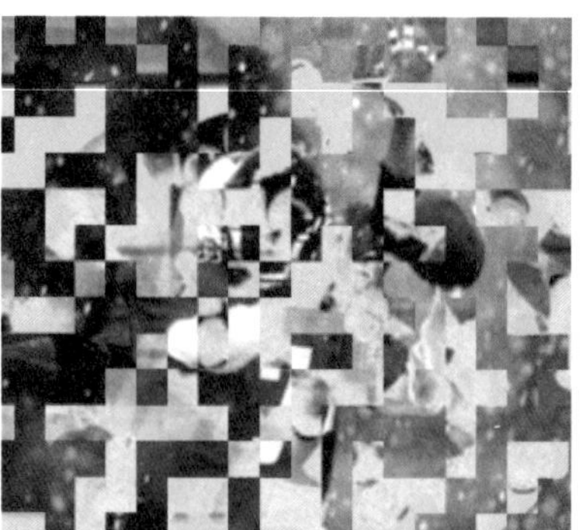

图 3-42 【随机反相】切换效果

3.【伸展】切换效果

【伸展】选项组中包含 4 种切换，如图 3-43 所示。这类切换效果主要用素材的伸展来达到画面切换的目的。

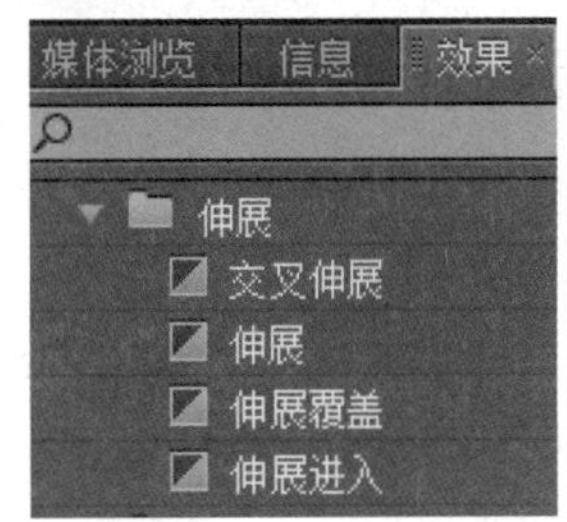

图 3-43 【伸展】选项组的 4 种切换类型

在【伸展】类型的切换效果中，主要介绍【伸展】切换这一种类型，其他的类型希望读者在实际应用中自行练习并熟练掌握。

【伸展】切换使视频片段 B 从一边以伸缩状伸展开来覆盖视频片段 A,【伸展】切换效果如图 3-44 所示。

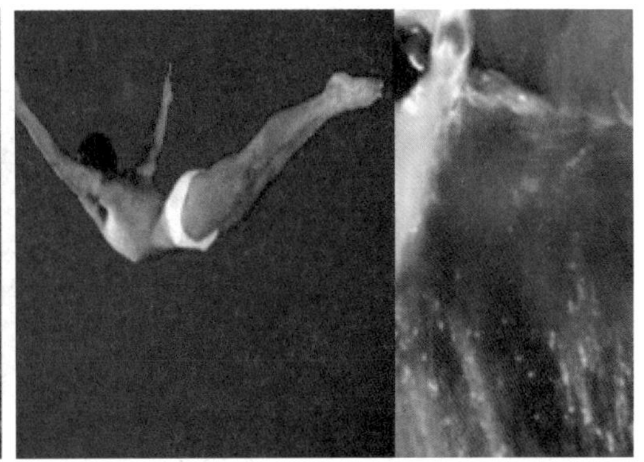
图 3-44 【伸展】切换效果

4.【擦除】切换效果

【擦除】选项组中包含 17 种切换，如图 3-45 所示。【擦除】切换可以将两个画面设置为互相擦去的效果，【擦除】切换的使用范围十分广泛，它们有一个共同的特性是从一个画面到另一个画面的过程中，有时钟针旋转的状态。

图 3-45 【擦除】选项组的 17 种切换类型

(1)【时钟式划变】切换效果

【时钟式划变】切换使视频片段 A 以时钟旋转方式过渡到视频片段 B,【时钟式划变】切换效果如图 3-46 所示。

图 3-46 【时钟式划变】切换效果

（2）【渐变擦除】切换效果

【渐变擦除】切换用一幅灰度图像制作渐变切换。在【渐变擦除】中，图像 B 充满灰度图像的黑色区域，然后通过每一个灰度级的显现进行切换，直到白色区域完全透明。

【渐变擦除】切换的使用方法如下。

步骤 1 将【渐变擦除】切换应用到【时间线】面板中轨道上的素材，弹出【渐变擦除设置】对话框，如图 3-47 所示。

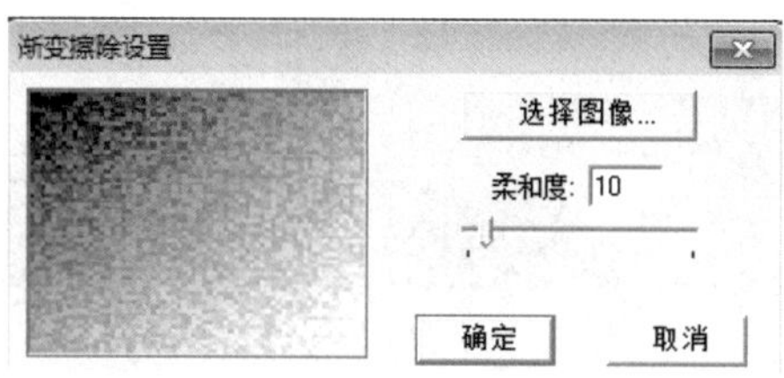

图 3-47 【渐变擦除设置】对话框

步骤 2 单击【选择图像】按钮，选择要作为灰度图的图像。

步骤 3 调节【柔和度】的数值，直到满意为止，单击【确定】按钮。

应用【渐变擦除】切换的效果如图 3-48 所示。

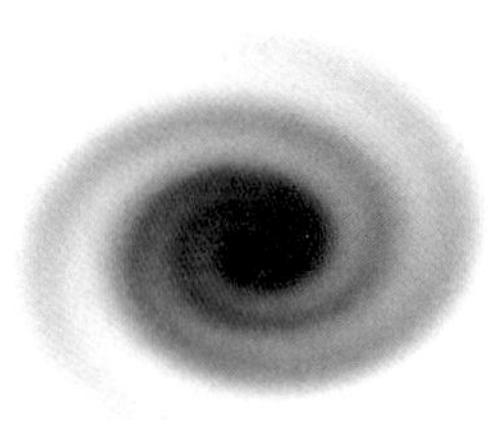

图 3-48 【渐变擦除】切换效果

操作步骤

步骤 1 用 Photoshop 软件，新建一个大小为“720 像素×576 像素”、分辨率为“72 像素/英寸”的图像。

步骤 2 利用【油漆桶工具】将背景填充为粉色，新建一个图层，绘制一个“十”字形，并将“十”字形填充为黑色，如图 3-49 所示。

步骤 3 新建一个图层，在图层的画布中心输入数字“1”，并设置文字的颜色为白色，如图 3-50 所示。

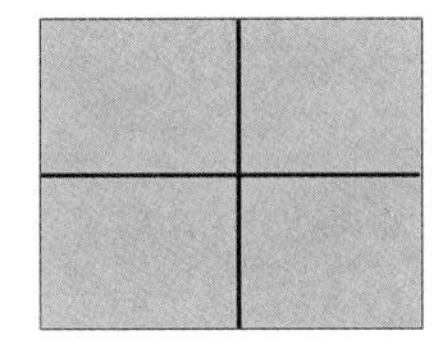

图 3-49 绘制十字形

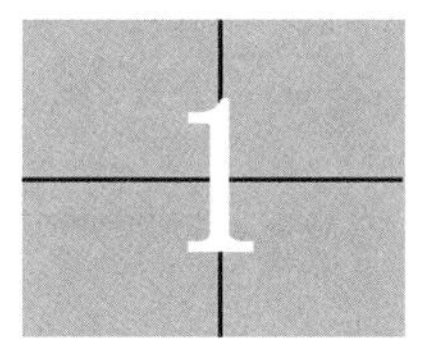

图 3-50 输入数字“1”并设置为白色

步骤 4 将图像文件保存为“1.psd”。用同样的方法，制作数字“2”～数字“9”共 8 个图像文件，如图 3-51 所示。

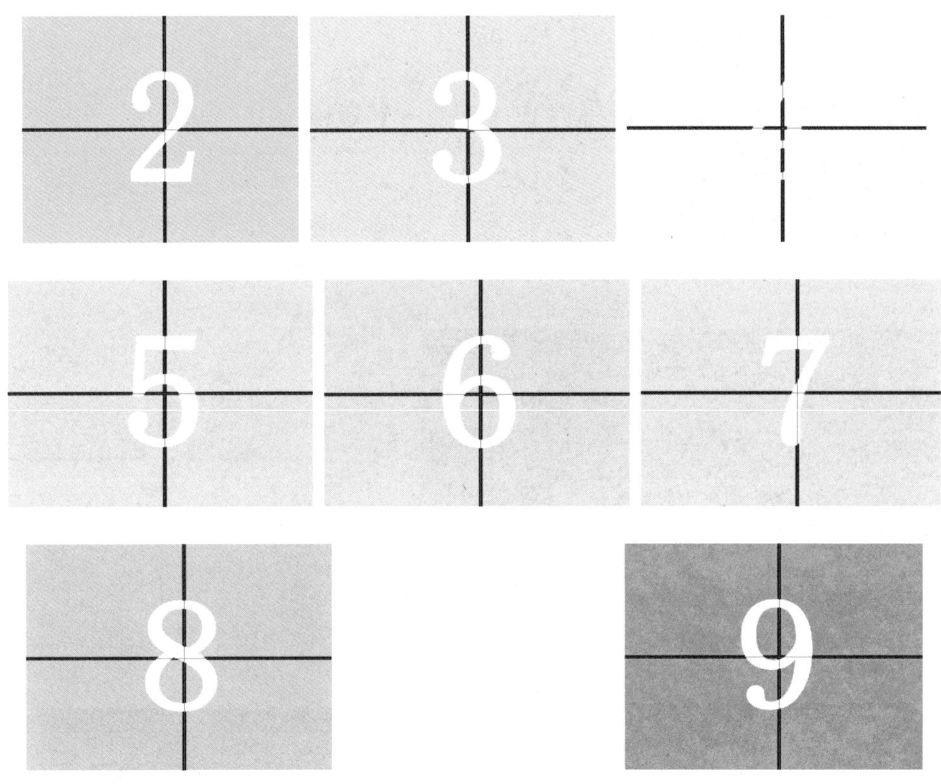

图 3-51 数字图片

步骤 5 启动 Premiere 软件，新建一个项目，将项目命名为“倒计时效果”，在【序列预置】选项卡中选择【DV-PAL】下的【标准 48kHz】，单击【确定】按钮，保存设置。

步骤 6 双击【项目】面板的空白处，将制作好的 Photoshop 图像素材文件导入【项目】面板中。

步骤 7 将【项目】面板中的“9.psd”文件拖到【视频 2】轨道中，右击，在弹出的快捷菜单中选择【速度/持续时间】命令，设置该片段的时间为 2 秒。

步骤 8 将【项目】面板中的“8.psd”文件拖到【视频 1】轨道中，将它的入点设置在时间线标尺的 1 秒的位置，选中它后右击，在弹出的快捷菜单中选择【速度/持续时间】

命令，在弹出的【素材速度/持续时间】对话框中设置该片段的持续时间为 2 秒。

步骤 9 选择【效果】|【视频切换】|【擦除】|【时钟式划变】选项，将其拖到片段“9.psd”的出点位置，用【选择】工具调整【时钟式划变】切换的效果，将切换的持续时间设置为 1 秒，如图 3-52 所示。

步骤 10 将【项目】面板中的“7.psd”文件拖到【视频 2】轨道中“9.psd”片段的后面，选中它后右击，在弹出的快捷菜单中选择【速度/持续时间】命令，在弹出的界面中设置该片段的时间为 2 秒。

步骤 11 选择【效果】|【视频切换】|【擦除】|【时钟式划变】选项，将其拖到片段“7.psd”的入点处，用【选择】工具调整【时钟式划变】切换的效果，将切换的持续时间设置为 1 秒。

步骤 12 用同样的方法，分别将其他片段进行摆放和并设置【时钟式划变】切换效果，效果如图 3-53 所示。

步骤 13 将一段电影的视频片段拖到【视频 1】轨道中“2.psd”片段的后面，个性化倒计时片头播放完后紧接着开始播放影片。

步骤 14 最后，将倒计时效果的音乐文件“clock.mp3”拖到音频轨道。整个时间线中视频片段摆放效果如图 3-54 所示。

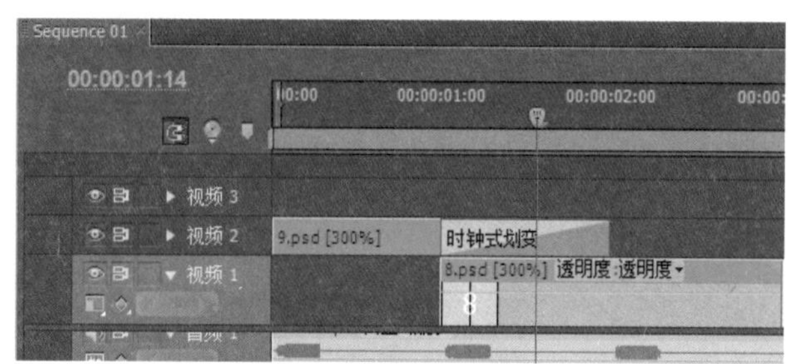

图 3-52 视频片段的摆放及切换的应用位置

图 3-53 【时钟式划变】切换效果

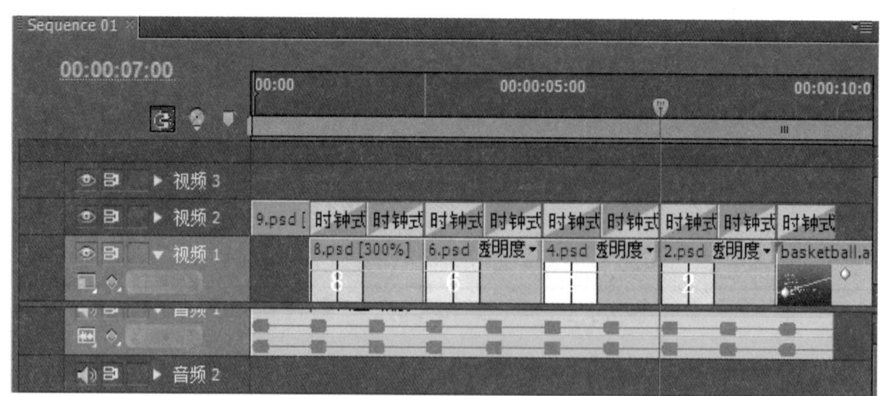

图 3-54 时间线中视频片段摆放

步骤 15 预览效果，保存文件。

课堂实训7　精彩瞬间

任务描述

打开效果文件“精彩瞬间”，该效果运用切换特效展现一组紧张而激烈的体育运动场景，同时多个滤镜特效的使用，为画面提供了丰富的色彩，这样的效果可让观众感受到体育运动所带来的刺激与震撼。

任务分析

将静态的图片通过多个切换效果实现转换，连接成动态的视频片段。此效果中的重点和难点是设置各种切换的参数，并应用滤镜特效烘托气氛。

设计效果

本实例的设计效果如图3-55所示。

图3-55　“精彩瞬间”效果

知识储备

1.【滑动】切换效果

【滑动】选项组中包含12种切换，如图3-56所示。【滑动】切换效果以画面的滑动为主来进行视频画面的转换。

图 3-56　【滑动】选项组中的 12 种切换类型

（1）【多旋转】切换效果

【多旋转】切换可使视频片段 B 被分割成若干个小方格旋转铺入。在其设置界面中单击【自定义】按钮，弹出【多旋转设置】对话框，如图 3-57 所示。

各参数含义如下。

- 【水平】：水平方向的方格数量。
- 【垂直】：垂直方向的方格数量。

【多旋转】切换效果，如图 3-58 所示。

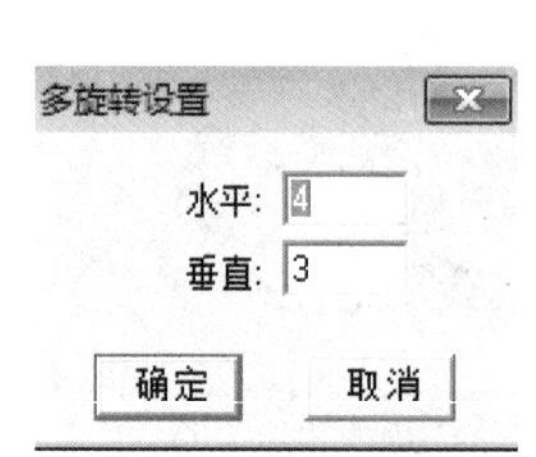

图 3-57　【多旋转设置】对话框

图 3-58　【多旋转】切换效果

（2）【漩涡】切换效果

【漩涡】切换可使视频片段 B 打破为若干方块从视频片段 A 中旋转而出。在其设置界面中单击【自定义】按钮，弹出【旋涡设置】对话框，如图 3-59 所示。

各参数含义如下。

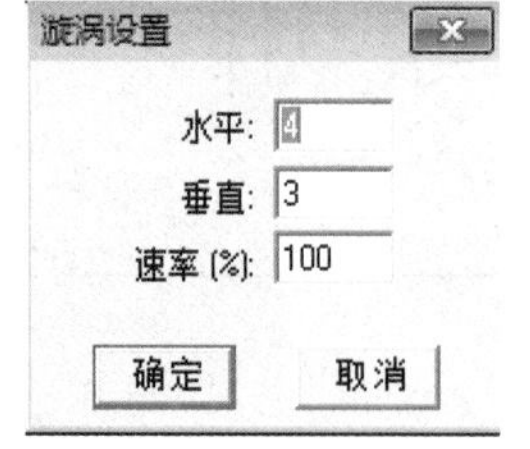

图 3-59　【漩涡设置】对话框

- 【水平】：水平方向的方格数量。
- 【垂直】：垂直方向的方格数量。
- 【速率（%）】：旋转的速度。

【漩涡】切换效果，如图 3-60 所示。

图 3-60 【漩涡】切换效果

2.【特殊效果】切换效果

【特殊效果】选项组中包含 3 种切换，如图 3-61 所示。

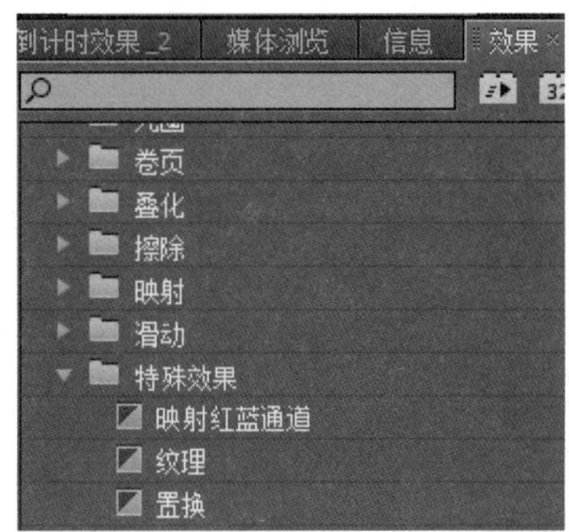

图 3-61 【特殊效果】选项组中的 3 种切换类型

(1)【映射红蓝通道】切换效果

【映射红蓝通道】切换使视频片段 A 中的红蓝通道混合到视频片段 B 中。该特效一般应用在一些热闹的大型活动上，可以很好地烘托视频中的活动气氛，如图 3-62 所示。

图 3-62 【映射红蓝通道】切换效果

(2)【置换】切换效果

【置换】切换将处于时间线前方的视频片段作为位移图，以其像素颜色值的明暗，分别用水平错位和垂直错位来影响与其进行切换的视频片段。

将位移图放在与其切换的图像上，并指定哪个颜色通道基于水平和垂直位置，以像素为单位指定最大位移量。对应指定的通道，位移图中每个像素的颜色值用于计算图像中对应像素的位移，如图 3-63 所示。

图 3-63 【置换】切换效果

3.【缩放】切换效果

【缩放】选项组中包含 4 种切换类型，如图 3-64 所示。【缩放】切换效果是使用较广泛的一类转换，它在摄影上又被称为"调整镜头"或叫作"推拉镜头"。

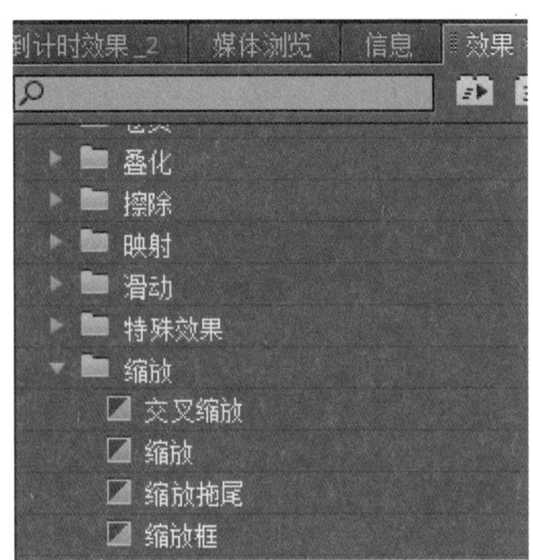

图 3-64 【缩放】选项组中 4 种切换类型

（1）【缩放拖尾】切换效果

【缩放拖尾】切换使视频片段逐步缩小并以拖尾效果消失，如图 3-65 所示。

图 3-65 【缩放拖尾】切换效果

(2)【缩放框】切换效果

【缩放框】切换使视频片段 B 分为多个方块从视频片段 A 中放大出现。在其设置对话框中单击【自定义】按钮，弹出【缩放框设置】对话框，如图 3-66 所示。

参数的含义如下。

- 【形状数量】：拖动滑块，设置【宽】和【高】方向的方块数量。

【缩放框】切换效果如图 3-67 所示。

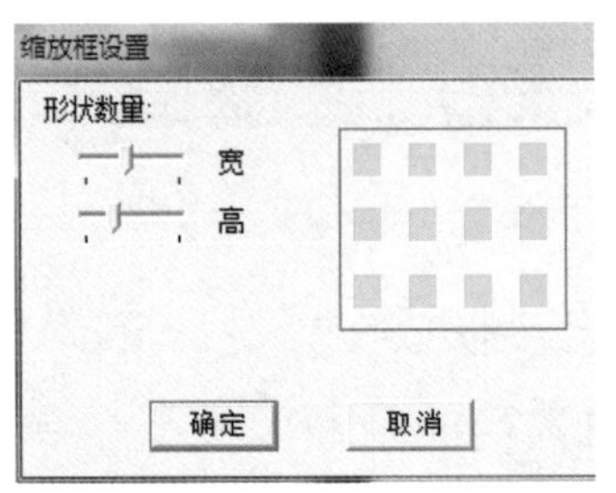

图 3-66 【缩放框设置】对话框

图 3-67 【缩放框】切换效果

操作步骤

步骤 1 新建一个项目，将项目命名为“精彩瞬间”，在【序列预置】选项卡中选择【DV-PAL】下的【标准 48kHz】，然后单击【确定】按钮，保存设置。

步骤 2 选择【文件】|【导入】命令，将所需要的“篮球.jpg”“橄榄球.jpg”“足球.jpg”“跳水.jpg”“攀岩.jpg”“游泳.jpg”素材分别导入【项目】面板中。

步骤 3 在【时间线】面板中，将“篮球.jpg”素材拖到【视频 1】轨道上，选中“篮球.jpg”，右击，在弹出的快捷菜单中选择【缩放为当前画面大小】命令，使当前画面按比例放大；然后选择【素材】|【速度/持续时间】选项，设置该素材的时间长度为 3 秒。

步骤 4 将【项目】面板中的“橄榄球.jpg”素材拖到轨道上，摆放在“篮球.jpg”素材的后面，选中“橄榄球.jpg”，右击，在弹出的快捷菜单中选择【缩放为当前画面大小】命令，使当前画面按比例放大；然后选择【素材】|【速度/持续时间】命令，设置该素材的时间长度为 2 秒 16 帧。

步骤 5 选择【效果】|【视频切换】|【缩放】|【交叉缩放】选项，将其拖到两个素材相交的位置，双击【交叉缩放】切换，打开【交叉缩放】切换的设置界面，设置参数如图 3-68 所示。

步骤 6 将【项目】面板中的“足球.jpg”素材拖到轨道上，摆放在“橄榄球.jpg”素材的后面，选中“足球.jpg”，右击，在弹出的快捷菜单中选择【缩放为当前画面大小】命令，使当前画面按比例放大；然后选择【素材】|【速度/持续时间】选项，设置该素材的时间长度为 3 秒 05 帧。

步骤 7 选择【效果】|【视频切换】|【叠化】|【附加叠化】选项，将其拖到两个素材

相交的位置，如图 3-69 所示。

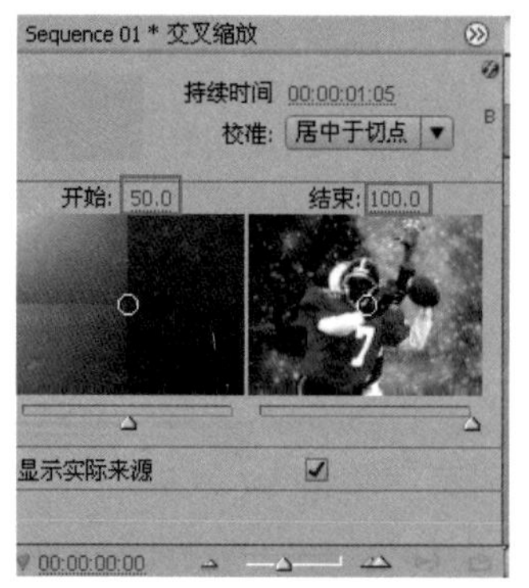

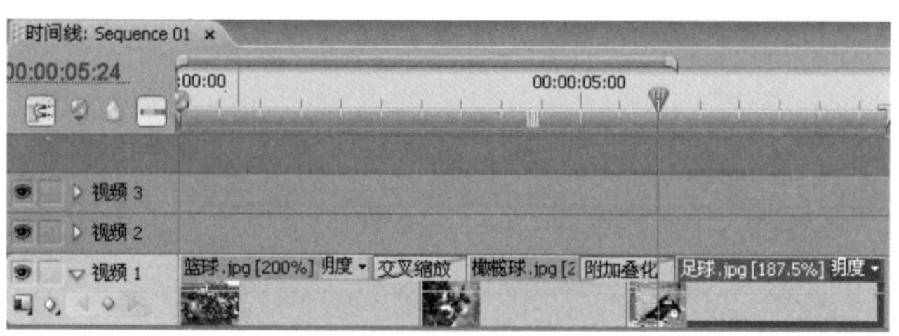

图 3-68 【交叉缩放】切换的设置界面　　图 3-69 应用【附加叠化】切换

步骤 8 将【项目】面板中的“跳水.jpg”素材拖到轨道上，摆放在“足球.jpg”的后面，选中“跳水.jpg”，右击，在弹出的快捷菜单中选择【缩放为当前画面大小】命令，使当前画面按比例放大；然后选择【素材】|【速度/持续时间】选项，设置该素材的时间长度为 2 秒 24 帧。

步骤 9 选择【效果】|【视频切换】|【伸展】|【伸展入】，将其拖到两个素材相交的位置。

步骤 10 在【时间线】面板中，选择“跳水.jpg”，选择【效果】|【视频特效】|【生成】|【镜头光晕】选项，将其赋予“跳水.jpg”，在自动打开的【特效控制台】|【镜头光晕】设置界面中，设置各参数如图 3-70 所示。

图 3-70 【镜头光晕】切换的设置界面

步骤 11 将【项目】面板中的“攀岩.jpg”素材拖到轨道上，摆放在“跳水.jpg”的后面，选中“攀岩.jpg”，右击，在弹出的快捷菜单中选择【缩放为当前画面大小】命令，使当前画面按比例放大；然后选择【素材】|【速度/持续时间】选项，设置该素材的时间长度为 3 秒。

步骤 12 选择【效果】|【视频切换效果】|【叠化】|【附加叠化】选项，将其拖到两个素材相交的位置。

步骤 13 将【项目】面板中的“游泳.jpg”素材拖到轨道上，摆放在“攀岩.jpg”的后面，选中“游泳.jpg”，右击，在弹出的快捷菜单中选择【缩放为当前画面大小】命令，使

当前画面按比例放大；然后选择【素材】|【速度/持续时间】选项，设置该素材的时间长度为3秒。

步骤14 选择【效果】|【视频切换】|【缩放】|【缩放拖尾】选项，将其拖到两个素材相交的位置，如图3-71所示。

步骤15 双击【缩放拖尾】切换，打开其设置界面，各参数设置如图3-72所示。

图3-71 应用【缩放拖尾】切换

图3-72 【缩放拖尾】切换的设置界面

预览切换效果。

步骤16 制作片头字幕。选择【文件】|【新建】|【字幕】命令，打开【字幕】设置界面。选择文字工具T，在字幕窗口区域内单击输入文字“拥抱激情”，设置其参数如图3-73所示。这里的填充颜色可通过双击颜色块，打开颜色设置对话框，设置参数，双击【渐变开始颜色块】，将【R】设置为“255”；将【G】设置为“255”；将【B】设置为“0”，单击【确定】按钮退出。双击【渐变结束颜色块】，将【R】设置为“255”；将【G】设置为“0”；将【B】设置为“0”。单击【确定】按钮。

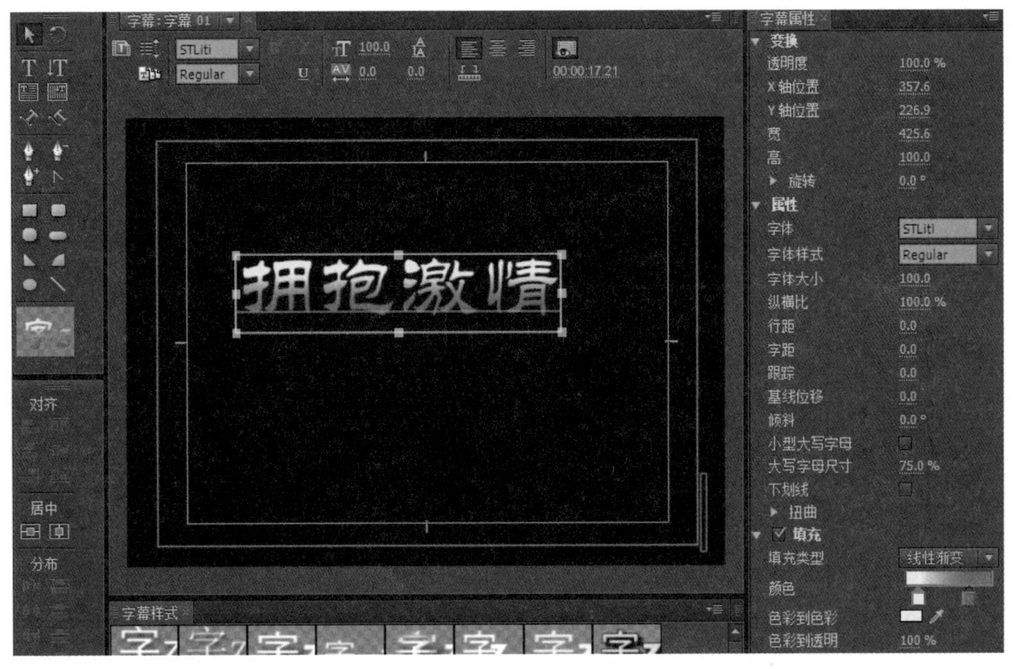

图3-73 设置字幕属性

步骤 17 将“拥抱激情”字幕文件拖到【时间线】面板的【视频 2】轨道上，并设置它的入点在 1 秒的位置，出点与【视频 1】轨道上的素材对齐，如图 3-74 所示。

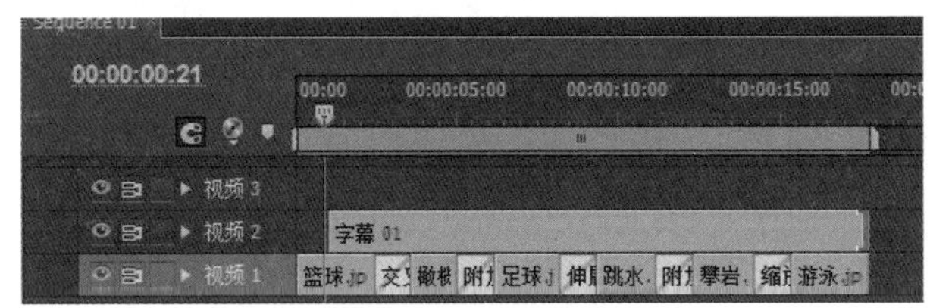

图 3-74 设置素材的入点和出点

步骤 18 选中“拥抱激情”字幕文件，在【特效控制台】面板的【运动】设置区域，分别为【缩放】和【旋转】两个参数添加关键帧。播放头放置在“0 秒”的位置时，设置【缩放】为“500.0”；当播放头放置在“2 秒”的位置时，设置【缩放】为“100.0”；当播放头放置在“5 秒 15 帧”的位置时，设置【缩放】为“500.0”，设置【旋转】为“360.0° ”；当播放头放置在“11 秒”的位置时，设置【缩放】为“100.0”，设置【旋转】为“360.0° ”；当播放头放置在“15 秒 19 帧”的位置时，设置【缩放】为“500.0”，设置【旋转】为“360.0° ”。

步骤 19 预览效果，保存项目文件，输出影片。

课后实训 3　特殊切换效果应用

任务描述

打开效果文件“特殊切换效果”，本效果的思路是在两段素材切换过程中应用 Premiere 软件提供的切换效果制作我们自己创作的动态切换效果。视频片段以锯齿旋转实现切换，以所制作的图像为依据产生切换，是应用非常灵活的转换方式。

操作提示

制作切换所使用的图像

步骤 1 在 Photoshop 软件中，选择【渐变】工具，利用“径向渐变”制作出由黑到白的辐射状渐变效果图像，如图 3-75 所示。

步骤 2 选择【滤镜】|【扭曲】|【旋转扭曲】选项，打开【旋转扭曲】对话框，将【角度（A)】值设置为“-999”度，如图 3-76 所示。

步骤 3 选择【滤镜】|【扭曲】|【旋转扭曲】选项，再次对图像应用【旋转扭曲】特效，以强化漩涡效果，产生如图 3-77 所示的图像。

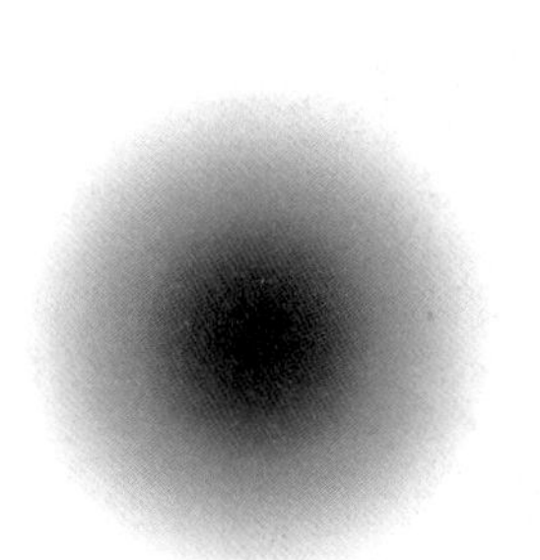

图 3-75 辐射状渐变的图像

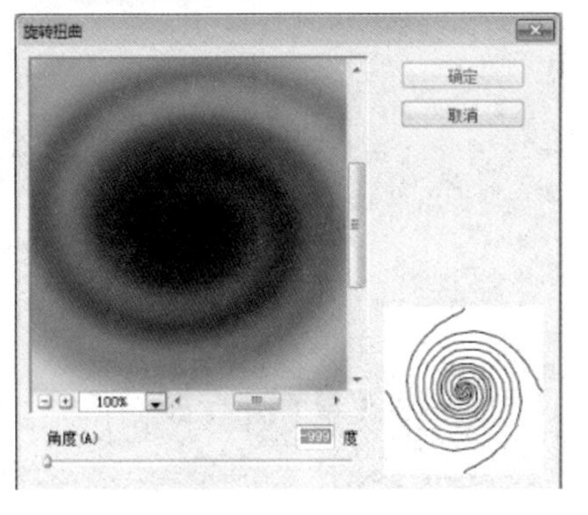

图 3-76 【旋转扭曲】对话框

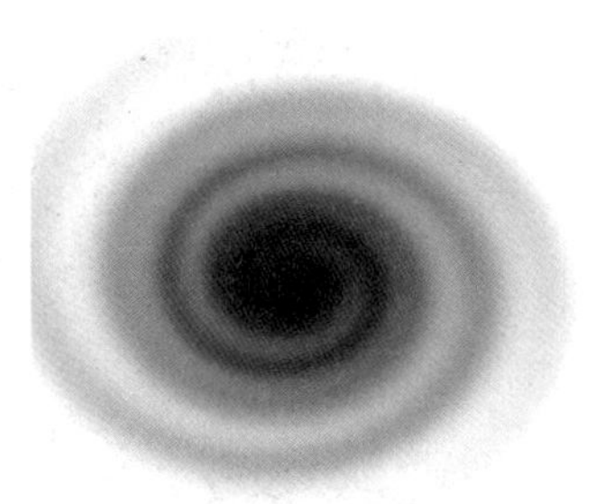

图 3-77 漩涡的效果

步骤 4 选择【文件】|【保存】命令，将图像保存为“遮罩.jpg”。

应用切换

步骤 1 新建一个项目，将项目命名为“特殊效果”，选择【DV-PAL】下的【标准 48kHz】，然后单击【确定】按钮，保存设置。

步骤 2 选择【文件】|【导入】命令，将“m1.avi”和“m2.avi”素材导入【项目】面板中。

步骤 3 在【时间线】面板中，将“m1.avi”素材拖到【视频 1】轨道上，将“m2.avi”素材拖到【视频 2】轨道上。选择【素材】|【速度/持续时间】选项，分别设置两段素材的时间长度，“m2.avi”的时间长度稍长于“m1.avi”。

步骤 4 选中“m2.avi”后，选择【效果】|【视频切换】|【擦除】|【渐变擦除】选项，将其拖到“m2.avi”片段的入点处；在弹出的【渐变擦除设置】对话框中，如图 3-78 所示，单击【选择图像】按钮，选择前面制作的“遮罩.jpg”图像。单击【确定】按钮。

步骤 5 在【时间线】面板中，单击【选择】工具，调整【渐变擦除】切换的长度，使之与“m1.avi”等长，如图 3-79 所示。

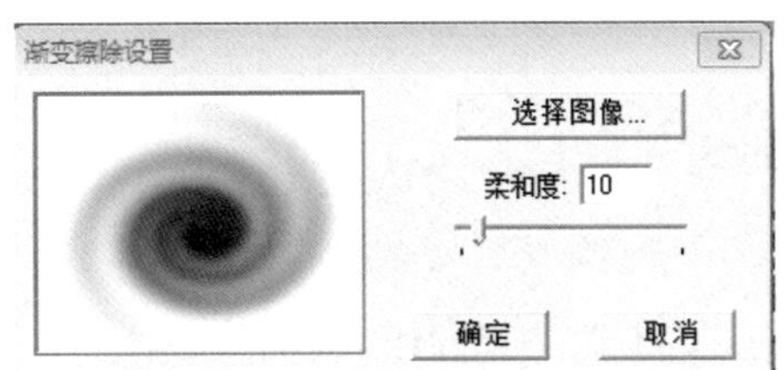

图 3-78 【渐变擦除设置】对话框

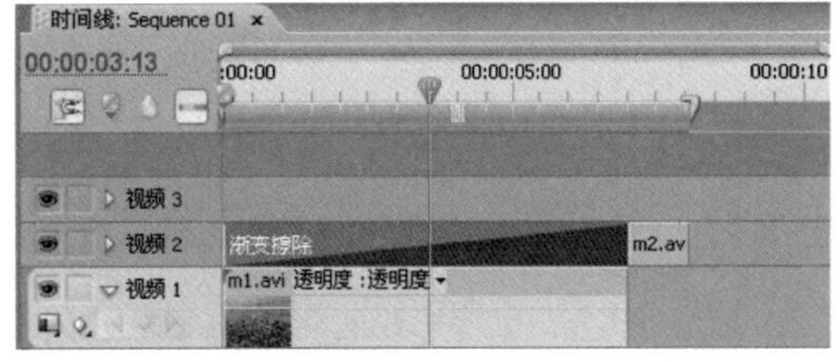

图 3-79 设置【渐变擦除】切换的长度

步骤 6 按键盘的空格键，观看预览效果，保存文件。效果预览如图 3-80 所示。

在这个实例中，主要运用了【渐变擦除】切换，该切换依据所选择图像的灰度变化，由黑向白逐渐实现转换，其边缘的虚化程度可以进行调整。在该切换中，关键是渐变灰度图的制作，读者可选择 Photoshop 等图形图像处理软件来制作。

图 3-80 效果预览

本章小结

本章主要介绍了视频切换效果。希望读者熟练掌握各种切换的效果及设置，能根据作品的需要灵活应用。

习题 3

1．选择题

（1）属于 Premiere 软件切换方式的有（　　）。

A.【色阶】　　B.【快速模糊】

C.【叠化】　　D.【时钟擦除】

（2）关于 Premiere 软件序列嵌套特点，描述正确的有（　　）。

A．序列本身可以自嵌套

B．对嵌套素材的源序列进行修改，会影响到嵌套素材

C．任意两个序列都可以相互嵌套，即使有一个序列为空序列

D．嵌套可以反复进行。处理多级嵌套素材时，需要大量的处理时间和内存

（3）Premiere 软件中可以选用（　　）切换自主设计具有个性的倒计时效果。

A.【时钟擦除】　　B.【渐变擦除】

C.【划变】　　D.【溶解】

（4）在两个素材的衔接处加入切换效果，这两个素材（　　）。

A．分别放在上下相邻的两个视频轨道上

B．放在同一轨道上

C．可以放在任何视频轨道上

D．可以放在用户音频轨道上

（5）关于 Premiere 软件中的系统默认切换方式，描述正确的有（　　）。

A．初始状态下，默认的切换方式是【交叉叠化】

B．初始状态下，默认的切换方式是【附加叠化】

C．默认的切换方式可以通过 Set Default Transition（设置默认切换）命令设置

D．默认的切换方式是无法改变的

（6）如果加入切换的影片出点和入点没有可扩展区域，已经到头，那么（　　）。

A．系统会自动在出点和入点处根据切换的时间加入一段静止的画面来过渡

B．系统会自动在出点和入点处以入点为准根据切换的时间加入一段画面来过渡

C．系统会自动在出点和入点处以出点为准根据切换的时间加入一段画面来过渡

D．系统会自动在出点和入点处根据切换的时间加入一段黑场来过渡

2. 思考题

请读者自行准备素材，利用 Premiere 软件的切换功能，制作一段“电子相册”微视频，主题不限，可以是山川风光、人物生活或某一主题活动。

第4章

视频特效（一）——调色特效

在 Premiere 软件中使用视频特效，可以使作品具有特殊的视觉效果，弥补素材的缺陷。本章重点讲解与颜色相关的调色特效。例如，在一个视频的不同位置设置不同的颜色，可以使视频的颜色变化丰富多彩，从而塑造时空变换的效果。

重点知识

- 视频特效的基本操作。
- 关键帧的含义，关键帧的应用。
- 调色特效的类型及各种特效参数的设置。

课堂实训 8　方向模糊特效

任务描述

本实例通过使用【方向模糊】特效，使静态的图片产生动态的效果。

任务分析

通过对图像应用【视频特效】|【模糊和锐化】|【方向模糊】特效，使静态图片产生动态效果。

设计效果

本实例应用【方向模糊】特效的效果对比如图 4-1 所示。

图 4–1　应用【方向模糊】特效的效果对比

知识储备

为了完成实例的制作，需要读者首先学习以下内容。

1．特效的添加

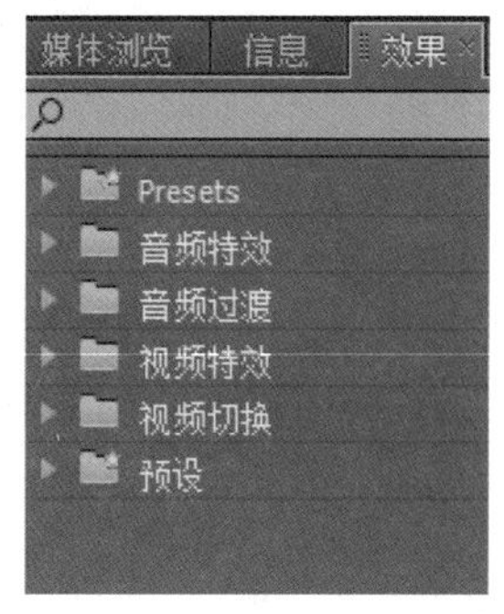

图 4–2　特效的分类

Premiere 软件的特效放置在【效果】面板中，在该面板中，所有的效果被分为 5 类，分别是【音频特效】、【音频过渡】、【视频特效】、【视频切换】和【预设】，如图 4-2 所示。

关于视频特效的操作，包括特效的添加、设置、删除、查找、重命名等。下面通过简单的实例先了解特效的添加、设置及删除。实例的效果如图 4-1 所示，通过【方向模糊】特效的应用，一张静态的图片可以产生动态的效果。基本操作步骤如下。

步骤 1　加入视频特效。将需要应用【方向模糊】特效的素材“模糊.psd”拖到时间线上。选中该素材，在【特效控制台】面板中选择【视频特效】|【模糊和锐化】|【方向模糊】特效，将其拖到【时间线】面板中的素材上，如图 4-3 所示。

图 4–3　添加【方向模糊】特效

步骤 2　在【特效控制台】面板中设置相应的参数，如图 4-4 所示。

步骤 3　预览效果。

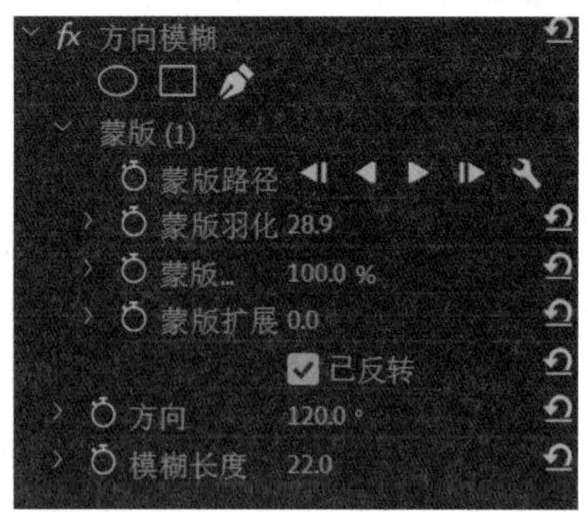

图 4-4 【方向模糊】特效参数设置

2. 特效的删除

接下来介绍如何将不需要的特效删除。

步骤 1 在【时间线】面板中选中一个已经添加了特效的素材，在【特效控制台】面板上选中要删除的特效，按【Delete】键或单击【特效控制台】面板右上角的图标，在下拉菜单中选择【删除所选特效】命令即可。

步骤 2 如果要删除素材中所有的特效，单击【特效控制台】面板右上角的图标，在下拉菜单中选择【删除素材所有特效】命令即可。

3. 关键帧的应用

关键帧是指包含在剪辑中特定点影像特效设置的时间标记。上面讲到了如何对一段素材添加视频特效，而在实际运用中常常会遇到给一段素材的一个或多个部分添加视频特效，获得动态的特效动画效果，这个时候就需要在该段素材上添加关键帧，这一点比较重要。下面结合范例，以给素材的某一部分应用【方向模糊】特效为例，详细讲解如何给素材添加关键帧。添加关键帧的基本操作步骤如下。

步骤 1 在【特效控制台】面板中单击【方向模糊】特效左边的三角形符号，展开【效果控制】面板，如图 4-5 所示。单击【模糊长度】左侧的图标（固定动画）使它变成形状，就会在右侧的时间标尺上添加第 1 个关键帧，并将【模糊长度】的值调整为“1.0”，如图 4-6 所示。

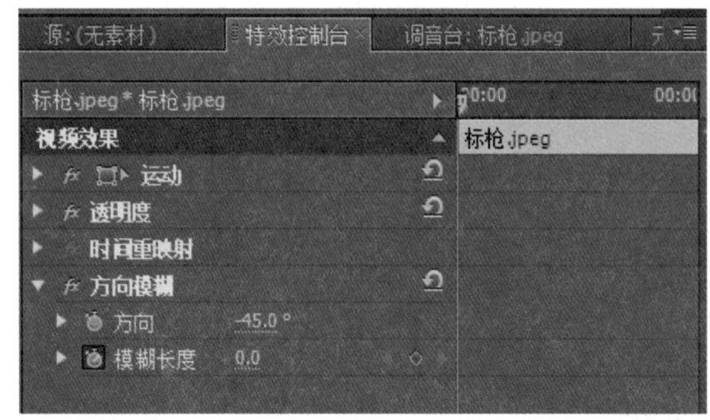

图 4-5 【方向模糊】特效的设置界面

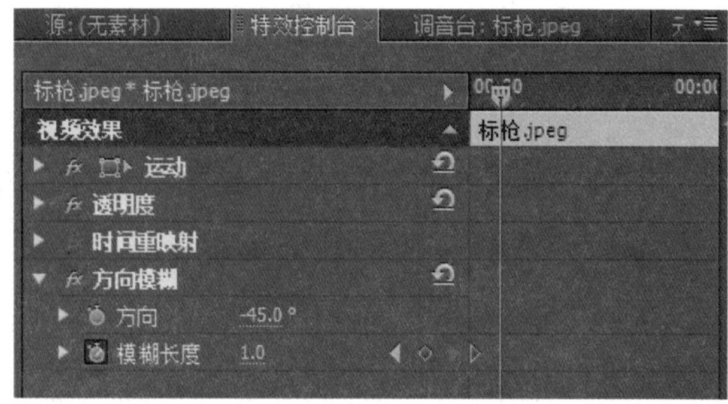

图 4-6 给素材添加第 1 个关键帧

步骤 2 将播放头拖到另外一个需要添加关键帧的位置，单击【添加/删除关键帧】按钮，就可在播放头所在的位置添加第 2 个关键帧，【模糊长度】的值仍保持“1.0”不变，如图 4-7 所示。

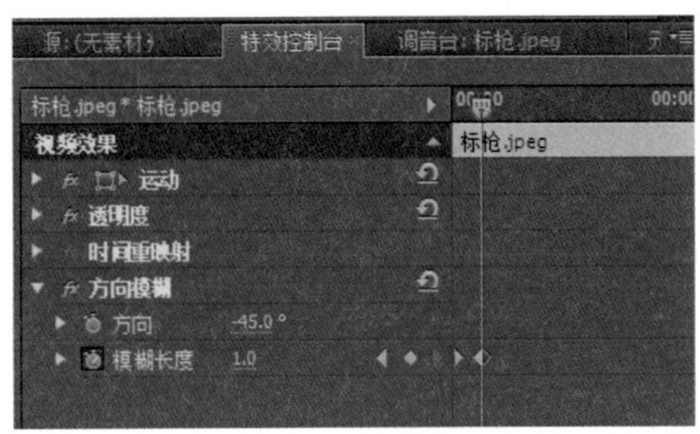

图 4-7 给素材添加第 2 个关键帧

步骤 3 将播放头拖到另外一个需要添加关键帧的位置，单击【添加/删除关键帧】按钮，就可在播放头所在的位置添加第 3 个关键帧，将【模糊长度】的值调整为“28.0”，如图 4-8 所示。

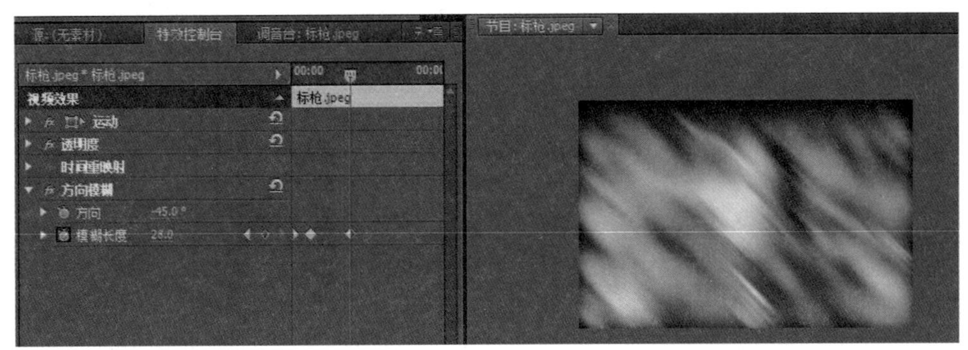

图 4-8 给素材添加第 3 个关键帧并调整【模糊长度】的参数

步骤 4 添加关键帧并给素材上的关键帧使用特效的操作已完成。下面可以在【时间线】面板或【特效控制台】面板中将播放头拖到第 1 个关键帧的位置，单击【节目监视器】面板中的播放按钮，就可以预览效果，即可产生一个动态的【方向模糊】特效的效果。

以上介绍了怎样给素材创建关键帧，下面讲解如何删除关键帧。

步骤 1 选择一个或多个关键帧，按【Delete】键即可删除选中的关键帧，或者将播放头拖到要删除的关键帧的位置，单击【添加/删除关键帧】按钮。

步骤 2 如果想要删除素材上所有的关键帧，首先应在【时间线】面板中选中素材，然后单击【特效控制台】面板中的按钮使它变为。此时，会弹出一个【警告】对话框，如图 4-9 所示，单击【警告】对话框中的【确定】按钮即可删除素材上的所有关键帧。值得注意的是，只能删除后来添加的关键帧，起始帧和结尾帧是不能删除的。

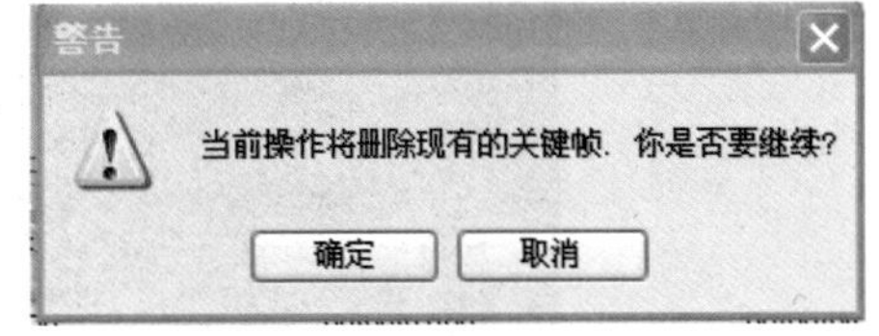

图 4-9 【警告】对话框

提示

单击关键帧导航按钮，可使播放头在各个关键帧之间进行定位。按钮表示定位到前一个关键帧，按钮表示定位到后一个关键帧，用鼠标拖动素材上的关键帧图标就可以调整关键帧的位置。

课堂实训 9　时装展示

任务描述

打开效果文件“时装展示”，本实例通过多幅画面的快速切换，展现出模特时装展示的节奏，同时特效的应用，使画面的呈现形式丰富多彩。该实例主题为时装秀，时装设计来源于某高校纺织服装学院服装相关专业大学生的毕业设计灵感，服装设计款式多样，造型创新性强，色彩搭配巧妙，韵律性独特，具有较高的美学艺术价值。

任务分析

该实例主要应用的特效有【色阶】特效、【照明效果】特效和【提取】特效，希望读者熟练掌握。

设计效果

本实例完成后的作品效果，“时装展示”效果图如图 4-10 所示。

图 4-10　“时装展示”效果图

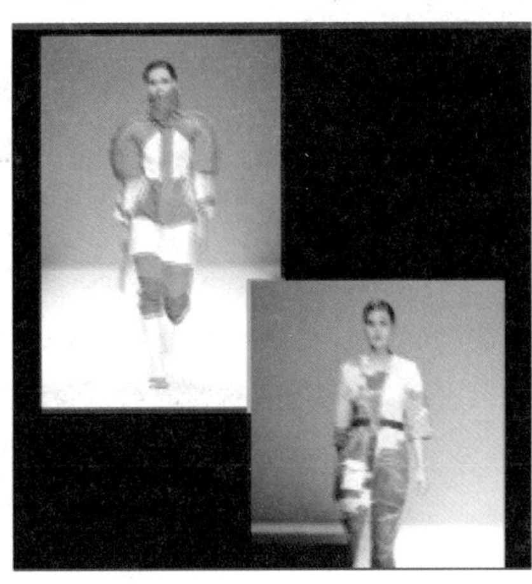

图 4-10 “时装展示”效果图（续）

知识储备

调色是影视编辑中的重要工作任务，我们经常要对拍摄的素材进行颜色的调整。例如，当想用某种颜色表达某种心情时，或者想让画面更有生机时，都需要进行图像的颜色校正和调整。Premiere 软件提供了一整套的图像调整工具，还可以与 Photoshop 软件共享颜色调整参数。在 Premiere 软件中，【调色】特效主要有 3 组，分别在【效果】|【视频特效】下的【调整】【图像控制】【色彩校正】选项组中。

【调整】特效是通过调整画面的亮度、对比度和色彩增强来实现的视频特效，可以对画面的某些缺陷加以弥补和修复，还可以增强某些特殊的效果。

【调整】特效包括很多种类型，这里介绍【调整】特效中比较常用的一些类型，希望读者能举一反三，掌握其他类型的调色视频特效。

选择【效果】|【视频特效】|【调整】选项组，打开【调整】特效列表，如图 4-11 所示。

其中，【自动对比度】特效、【自动色阶】特效和【自动颜色】特效对素材应用后，会自动调节素材的对比度、色阶和色彩，其使用方法最简单，这里不介绍其使用方法。

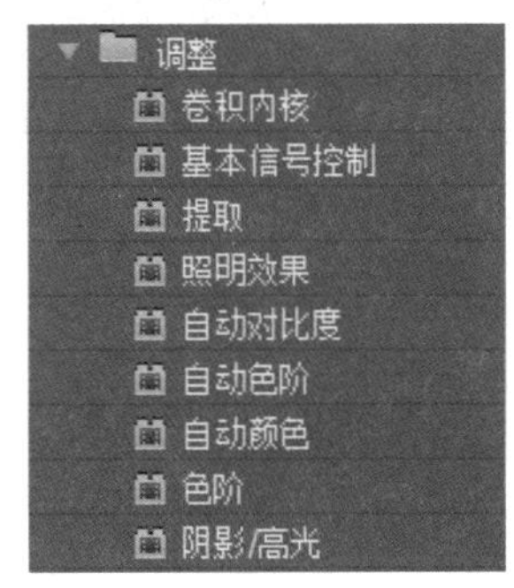

图 4-11 【调整】特效列表

1.【卷积内核】特效

【卷积内核】特效是根据“卷积分”的运算来改变素材中每个像素的亮度值，其设置界面如图 4-12 所示。

设置【卷积内核】特效的方法如下。

① 在【卷积内核】特效的设置界面中，M11、M12、M13 等参数可以将其理解为如图 4-12 右图所示的代表像素亮度增效的矩阵，中间的栅格（M22）代表用于卷积分的当前

像素，周围栅格代表当前像素周围邻接的像素。可以根据比例来输入数值，例如，如果希望当前像素左边的像素亮度是当前的 4 倍，则在左边方格中输入 4，从而改变像素的亮度数值。

② 在【偏移】项的输入栏中输入一个数值，此数值将被加到计算的结果中。

③ 在【缩放】项的输入栏中，可以输入一个数值，在积分操作中包含的像素亮度总和将除以此数值。

【卷积内核】设置界面

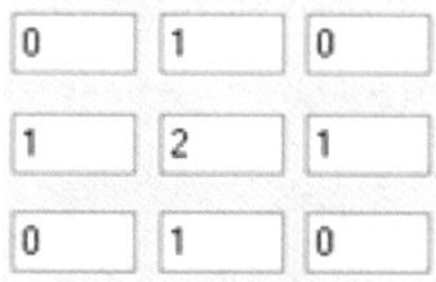

亮度增效的矩阵

图 4-12 【卷积内核】特效设置界面

应用【卷积内核】特效的效果如图 4-13 所示。

图 4-13 应用【卷积内核】特效的效果

2.【提取】特效

【提取】效果可从视频素材中吸取颜色，然后通过设置灰色的范围来控制影像的显示，【提取设置】对话框如图 4-14 所示。

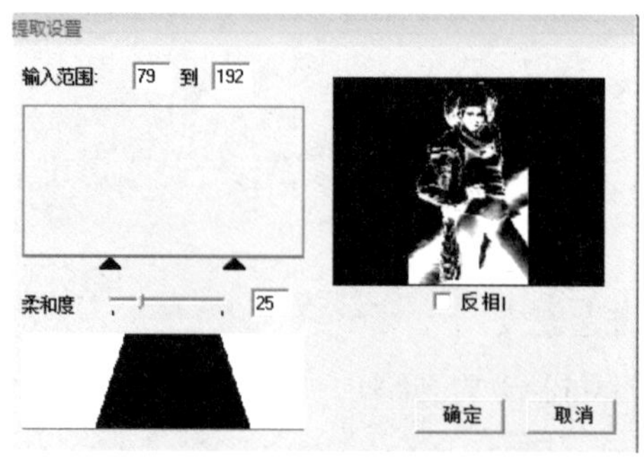

图 4-14 【提取设置】对话框

其参数及功能说明如下。

- 【输入范围】：对话框中的柱状图用于显示在当前画面中每个亮度值上的像素数值，拖动三角形滑块，可以设置变为白色或黑色的像素范围。
- 【柔和度】：图像的柔和程度，通过控制灰度值得到柔和程度。柔和度的值越大，灰度值越高。
- 【反相】：选中【反相】复选框可以添加反转效果。

3.【照明效果】特效

【照明效果】特效模拟光源照射在图像上的效果，其变化比较复杂。整体来说，其控制参数可分为两类，【照明效果】特效的设置界面如图 4-15 所示。

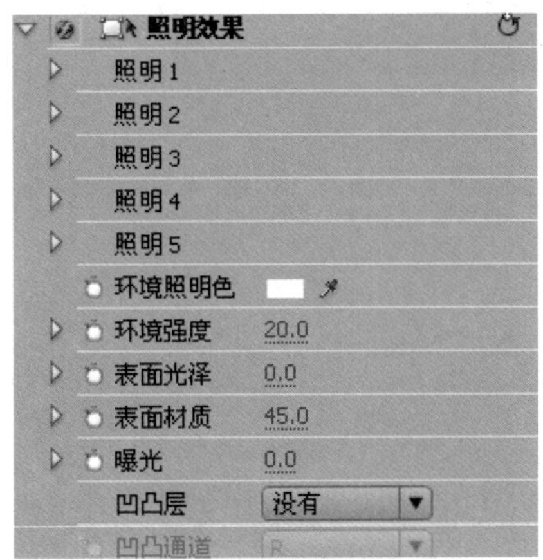

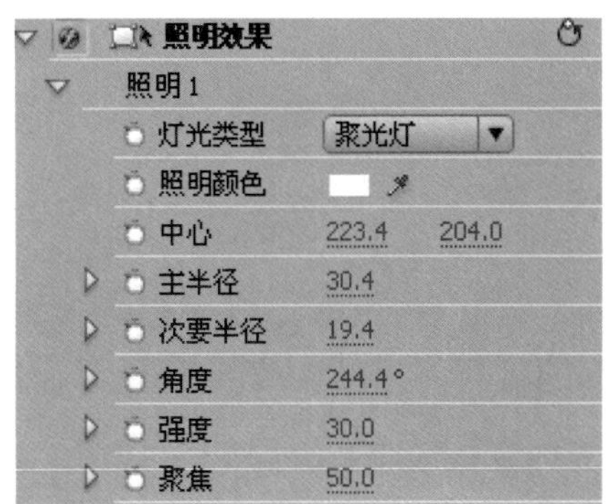

图 4-15 【照明效果】特效的设置界面

（1）【灯光类型】设置

主要包括【平行光】、【点光源】、【聚光灯】三种类型。

- 【平行光】：使光从远处照射，光照角度不变化，就像太阳光一样。
- 【点光源】：使光在图像的正上方向照射，就像一张纸正上方的灯泡光源一样。
- 【聚光灯】：投射一个椭圆形的光柱。调整预览窗口中的线条可定义光照方向和角度，调整手柄可定义椭圆边缘。

（2）参数设置

主要包括【环境照明色】、【环境强度】、【表面光泽】、【表面材质】和【曝光】的参数设置。

- 【环境照明色】、【环境强度】：设置影响光照效果的其他光源，它将与设置的光源共同决定光照的效果，就像太阳光与荧光灯共同照射时的效果。
- 【表面光泽】、【表面材质】：决定图像表面反射光线的强弱。
- 【曝光】：曝光过度使光线变亮，作用效果明显；曝光不足使光线变暗，图像的大部分区域为黑色；曝光为零时没有作用。

【照明效果】特效的效果，如图 4-16 所示。

图 4-16 【照明效果】特效的效果

操作步骤

步骤 1 新建一个项目，将项目命名为“时装展”，在【序列预置】选项卡中，选择【DV-PAL】下的【标准 48kHz】，单击【确定】按钮。

步骤 2 双击【项目】窗口的空白处，将准备好的【时装展】文件夹中的素材导入【项目】面板中，【导入】对话框如图 4-17 所示。

图 4-17 【导入】对话框

步骤 3 在【项目】窗口中分别设置每一张图片的持续时间为 5 帧。选中图片，右击，在快捷菜单中选择【速度/持续时间】命令，设置持续时间为 5 帧。

步骤 4 将素材中模特的图片拖到【时间线】轨道上，按照如图 4-18 所示的顺序依次排列。

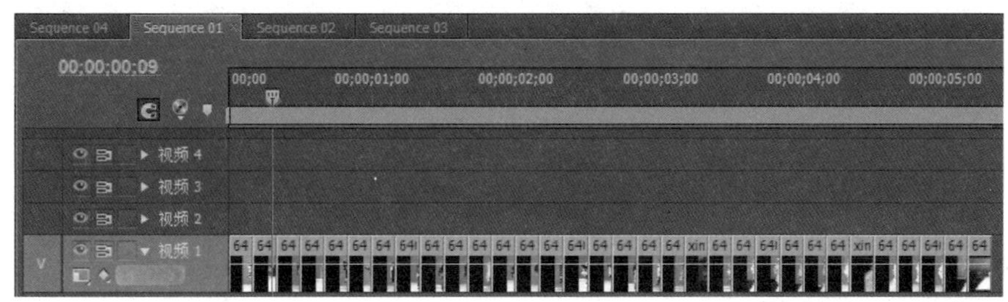

图 4-18 序列 1 图片的摆放

步骤 5 新建序列 2，选择【文件】|【新建】|【序列】命令，新建序列并命名为“Sequence 02”，分别将素材中的其他模特的图片拖到【时间线：Sequence 02】视频 1 轨道上并依次排列，如图 4-19 所示。

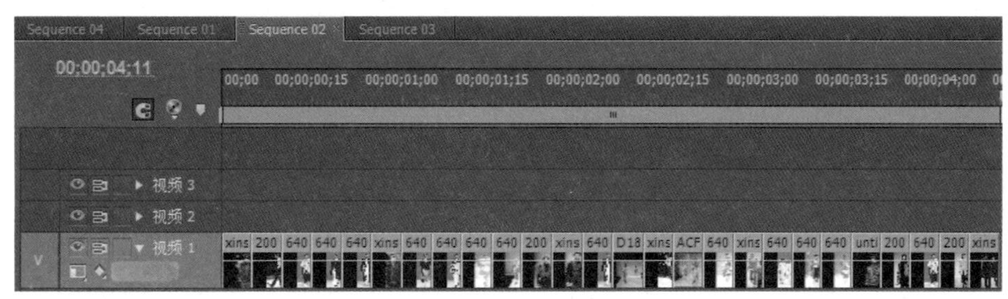

图 4-19 序列 2 图片的摆放

步骤 6 建立标题字幕。选择【文件】|【新建】|【字幕】命令，新建字幕并命名为“Title01”，打开字幕编辑界面，利用文本工具T，在字幕编辑区域输入“时装展”字幕，如图 4-20 所示。

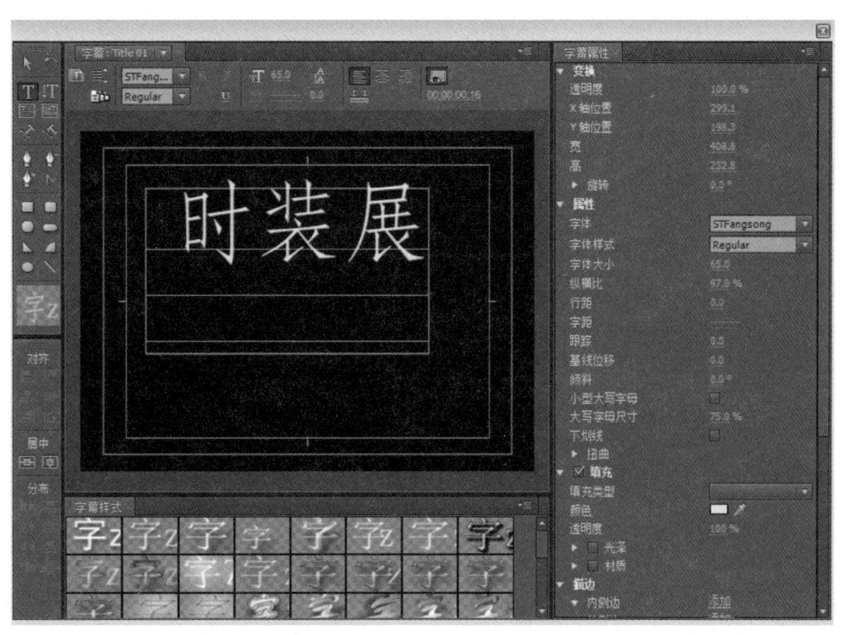

图 4-20 字幕编辑对话框

步骤 7　用同样的方法，建立名为“Title02”的字幕文件，输入文字“大学生”；建立名为“Title03”的字幕文件，输入文字“毕业设计”；建立名为“Title04”的字幕文件，输入文字“作品”。文字摆放效果如图 4-21 所示。

步骤 8　新建序列 3，选择【文件】|【新建】|【序列】命令，将新建序列命名为“sequence 03”，分别将字幕文件“Title01”、“Title02”、“Title03”、“Title04”拖到【时间线：Sequence 03】的视频 2 轨道上依次排列，如图 4-22 所示。

图 4-21　文字摆放效果

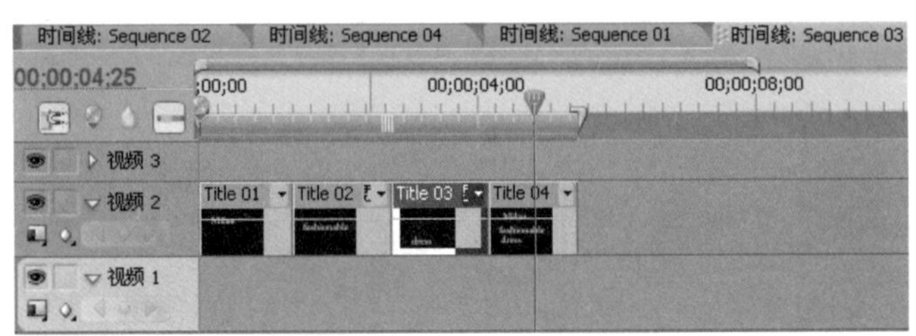

图 4-22　字幕文件的摆放

步骤 9　新建序列 4，选择【文件】|【新建】|【序列】命令，将新建序列命名为“Sequence 04”，将“Sequence 01”“Sequence 02”“Sequence 03”拖到【时间线：Sequence 04】的视频 1 轨道上依次排列，将图片 11、12、13 等多张图片分别排列在其后。

步骤 10　选中图片 13，给其应用【色阶】特效。将【视频特效】|【调整】|【色阶】效果拖到图片 13 上，设置界面如图 4-23 左图所示。通过关键帧中数值的变化，使画面产生一个白场的过渡，图 4-23 右图所示。该操作可同样应用在图片 14 上。

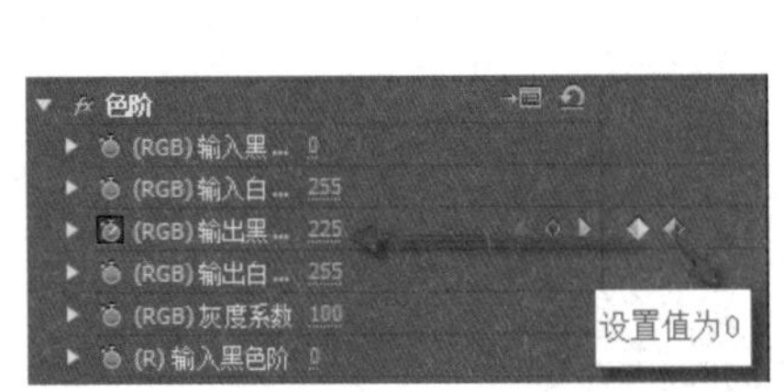

图 4-23　【色阶】设置界面及效果图

步骤 11　选中图片 19，给其应用【提取】特效，即将【视频特效】|【调整】|【提取】效果拖到图片 19 上，【提取设置】对话框如图 4-24 所示，使画面产生一个黑白锐化的过渡效果。

步骤 12　选中图片 20，给其应用【照明效果】特效，即将【视频特效】|【调整】|【照明效果】特效拖到图片 20 上，设置界面如图 4-25 所示，通过关键帧中数值的变化，使画

面产生一个动态光照效果。

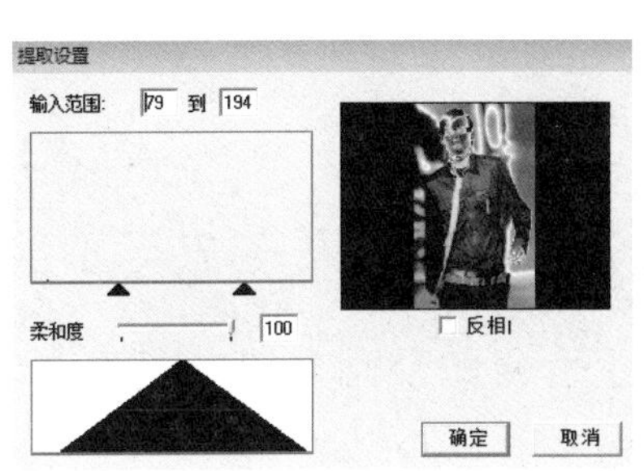

图 4-24 【提取设置】对话框

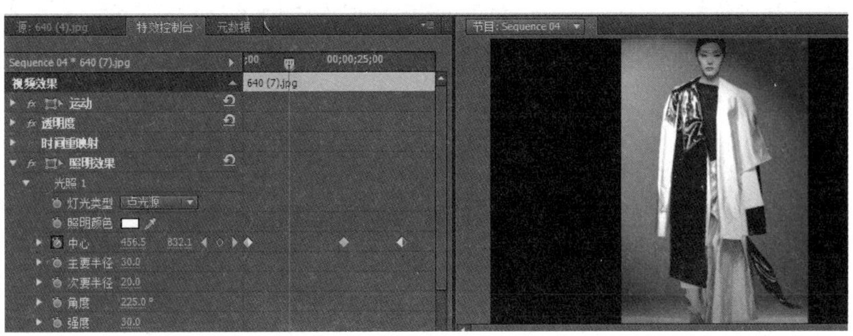

图 4-25 【照明效果】设置界面

步骤 13 选中图片 37，给其设置运动效果，设置界面如图 4-26 所示，使画面产生一个由大变小的效果。同理，也可以使图片 39 产生一个由小变大的效果。

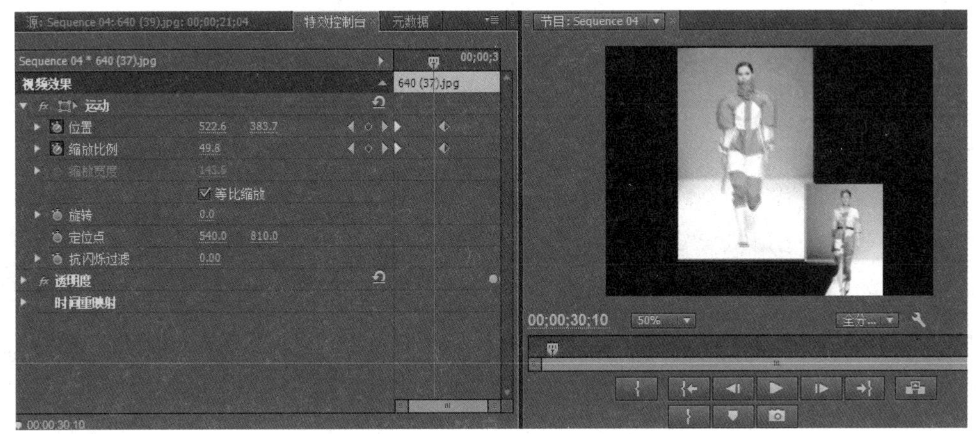

图 4-26 设置图片的运动效果

步骤 14 其他画面的变化，读者可根据自己的设计思路灵活应用，同时在制作的过程中可多处使用关键帧产生淡出的效果，各素材在时间线中的摆放情况如图 4-27 所示。最后将背景音乐文件拖到音频 1 轨道中。

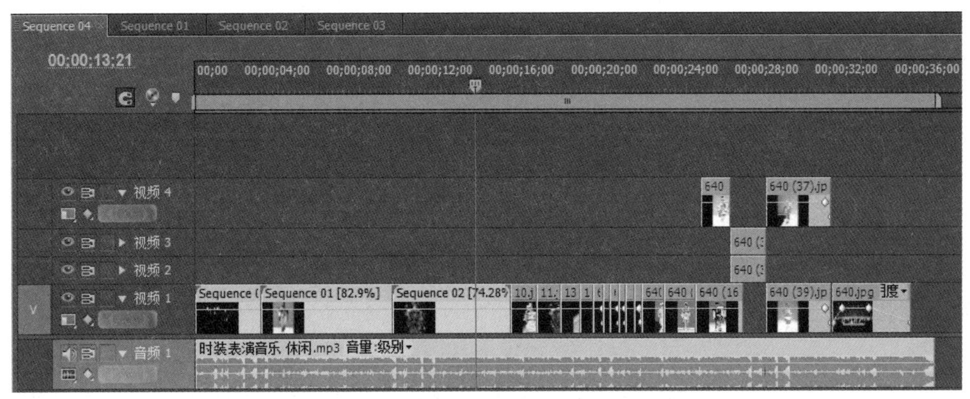

图 4-27 素材在时间线中的摆放

步骤 15 按键盘上的空格键预演效果，保存文件。

本实例所涉及的素材比较多，读者可根据情况有选择地应用。

课堂实训 10　五彩鱼

任务描述

在本实例中，通过调节特效和关键帧，制作一幅图像颜色变化的动画效果，可产生一种奇妙的色彩变化效果。

任务分析

通过学习，熟练掌握【通道混合】进行色彩调整特效的使用方法。

设计效果

本实例的完成效果如图 4-28 所示。

图 4-28　应用【通道混合】进行色彩调整特效的效果

知识储备

【图像控制】特效

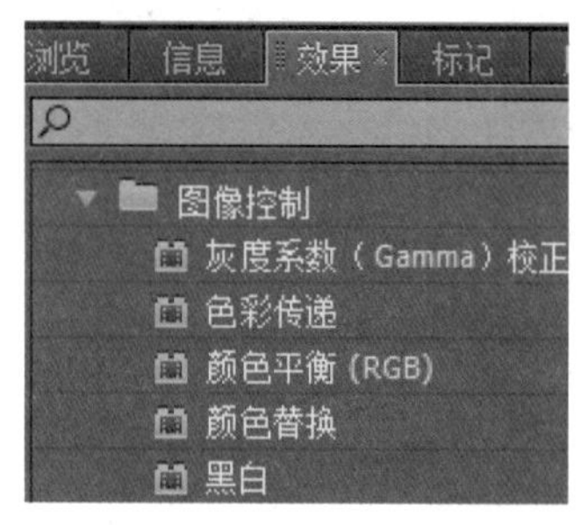

图 4-29　【图像控制】类特效列表

【图像控制】特效主要用来调整图像的色彩，以弥补拍摄时造成的画面缺陷；或者调整用户想要的效果。

选择【效果】|【视频特效】|【图像控制】选项组，即可打开【图像控制】特效列表，如图 4-29 所示。

【图像控制】特效主要包括【灰度系数（Gamma）校正】【色彩传递】【颜色平衡（RGB)】【颜色替换】【黑白】这 5 种特效类型。

1.【灰度系数（Gamma）校正】特效

【灰度系数（Gamma）校正】特效通过改变中间色调的亮度，可以让图像变得更暗或更

亮，其设置界面如图 4-30 所示。

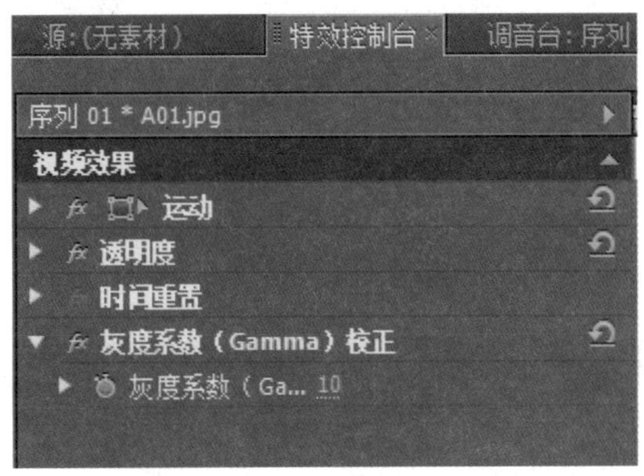

图 4-30 【灰度系数（Gamma）校正】设置界面

其参数功能说明如下。

- 【灰度系数（Gamma）】：调整 Gamma 值，该值越大图像越暗，该值越小图像越亮。

素材通过调整后，图像变亮，【灰度系数（Gamma）校正】特效的效果对比如图 4-31 所示。

图 4-31 【灰度系数（Gamma）校正】特效的效果对比

2.【色彩传递】特效

【色彩传递】特效可使素材图像中的某种指定颜色保持不变，而把图像中的其他部分转换为灰度显示。单击【设置】按钮，打开【色彩传递设置】对话框，如图 4-32 所示。

图 4-32 【色彩传递设置】对话框

【色彩传递】特效的使用方法如下。

① 将鼠标放到【素材示例】视窗中，出现滴管工具，然后单击选取需要的颜色。

② 在对话框中拖动【相似性】滑块，可以增加或减少选取颜色的范围。

③ 选中【反向（R）】复选框，可以反转过滤效果，即除指定的颜色变为灰度显示外，其他的颜色均保持不变。

【色彩传递】特效的效果对比如图 4-33 所示。

图 4-33 【色彩传递】特效的效果对比

3.【颜色平衡（RGB）】特效

【颜色平衡（RGB）】特效通过调整 R、G、B 颜色数值来改变影像的颜色。在【特效控制台】面板中可以打开【颜色平衡（RGB）】特效的设置界面，如图 4-34 所示。

图 4-34 【颜色平衡（RGB）】特效的设置界面

其参数功能说明如下。

- 【红色】：可调整图像中红色通道的数值。
- 【绿色】：可调整图像中绿色通道的数值。
- 【蓝色】：可调整图像中蓝色通道的数值。

下面的素材图片呈蓝色调，略显单调，通过应用【颜色平衡（RGB）】特效改变图像的色彩倾向，使其呈蓝绿色调，【颜色平衡（RGB）】特效的效果对比如图 4-35 所示。

图 4-35 【颜色平衡（RGB）】特效的效果对比

4.【颜色替换】特效

【颜色替换】特效可以指定某种颜色，并使用一种新的颜色替换被指定的颜色。

5.【黑白】特效

【黑白】特效可以将彩色图像转换为黑白图像。

【色彩校正】特效

【色彩校正】特效是 Premiere 软件提供的高级调色工具，利用这个颜色工具，可以解决复杂的调色问题。色彩校正特效可以分别调整图像的阴影、中间色调与高光部分；可以指定这些部分的范围；同时，可以使用 HLS、RGB 或曲线等多种方式来调节色调。

选择【效果】|【视频特效】|【色彩校正】选项组，即可打开【色彩校正】类特效列表，如图 4-36 所示。

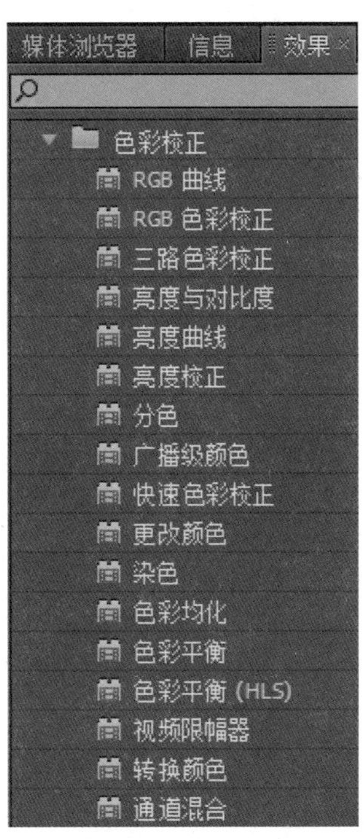

图 4-36 【色彩校正】类特效列表

下面分别介绍常用【色彩校正】特效的功能及使用方法。

1.【亮度与对比度】特效

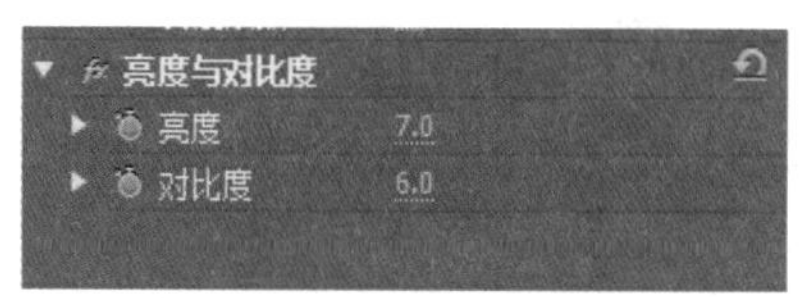

图 4-37 【亮度与对比度】设置界面

【亮度与对比度】特效可以调节画面的【亮度】和【对比度】。【亮度与对比度】特效可以同时调整所有像素的亮部区域、暗部区域和中间色区域，但不能对单一通道进行调节。【亮度与对比度】特效参数设置界面如图 4-37 所示。

其参数功能说明如下。

- 亮度：亮度设置。正值增加亮度，负值降低亮度。
- 对比度：对比度设置。正值增加对比度，负值降低对比度。

在参数栏中可以分别调节层的【亮度】和【对比度】。该素材在拍摄时采光不好，导致画面比较阴暗，通过对素材应用【亮度与对比度】特效前后的效果如图 4-38 所示，左图为原图。

图 4-38 应用【亮度与对比度】特效的效果对比

2.【更改颜色】特效

【更改颜色】特效用于改变图像中某种颜色区域的色调饱和度和亮度，需要指定某一个基色和设置相似值来确定区域，其设置界面如图 4-39 所示。

其参数功能说明如下。

- 【视图】：用于设置在合成图像中观看的效果。可以选择校正的图层和色彩校正遮罩。
- 【色相变换】：调整色相，以度为单位改变所选颜色的区域。
- 【明度变换】：设置所选颜色的明度。
- 【饱和度变换】：设置所选颜色的色调。
- 【要更改的颜色】：设置图像中要改变颜色的区域颜色。

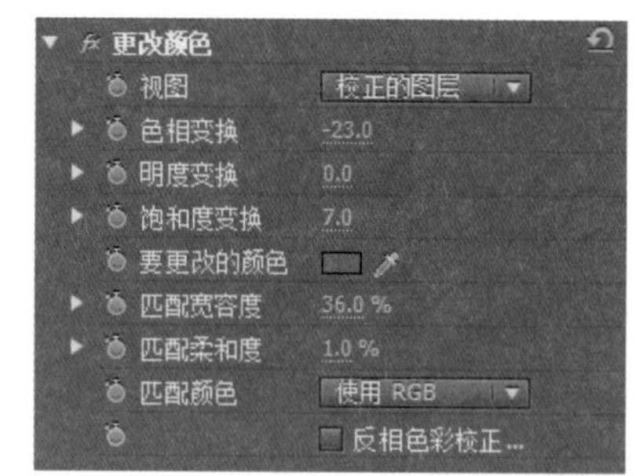

图 4-39 【更改颜色】特效设置界面

- 【匹配宽容度】：设置颜色匹配的相似程度，即颜色的容差度。
- 【匹配柔和度】：设置颜色的柔和度。
- 【匹配颜色】：设置匹配的颜色空间。
- 【反相色彩校正】复选框：选中该复选框可以反向颜色校正。

应用【更改颜色】特效的效果对比如图 4-40 所示。

图 4-40　应用【更改颜色】特效的效果对比

3.【染色】特效

【染色】特效用来调整图像中包含的颜色信息，在最亮和最暗之间确定融合度，它的参数设置界面如图 4-41 所示。

其参数功能说明如下。

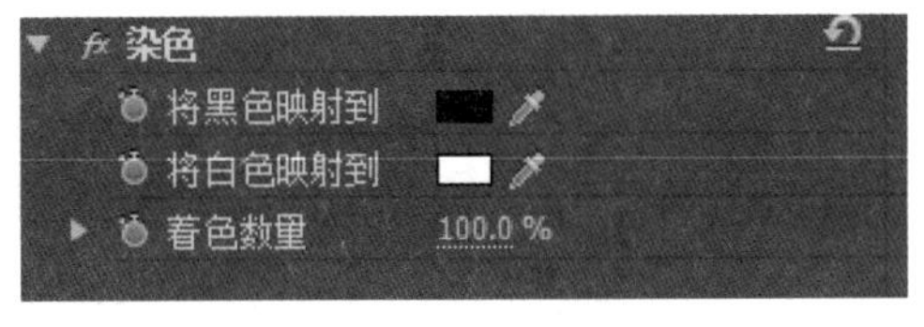

图 4-41　【染色】参数设置界面

- 【将黑色映射到】与【将白色映射到】：它们分别设置黑色像素被映射到该项指定的颜色和白色像素被映射到该项指定的颜色；而介于两者之间的颜色被赋予对应的中间值。
- 【着色数量】：指定色彩化的数量。

应用【染色】特效的效果对比如图 4-42 所示，图像中黑色映射为白色，白色映射为黑色。

4.【色彩均化】特效

【色彩均化】特效可以改变图像的像素值，并将它们平均化处理。【色彩均化】特效的参数设置界面如图 4-43 所示。

图 4-42　应用【染色】特效的效果对比

图 4-43　【色彩均化】参数设置界面

其参数功能说明如下。

- 【均衡】：应用指定均化方式。有 3 种方式，【RGB】方式是基于红、绿、蓝平衡图像；【亮度】方式是基于像素亮度；【Photoshop 风格】方式是重新分布图像中的亮度值，使其更能表现整个亮度范围。
- 【均衡数量】：重新分布亮度值的程度。

应用【色彩均化】特效的效果对比如图 4-44 所示。

5.【色彩平衡（HLS）】特效

【色彩平衡（HLS）】特效通过对图像进行色相、亮度和饱和度等参数调整，实现对图像颜色平衡度的改变。【色彩平衡（HLS）】特效的参数设置界面如图 4-45 所示。

图 4-44　应用【色彩均化】特效的效果对比

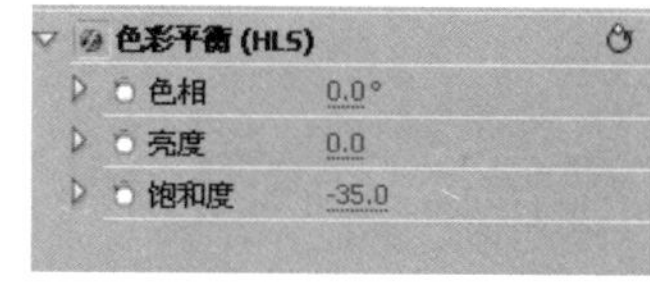

图 4-45　【色彩平衡（HLS）】参数设置界面

其参数功能说明如下。

- 【色相】：控制图像色相。
- 【亮度】：控制图像亮度。
- 【饱和度】：控制图像饱和度。

如图 4-46 所示的左侧素材图片颜色发“火”，尤其是人物肤色让观众看起来感觉不真实。在此通过应用【色彩平衡（HLS）】特效，降低饱和度，就可实现肤色的正常显示。应用【色彩平衡（HLS）】特效后的效果如图 4-46 右图所示，其参数设置如图 4-45 所示。

图 4-46　应用【色彩平衡（HLS）】特效的效果对比

6.【转换颜色】特效

【转换颜色】特效可以在图像中选择一种颜色，将其转换成为另一种颜色的色调、明度和饱和度的值，选择颜色转换的同时也添加一种新的颜色。该特效与【更改颜色】特效不

是同一个特效，它们存在本质的区别。【转换颜色】特效的参数设置界面如图 4-47 所示。

其参数功能说明如下。

- 【从】：当前素材中需要转换的颜色。
- 【到】：指定转换后的颜色。
- 【更改】：指定在 HLS 色彩模式下对哪一个通道产生影响。
- 【更改根据】指定颜色转换的选择方式，包括【设置为颜色】和【转换为颜色】两种。
- 【宽容度】：指定色调、明度、饱和度的值。
- 【柔化】：通过百分比控制柔和度。
- 【查看校正遮罩】复选框：通过遮罩控制显示哪个部分发生改变。

7.【通道混合】特效

【通道混合】特效可以用当前颜色通道的混合值修改一个颜色通道，通过为每个通道设置不同的颜色偏移量来校正图像的色彩。

通过【通道混合】特效中各颜色通道的百分比组成，可以确定各个通道的色彩占比。各项参数的调节，控制着选定通道到输出通道的颜色强度。【通道混合】特效参数设置界面如图 4-48 所示。

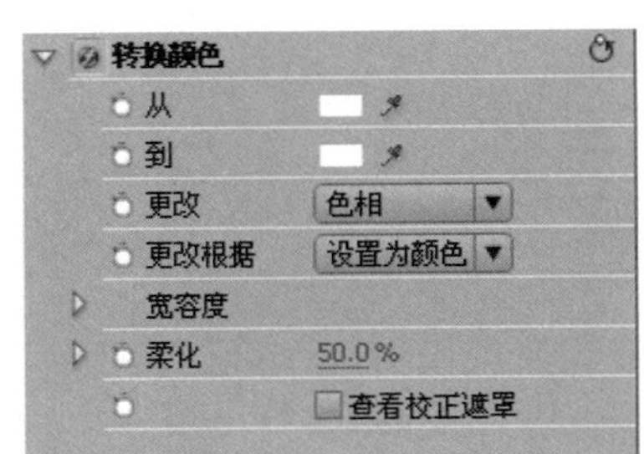

图 4-47 【转换颜色】特效参数设置界面

图 4-48 【通道混合】特效参数设置界面

其参数的说明如下。

- 颜色通道-颜色通道：由一个颜色通道输出到目标颜色通道。数值越大输出颜色的强度越高，对目标通道影响越大。负值在输出到目标通道前反转颜色通道。
- 【单色】复选框：单色设置，对所有输出通道应用相同的数值，产生包含灰阶的彩色图像。对于打算将其转换为灰度的图像，选择【单色】复选框非常有用。

【通道混合】特效对图像中的各个通道进行混合调节，虽然调节参数较为复杂，但是该特效的可控性也更高。需要改变色调时，该特效是首选，如图 4-49 所示的素材本来是一张满眼春色的图片，应用【通道混合】特效调整后变成了满眼秋色的效果。

图 4-49　应用【通道混合】特效的效果对比

操作步骤

步骤 1　新建一个项目，将项目命名为“五彩鱼”，在【序列预置】选项卡中选择【DV-PAL】下的【标准 48kHz】，然后单击【确定】按钮，保存设置。

步骤 2　选择【文件】|【导入】命令，弹出【导入】对话框，将“鱼.jpg”素材导入【项目】面板中。

步骤 3　在【时间线】面板中，将“鱼.jpg”素材拖到【视频 1】轨道上。选择【素材】|【速度/持续时间】选项，设置该素材的时间长度为 5 秒。

步骤 4　选择【效果】|【视频特效】|【色彩校正】|【通道混合】特效，将其应用于“鱼.jpg”视频片段，同时打开【特效控制台】面板。

步骤 5　在【特效控制台】面板，打开【通道混合】特效的参数设置界面，依次为所有参数添加 4 个关键帧，其中关键帧 1 和关键帧 4、关键帧 2 和关键帧 3 的参数分别相同，4 个关键帧的参数设置界面如图 4-50 所示。

图 4-50　【通道混合】特效的参数设置界面

步骤 6　按键盘的空格键，预览效果，这时图像的颜色发生了变化。

步骤 7 选择【效果】|【视频特效】|【调整】|【基本信号控制】特效，将其应用于“鱼.jpg”视频片段，同时打开【特效控制台】面板。

步骤 8 在【特效控制台】面板展开【基本信号控制】特效的参数设置界面，依次为所有参数添加 4 个关键帧，其中关键帧 1 和关键帧 4、关键帧 2 和关键帧 3 的参数分别相同，关键帧 1 和关键帧 4 采用默认值，关键帧 2 和关键帧 3 的参数设置界面如图 4-51 所示。

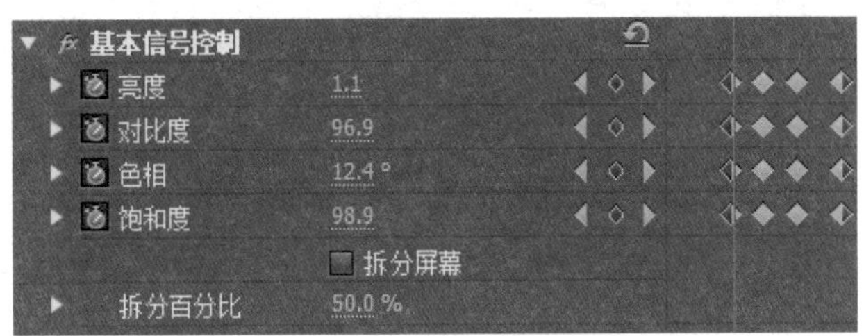

图 4-51 【基本信号控制】特效关键帧 2、关键帧 3 的参数设置

通过该特效的应用，使图像由原来的蓝色变成粉红色，从而产生颜色动画。

步骤 9 按键盘的空格键，预览效果，若效果满意，保存文件。该实例应用【通道混合】进行色彩调整特效后的效果图，如图 4-52 所示。

图 4-52 应用【通道混合】进行色彩调整特效的效果对比

课后实训 4 多面透视效果

任务描述

打开效果文件“多面透视效果”，本实例是表现一种空间效果的练习，其制作思路是运用空间透视的方法，通过 5 个视频片段表现出多面透视效果。

任务分析

利用【边角固定】特效，形成一个透视的空间，这就是多面透视效果。

设计效果

本实例应用【边角固定】特效后的效果如图 4-53 所示。

图 4-53　应用【边角固定】特效的效果

操作提示

步骤 1　新建一个项目，将项目命名为“多面透视效果”，在【新建序列】对话框中单击【设置】选项卡，设置各参数，如图 4-54 所示。单击【确定】按钮，保存设置。

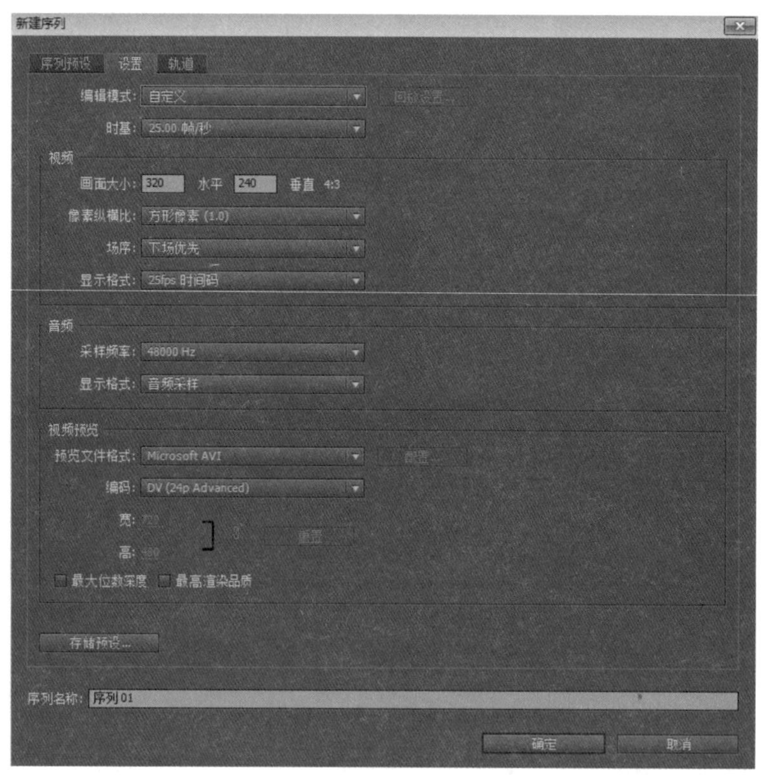

图 4-54　【新建序列】对话框中的【设置】选项卡

步骤 2　选择【文件】|【导入】命令，弹出【导入】对话框，将所需要的 5 个素材片

段导入【项目】面板中，如图 4-55 所示。

步骤 3 选择【序列】|【添加轨道】选项，弹出【添加轨道】对话框，添加两个视频轨道，其他参数采用默认值，如图 4-56 所示。

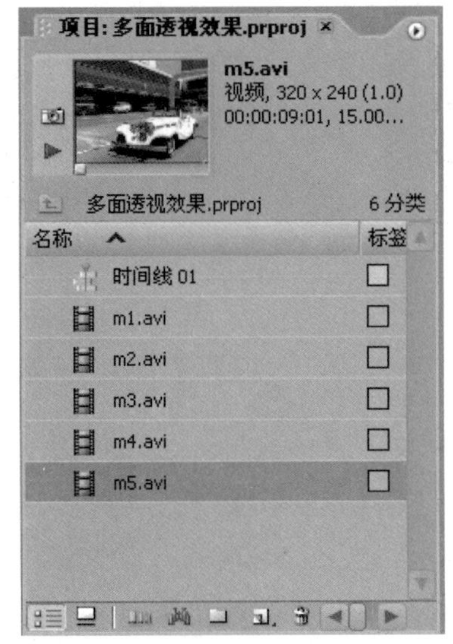

图 4-55 导入素材到【项目】面板

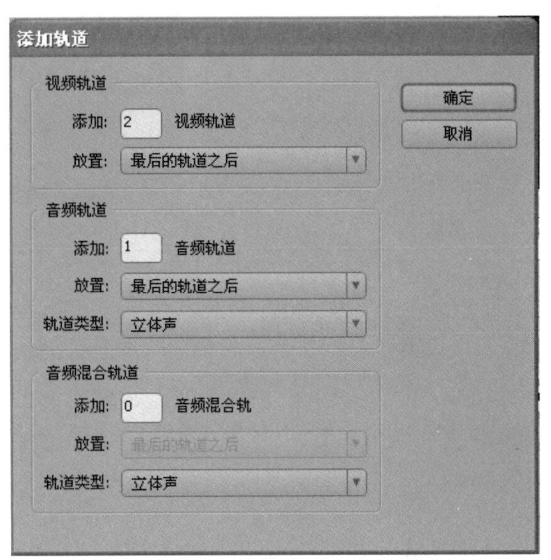

图 4-56 【添加轨道】对话框

步骤 4 将 5 个素材拖到【时间线】面板的 5 个视频轨道上，并将它们的出点设置对齐，即 5 个片段同时结束。开始位置则依次错开，如图 4-57 所示。

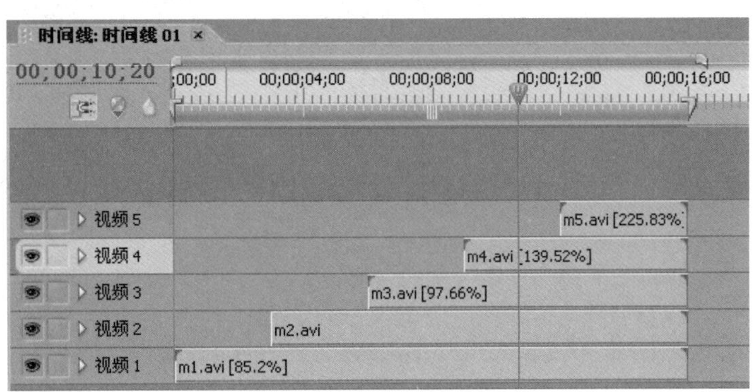

图 4-57 放置素材到视频轨道

步骤 5 选择【特效控制台】|【视频特效】|【扭曲】|【边角固定】特效，将其应用于轨道中的每一个片段，打开【特效控制台】面板。

步骤 6 选中【视频 1】轨道中的"m1.avi"，在【特效控制台】面板中展开【边角固定】特效的设置界面，将时间线中的播放头拖到开始位置，单击【右上】和【右下】前的固定动画按钮，设置关键帧，并保持参数不变。

步骤 7 将时间线中的播放头拖到 2 秒的位置，设置【右上】和【右下】的参数分别为（80.0，60.0）和（80.0，180.0），如图 4-58 所示。

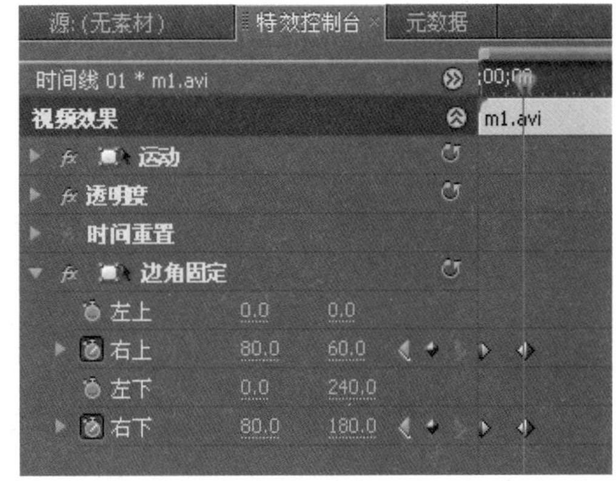

图 4-58 设置关键帧 1

步骤 8 按键盘的空格键预览效果，如图 4-59 所示。

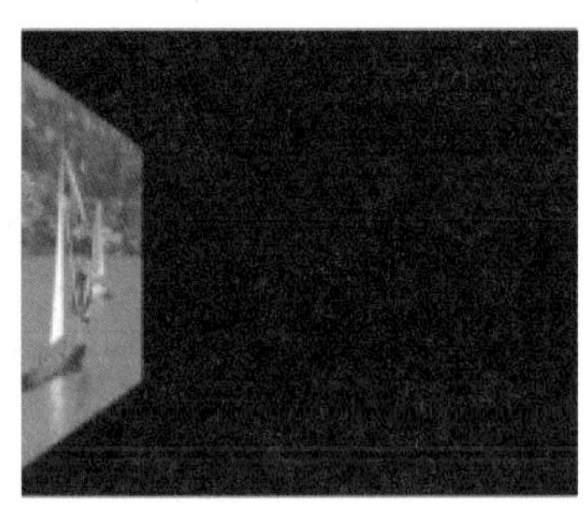

图 4-59 运动效果

步骤 9 用同样的方法，分别设置其他视频片段的参数。选中【视频 2】轨道中的“m2.avi”，在【特效控制台】面板中展开【边角固定】特效的选项，将时间线中的播放头拖到 3 秒位置，单击【左上】和【左下】前的固定动画按钮，设置关键帧，并保持参数不变。

步骤 10 将时间线中的播放头拖到 5 秒的位置，设置【左上】和【左下】的参数分别为（240.0，60.0）和（240.0，180.0），如图 4-60 所示。

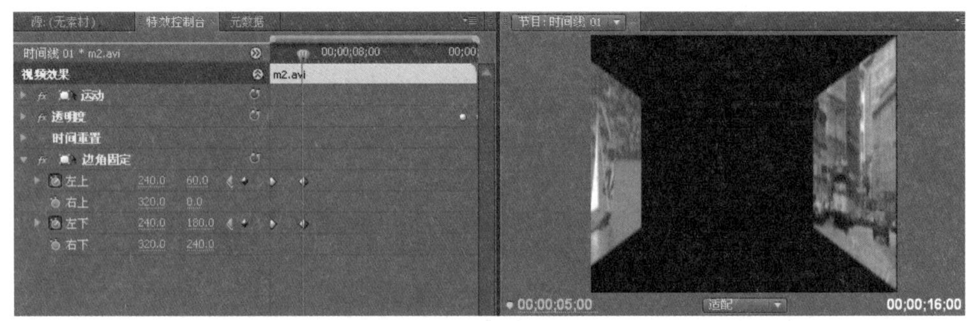

图 4-60 设置关键帧 2

步骤 11 选中【视频 3】轨道中的“m3.avi”，在【特效控制台】面板中展开【边角固定】特效的选项，将时间线中的播放头拖到 6 秒位置，单击【左下】和【右下】前的固定动画按钮，设置关键帧，并保持参数不变。

步骤 12 将时间线中的播放头拖到 8 秒的位置，设置【左下】和【右下】的参数分别为（80.0，60.0）和（240.0，60.0），如图 4-61 所示。

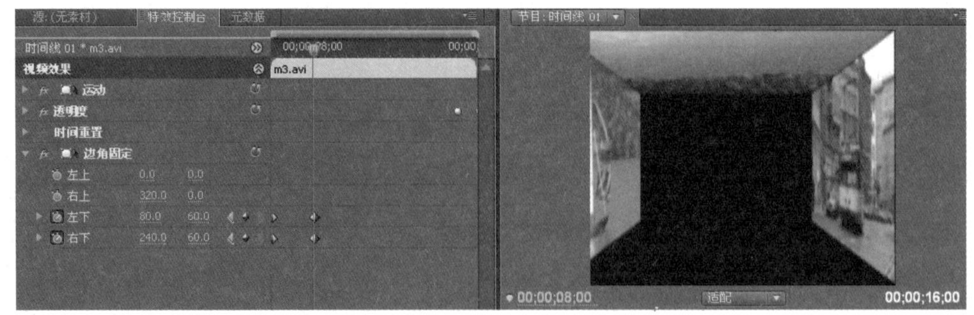

图 4-61 设置关键帧 3

步骤 13 选中【视频 4】轨道中的“m4.avi”，在【特效控制台】面板中展开【边角固定】特效的选项，将时间线中的播放头拖到 9 秒的位置，单击【左上】和【右上】前的固定动画按钮，设置关键帧，并保持参数不变。

步骤 14 将时间线中的播放头拖到 11 秒的位置，设置【左上】和【右上】的参数分别为（80.0，180.0）和（240.0，180.0），如图 4-62 所示。

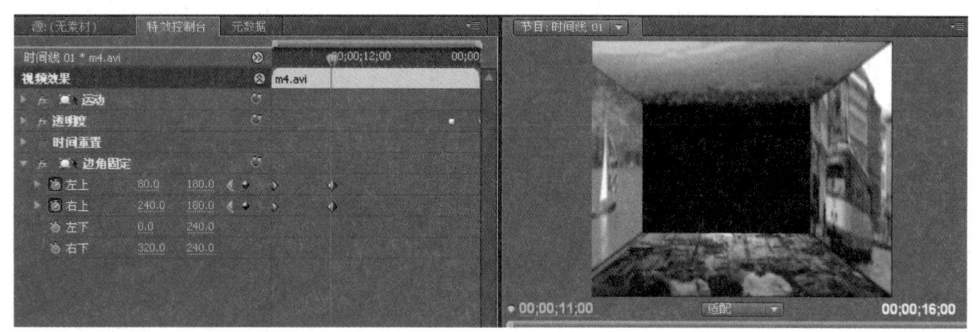

图 4-62 设置关键帧 4

步骤 15 选中【视频 5】轨道中的“m5.avi”，在【特效控制台】面板中展开【边角固定】特效的选项，将时间线中的播放头拖到 12 秒的位置，单击【左上】、【右上】、【左下】和【右下】前的固定动画按钮，设置关键帧，并保持参数不变。

步骤 16 将时间线中的播放头拖到 14 秒的位置，设置【左上】、【右上】、【左下】、【右下】的参数分别为（80.0，60.0）、（240.0，60.0）、（80.0，180.0）和（240.0，180.0），如图 4-63 所示。

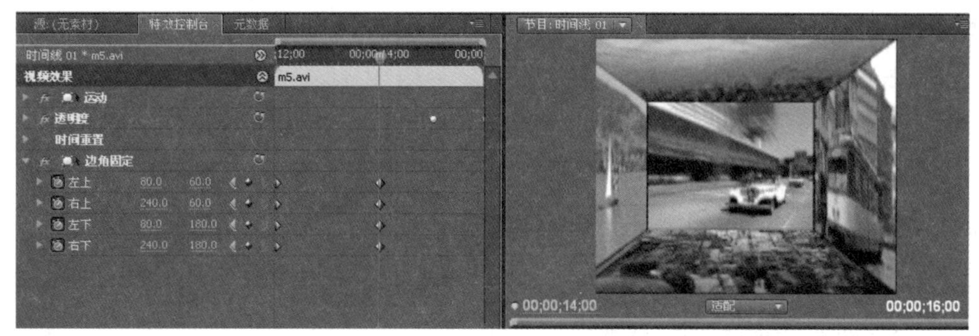

图 4-63 设置关键帧 5

步骤 17 按键盘的空格键预览效果，保存文件。

知识拓展

下面主要介绍添加序列图片的方法和时间线的嵌套方法。

1. 创建序列图片

序列文件是一种非常重要的素材来源，它由若干按照顺序排列的图像组成，记录了活动影像的每一帧。在使用动画三维软件制作动画时，经常将其渲染为图像序列的形式。使用图像序列的优势在于：① 一旦渲染失败，可以接着原来失败的位置继续渲染，而不像 .avi 文件那样，一旦渲染失败就必须要重新渲染，从而可以节约大量的时间；② 不存在格式问题，兼容性好；③ 清晰度可做成高清等。

序列文件是以数字为序号进行排列的，输入序列文件时，应在【导入】对话框中选中【序列图片】复选框。详细的操作方法如下。

步骤 1 选择【文件】|【导入】命令，打开【导入】对话框，如图 4-64 所示。

步骤 2 在该对话框中选中【图像序列】复选框，然后选择图片序列的第一个文件，单击【打开】按钮，即可输入序列图片。这时在【项目】面板中可以看到序列图片的名称是第一幅图片的名称，而其标识则是影片的标识，如图 4-65 所示。

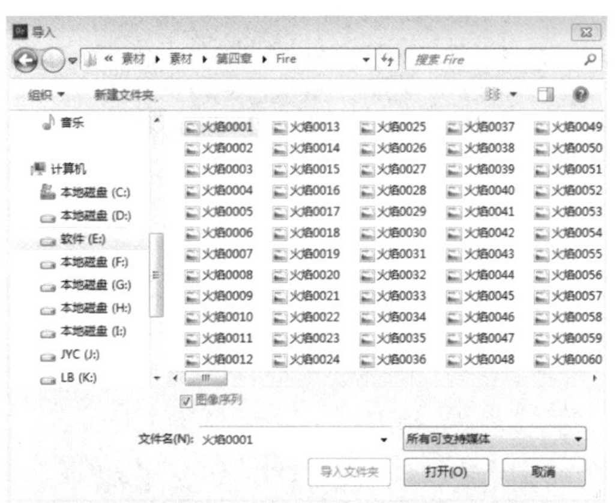

图 4-64 【导入】对话框

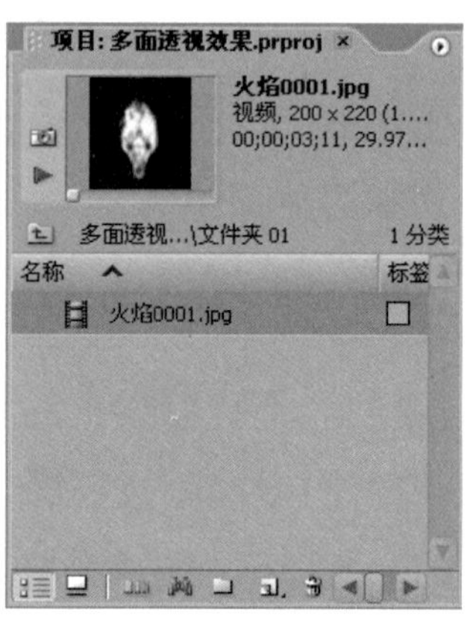

图 4-65 创建序列图片

2. 嵌套序列

在 Premiere 软件中，允许将一个时间线加入另一个时间线中作为一段素材使用，这种操作称为嵌套。

如果项目文件中存在嵌套时间线，修改被嵌套的时间线时，将会影响嵌套时间线；而对嵌套时间线的修改则不影响被嵌套的时间线。例如，在【序列 02】中嵌套【序列 01】，如图 4-66 所示，如果修改【序列 01】将会影响【序列 02】；而如果修改了【序列 02】则不会影响【序列 01】。

图 4-66 嵌套时间线

使用嵌套时间线可以完成普通剪辑很难完成的复杂工作，并且在很大程度上提高了工作效率。例如，进行多个素材的重复切换和特效混用。创建嵌套时间线的方法如下。

步骤 1 在【项目】面板中必须有两个或以上的序列，如图 4-67 所示。

步骤 2 在【时间线】面板中切换到要嵌套其他时间线的时间线，如【序列 02】。

步骤 3 在【项目】面板中选择要被嵌套的序列，将其拖到当前序列的轨道上，如图 4-68 所示。

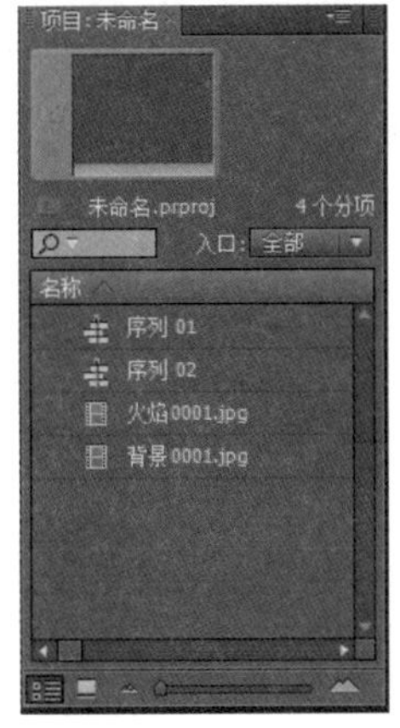

图 4-67 【项目】面板

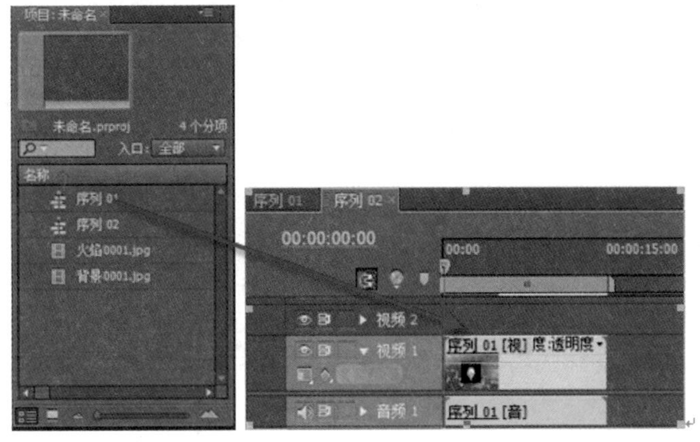

图 4-68 嵌套序列

如果需要编辑已经嵌套的序列，在【时间线】面板中双击需要编辑的序列即可。

本章小结

本章主要介绍 Premiere 软件中视频特效的调色类特效，读者可根据情况，在理解的基础上加以掌握。

习题 4

1．选择题

（1）在 Premiere 软件中，（　　）图像控制效果无法设置关键帧。

A．黑白　　B．更改颜色　　C．颜色偏移　　D．色彩均化

（2）（　　）特效属于校色特效。

A．【通道混合】　　B．【扭曲】

C．【色彩平衡（HLS）】　　D．【色彩平衡（RGB）】

（3）在对画面进行抠像后，为了调整前后景的画面色彩协调，需要使用（　　）。

A．色彩校正　B．色彩替换　　C．色彩传递　　D．色彩匹配

（4）Premiere 软件的【特效控制台】面板可以进行（　　）调整操作。

A．运动　　B．特效　　C．切换　　D．速度

2．思考题

在 Premiere 软件中可以为一段素材添加视频特效，特效的效果随时间的不同产生变化，该动画过程产生的关键技术是什么？

第5章

视频特效（二）——抠像特效

在进行合成时，经常需要将不同的视频对象合成到一个场景中，这时可以使用 Alpha 通道来完成合成工作。但在实际工作中，能够使用 Alpha 通道进行合成的影片非常少，所以抠像特效就显得非常重要。本章将带领大家认识 Premiere 软件中的抠像特效。

重点知识

- 抠像的含义及应用。
- 键控的类型及应用。
- 蒙版抠像特效的类型及各种特效参数。

课堂实训 11　绕入与绕出透视效果

任务描述

打开效果文件“绕入与绕出透视效果”，模拟电影制作中产生的绕入与绕出的透视变化。

任务分析

该实例要应用 Premiere 软件的多种功能，如蒙版图片的制作、运动特效、镜头失真特效、图像蒙版键，以及序列嵌套等。通过该实例可以让读者充分体会想象力的重要性。

设计效果

本实例完成后的效果如图 5-1 所示。

图 5-1 绕入与绕出透视效果

知识储备

首先选择蓝色或绿色背景进行前期拍摄，演员在蓝色背景或绿色背景前进行表演。然后将拍摄的视频素材数字化，并使用抠像技术，将背景颜色透明。Premiere 软件产生一个 Alpha 通道识别图像中的透明度信息，再与计算机制作的场景或其他场景的素材进行叠加合成。之所以使用蓝色或绿色做背景，是因为经过研究确定，人的皮肤中不含蓝、绿这两种颜色。上述抠像的原理如图 5-2 所示。

图 5-2 抠像原理

抠像效果在很大程度上取决于源素材的质量，包括素材的用光及素材的精度。因此，在进行抠像时应尽可能选择质量好的源素材。

要进行抠像合成，一般情况下，至少需要在抠像层和背景层的上下两个轨道上安置素材，并且抠像层在背景层之上。这样，在为对象做出抠像效果后，可以透出底下的背景层，如图 5-3 所示。

Premiere 软件提供了多种抠像方式，选择【效果】|【视频特效】|【键控】选项组，打开【键控】类特效列表，如图 5-4 所示。

不同的抠像方式适用于不同的素材，如果使用一种模式不能实现完美的抠像效果，可以尝试用其他的抠像方式，同时还可以将抠像过程进行动画。下面对各种抠像方式进行详细地讲解。

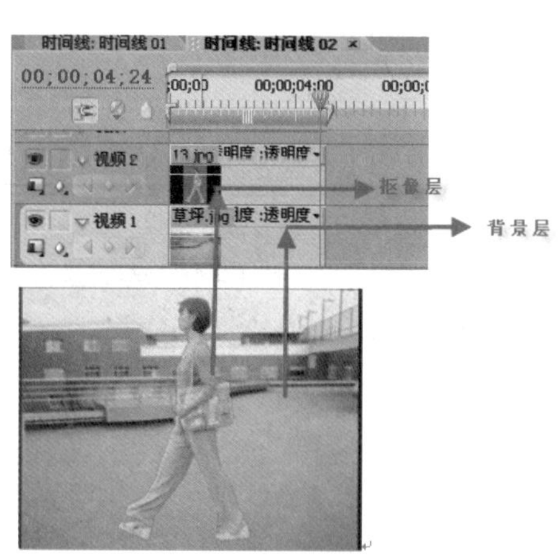

图 5-3　抠像层和背景层的摆放

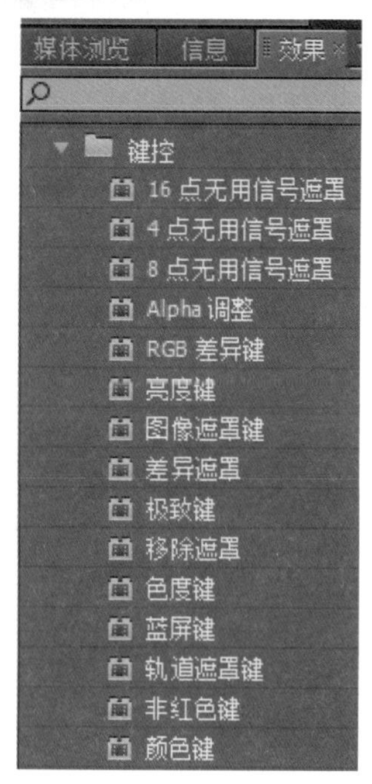

图 5-4　【键控】类特效列表

色键抠像，顾名思义即通过比较目标的颜色差别来完成透明，这是最常用的抠像方式。Premiere 软件提供了 5 种色键抠像方式，分别是【RGB 差异键】、【色度键】、【蓝屏键】、【非红色键】和【颜色键】。

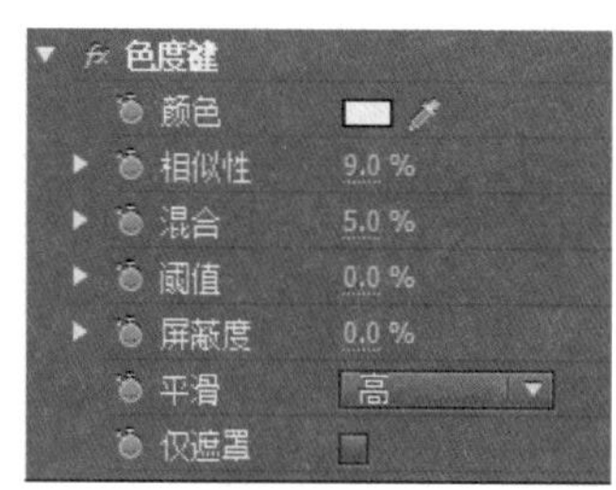

图 5-5　【色度键】特效设置界面

1.【色度键】特效

【色度键】特效允许用户在素材中选择一种颜色或一个颜色范围，并使之透明，形成透明区域。这是最常用的方式，其设置界面如图 5-5 所示。

- 【颜色】：设置要抠去的颜色。选择滴管工具，在【节目监视器】面板中单击选取要抠去的颜色。
- 【相似性】：控制要抠出颜色的容差度。容差度越高，与指定颜色相近的颜色被透出得越多；容差度越低，则被透出的颜色越少。
- 【混合】：调节透出与非透出边界的色彩混合度。
- 【阈值】：调节阴影度，控制图像上选定颜色范围内阴暗部分的大小。其值越大，则被叠加素材的阴暗部分越多。
- 【屏蔽度】：调节阴暗部分的细节——加黑或加亮。
- 【平滑】：调节图像柔和的边缘。
- 【仅遮罩】：在图像的透出部分产生一个黑白或灰度的 Alpha 蒙版。

下面通过一个具体的实例来学习【色度键】特效的应用方法。

步骤 1　新建一个项目，导入素材“01”和“校园 02”。

步骤 2　将素材“01”拖到【时间线】面板的【视频 1】轨道，将素材“校园 02”拖

到【时间线】面板的【视频 2】轨道，如图 5-6 所示。

图 5–6 导入素材的【时间线】面板

步骤 3 选择【效果】|【视频特效】|【键控】|【色度键】选项，将其拖到【视频 2】轨道的素材“校园 02”上，打开【特效控制台】面板，选择滴管工具，在【节目监视器】面板中单击选取要抠去的颜色，【色度键】特效的参数设置如图 5-7 所示。

图 5–7 【色度键】特效的参数设置

步骤 4 预览效果，可以看到上面素材的背景颜色被去除，下面素材的画面显现出来，如图 5-8 所示。

图 5–8 应用【色度键】特效的效果

2.【RGB 差异键】特效、【蓝屏键】特效、【非红色键】特效

【RGB 差异键】特效与【色度键】特效一样可以选择一种色彩或色彩的范围来进行透明叠加，不同的是【色度键】特效允许单独调节色彩和灰度，而【RGB 差异键】特效则不

能，但是【RGB 差异键】特效可以为对象设置【投影】。

【RGB 差异键】特效的操作步骤类似【色度键】特效的操作步骤，只是在选择素材的时候最好是用色彩对比鲜明的素材。在【颜色】选项中选择要抠出的色彩，在【相似性】选项栏调整颜色容差，并选择【投影】复选框，为对象设置投影。应用【RGB 差异键】特效的效果对比，如图 5-9 所示。

图 5-9　应用【RGB 差异键】特效的效果

【蓝屏键】特效应用在以纯蓝色为背景的画面上。创建透明区域时，屏幕上的纯蓝色部分抠掉变成透明。所谓纯蓝是不含任何的红色与绿色，非常接近“PANTONE354”的颜色。这是一种常用的抠像方式。

【非红色键】特效应用在蓝色、绿色背景的画面上。创建透明层的操作，类似于【蓝屏键】特效，但可以用【混合】参数混合两个视频片段或创建一些半透明的对象，它与绿色背景配合工作时，效果尤其突出。

3.【颜色键】特效和【亮度键】特效

【颜色键】特效允许用户选择一个键控色（滴管吸取的颜色），使被选择的部分透出。通过控制键控色的相似程度，可以调整透出的效果；通过对键控的边缘进行羽化，可以消除毛边区域。通过关键帧的使用，可以实现动画的效果。

以下是【颜色键】特效的应用实例，具体操作步骤如下。

步骤 1　新建一个项目，导入目标层素材和背景层素材，如图 5-10 所示。

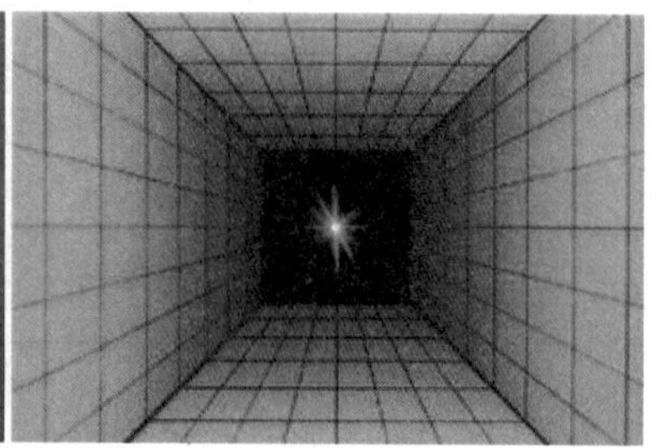

图 5-10　【颜色键】特效的素材

步骤 2　将两个素材拖入时间线轨道中，并使目标层在上面。在【时间线】面板中选择目标层，选择【效果】|【视频特效】|【键控】|【颜色键】命令，这样就给目标层添加了【颜色键】特效，系统自动打开【颜色键】特效的设置界面。

使用【主要颜色】的滴管工具在图 5-11（a）的红圈处吸取颜色，设置【颜色宽容度】的值为“71”，设置【羽化边缘】的值为“31.0”，如图 5-11（b）所示。

（a）

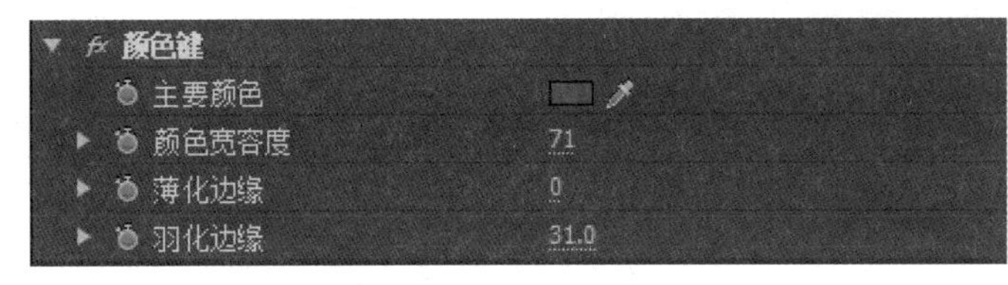

（b）

图 5-11　【颜色键】特效的设置界面

步骤 3　调整完毕，【颜色键】特效的效果如图 5-12 所示。

【亮度键】特效可以将被叠加图像的灰阶部分设置为透明的同时保持它的色彩值不变，适合用于与画面对比程度比较强烈的图像进行叠加。【亮度键】特效的设置界面如图 5-13 所示。

图 5-12　应用【颜色键】特效的效果

图 5-13　【亮度键】特效的设置界面

该特效的参数较少，易于掌握，其参数含义如下。

- 【阈值】：设置被叠加图像灰阶部分的透明度。
- 【屏蔽度】：设置被叠加图像的对比度。

以下是【亮度键】特效的应用实例，具体操作步骤如下。

步骤 1　新建一个项目，导入目标层素材和背景层素材，如图 5-14 所示。

（a）目标层素材

（b）背景层素材

图 5-14　【亮度键】特效的素材

图 5-15　应用【亮度键】特效的效果

步骤 2　将两个素材拖入时间线轨道中，并使目标层在上面。在【时间线】面板中选择目标层，选择【效果】|【视频特效】|【键控】|【亮度键】选项，这样就给目标层添加了【亮度键】特效，系统自动打开【亮度键】特效的设置界面。

这里利用目标层中铁塔等地面事物比天空背景暗得多的特点，调节【阈值】的数值；其他设置为缺省值，效果如图 5-15 所示。

这样，目标层中亮度大的部分全部成为透明区域，显示出背景层的内容。

4.【图像遮罩键】特效和【轨道遮罩键】特效

Premiere 软件中的遮罩与 Photoshop 软件中的遮罩相似，它是一个轮廓图，即通过一个形状作为遮片来完成透明，这是一种较抽象的抠像方式。Premiere 软件提供了 7 种蒙版抠像的方式，它们是【图像遮罩键】特效、【轨道遮罩键】特效、【差异遮罩】特效、【移除遮罩】特效、【4 点无用信号遮罩】特效、【8 点无用信号遮罩】特效和【16 点无用信号遮罩】特效。

【图像遮罩键】特效是使用一张指定的图像作为遮罩。遮罩是一个轮廓图，在为对象定义遮罩后，建立一个透明区域，该区域将显示其下层图像。蒙版图像的白色区域使对象不透明，显示当前对象；黑色区域使对象透明，显示背景对象；灰度区域为半透明，混合当前背景对象。可以选择【反向】复选框的反转效果。

以下是【图像遮罩键】特效的实例，具体操作步骤如下。

步骤 1　新建一个项目，导入目标层素材和背景层素材，如图 5-16 所示。

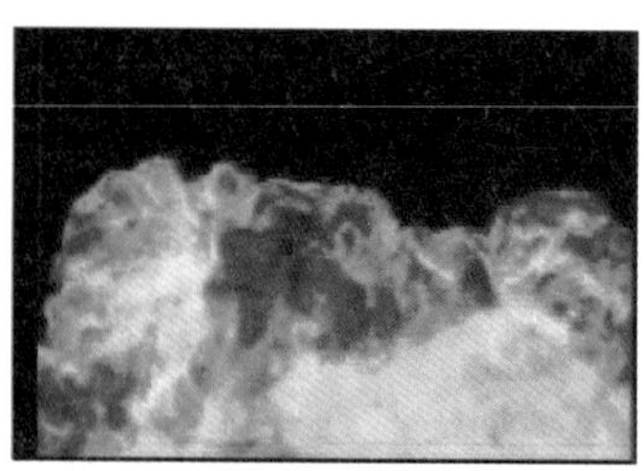
图 5-16　【图像遮罩键】特效的素材

步骤 2　将两个素材拖入时间线轨道中，并使目标层在上面。在【时间线】面板中选择目标层，选择【效果】|【视频特效】|【键控】|【图像遮罩键】选项，这样就给目标层添加了【图像遮罩键】特效，系统自动打开【图像遮罩键】特效的设置界面，如图 5-17 所示。

图 5-17　【图像遮罩键】特效的设置界面

步骤 3　在【图像遮罩键】的右侧单击【设置】按钮，在弹出的对话框中选择作为遮罩的图像，

单击【确定】按钮。在【合成使用】下拉列表中选择使用图像的 Alpha 通道或者亮度通道作为蒙版。

步骤 4 调整完毕，应用【图像遮罩键】特效的效果如图 5-18 所示。

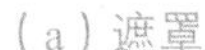

（a）遮罩

（b）【图像遮罩键】特效的效果

图 5-18 遮罩及应用【图像遮罩键】特效的效果

特别说明，该实例中用到的素材为一段视频片段，采用【图像遮罩键】特效不是非常合适，最好采用绿屏抠像的方式。在此处使用只是希望读者理解【图像遮罩键】特效的使用方法。

【轨道遮罩键】特效是将序列中一个轨道上的影片作为透明用的蒙版，该蒙版可以是任何的素材片段或静止图像，通过像素的亮度值定义轨道蒙版层的透明度。白色区域不透明，黑色区域可以创建透明区域，灰色区域可以创建半透明区域。

【轨道遮罩键】特效与【图像遮罩键】特效的工作原理相同，都是利用指定遮罩对当前抠像对象进行透明区域定义，但是【轨道遮罩键】特效更加灵活。由于使用【时间线】面板中的对象作为遮罩，所以可以使用动画遮罩或为遮罩设置运动效果。

课后实训 5 运动遮罩效果

任务描述

打开效果文件“运动遮罩效果”，遮罩范围实现预定的运动路径，呈现动态的变化。读者也可通过设置运动效果中的其他二维属性制作运动变化效果。

任务分析

该实例主要应用 Premiere 软件中的【轨道遮罩键】特效、运动特效属性中的【位置】关键帧动画，通过该实例读者可充分体会轨道遮罩的使用方法。

设计效果

本实例完成后的效果如图 5-19 所示。

图 5-19　运动遮罩的效果

下面利用轨道蒙版键制作一个运动遮罩效果的实例，具体操作步骤如下。

步骤 1　新建一个项目，导入两段素材和一张遮罩图像，如图 5-20 所示。

素材 1

素材 2

遮罩图像

图 5-20　运动遮罩的素材

步骤 2　将 3 个素材拖入时间线轨道中，分别放在【视频 1】、【视频 2】和【视频 3】3 个轨道上，对齐 3 个轨道的时间长度，如图 5-21 所示。

步骤 3　在【时间线】面板中选择【视频 2】轨道上的片段，选择【效果】|【视频特效】|【键控】|【轨道遮罩键】选项将其拖到该片段上，添加【轨道遮罩键】特效，系统自动打开【轨道遮罩键】特效的设置界面。

步骤 4　在【遮罩】下拉列表中选择【视频 3】轨道作为遮罩，在【合成方式】下拉列表中选择“Luma 遮罩”，如图 5-22 所示。

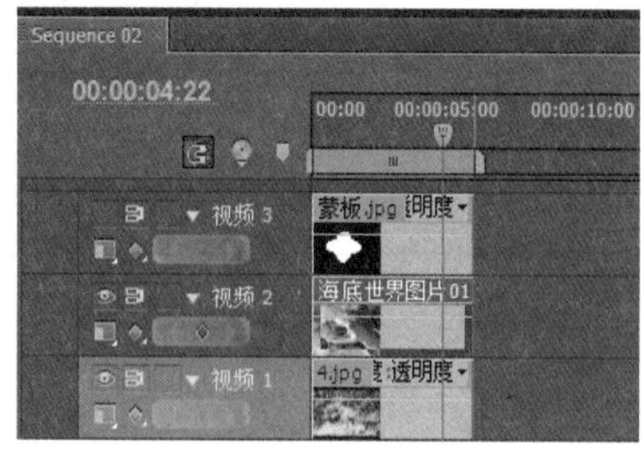

图 5-21　放置素材

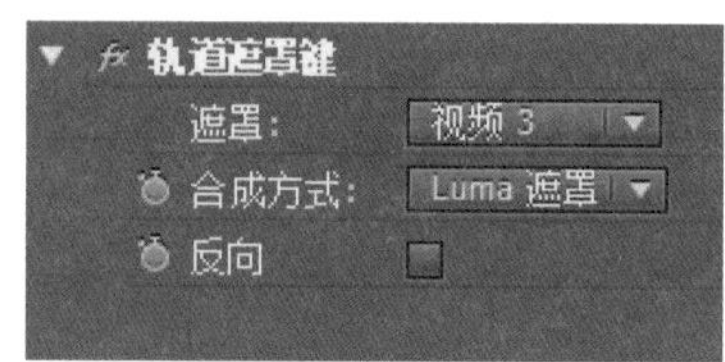

图 5-22　【轨道遮罩键】特效的设置界面

设置遮罩动画效果。在【特效控制台】面板中展开【运动】选项，单击【位置】前面的按钮，创建一个关键帧，并将位置设置在窗口的左下方。用同样的方法，在 3 秒的位

置创建一个关键帧，并将位置设置在窗口的右上方，如图 5-23 所示。利用同样的方法可以设置多个关键帧形成动画。

图 5-23 设置遮罩动画

步骤 5 在【时间线】面板中单击【视频 3】轨道左侧的按钮，隐藏遮罩蒙版，如图 5-24 所示。

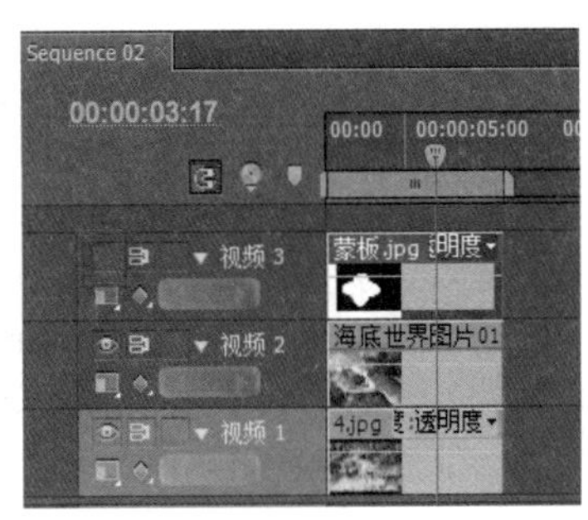

图 5-24 隐藏遮罩蒙版

步骤 6 调整完毕，按键盘上的空格键预览效果，保存文件。

【差异遮罩】特效是通过一个对比遮罩与抠像对象进行比较，然后将抠像对象中位置和颜色与对比遮罩中相同的像素键出。在无法使用纯色背景抠像的大场景拍摄中，这是一个非常有用的抠像效果。例如：在一场街景的运动场面中，可以先拍下带有演员的场景；然后，用摄像设备以相同的轨迹拍摄不带演员的空场景；在后期制作中，通过【差异遮罩】特效来完成抠像。

【差异遮罩】特效对摄像设备有非常苛刻的要求。为了保证两遍拍摄有相同的轨迹，必须使用计算机精密控制的运动控制设备才能实现。

【移除遮罩】特效是把已有的蒙版移除，例如移除画面中蒙版的白色区域或黑色区域，其参数设置如图 5-25 所示。

使用【4 点无用信号遮罩】特效可以对被叠加图像 4 个角的位置进行调整，从而使后面的图像显示出来，其参数设置如图 5-26 所示。

图 5-25 【移除遮罩】参数设置

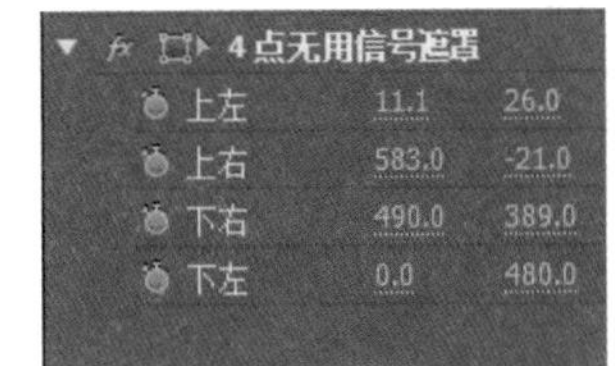

图 5-26 【4 点无用信号遮罩】参数设置

在图 5-26 中，可分别设置 4 项参数的数值，即【上左】、【上右】、【下右】和【下左】，也可通过控制柄在监视器中直接控制蒙版的形状。

应用【4 点无用信号遮罩】特效的效果如图 5-27 所示。

图 5-27　应用【4 点无用信号遮罩】特效的效果

【8 点无用信号遮罩】特效和【16 点无用信号遮罩】特效与【4 点无用信号遮罩】特效类似，只不过多了一些控制点，这里不再介绍，其各自的应用效果如图 5-28 所示。

【8 点无用信号遮罩】特效的效果

【16 点无用信号遮罩】特效的效果

图 5-28　应用【8 点无用信号遮罩】特效和【16 点无用信号遮罩】特效的效果

操作步骤

制作遮罩图片与片段编辑

步骤 1　在 Photoshop 软件中，制作一个如图 5-29 所示的图像文件，命名为“蒙版.jpg”并保存。退出 Photoshop 软件。

步骤 2　打开 Premiere 软件的工作界面，新建一个项目，将项目命名为“电影胶片绕行效果”，在【设置】选项卡中，选择时基为“25.00 帧/秒”，大小为“320×240”像素，像素纵横比为“方形像素（1.0）”，其他参数采用默认值。然后单击【确定】按钮，保存设置。如图 5-30 所示。

步骤 3　导入素材“花朵.bmp”“花朵 1.bmp”“花朵 2.bmp”“花朵 3.bmp”这几个视频文件。

步骤 4　分别选中【项目】面板中的“花朵.bmp”“花朵 1.bmp”“花朵 2.bmp”“花朵 3.bmp”这 4 个素材文件，设置它们的持续时间都为 6 秒。

图 5-29　蒙版.jpg

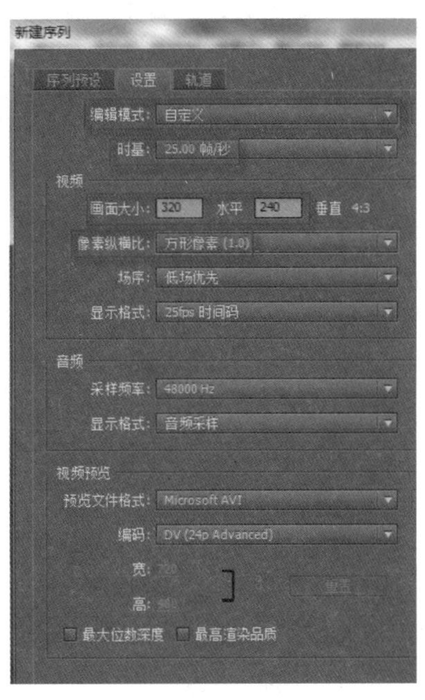

图 5-30　项目设置参数

步骤 5　将“花朵.bmp”拖到【时间线】面板中的【视频 1】轨道上，入点从 0 秒开始；将“花朵 1.bmp”拖到【时间线】面板中的【视频 2】轨道上，入点为 2 秒的位置；用同样的方法，分别将“花朵 2.bmp”“花朵 3.bmp”拖到【视频 3】轨道和【视频 4】轨道上，入点分别是 4 秒和 6 秒，如图 5-31 所示。

图 5-31　素材片段在时间线上的摆放顺序

制作流动的电影胶片

步骤 1　在【时间线】面板中，选择视频 1 轨道上的“花朵”，打开【特效控制台】面板，单击【运动】特效前面的三角形符号▷将其展开，设置【位置】参数。通过位置关键帧制作动画，其参数值分别为：播放头在 0 秒时，【位置】设置为“-80.0”“120.0”，【缩放】设置为“50.0”；播放头在 6 秒时，【位置】设置为“400.0”“120.0”，如图 5-32 所示。

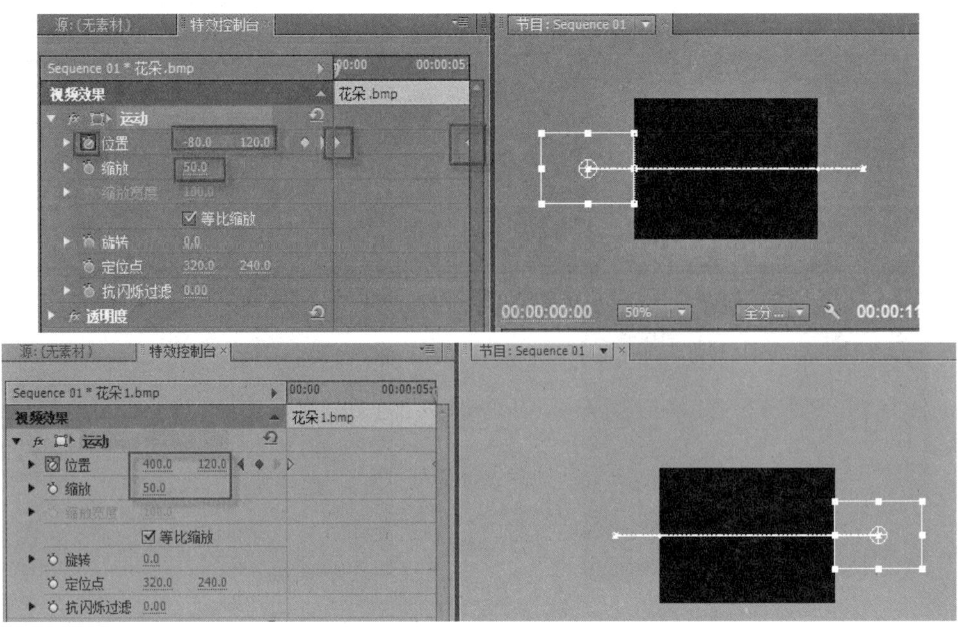

图 5-32　设置位置参数

步骤 2　在【时间线】面板中，选中“花朵.bmp”片段，选择【编辑】|【复制】命令对其属性进行复制；选中“花朵 1.bmp”片段，选择【编辑】|【粘贴属性】命令对其属性进行粘贴。用同样的方法分别对其他片段进行属性粘贴。

步骤 3　预览效果，4 个片段依次由左向右运动，并且是无缝连接，如图 5-33 所示。

图 5-33　预览效果

注意

在操作过程中很容易由于播放头拖放的位置不合适，从而产生因关键帧位置不准，导致视频片段与视频片段之间产生缝隙的现象。出现这种现象，仔细调整每个视频片段中关键帧的前后位置即可解决问题。

产生透视效果

步骤 1　新建一个序列，选择【文件】|【序列】命令，将新建序列命名为“Sequence 02”，

在【时间线：Sequence 02】面板中，将【项目】面板中的“视频”片段拖到【视频 1】轨道中，将【项目】面板中的“Sequence 01”序列片段拖到【视频 2】轨道中，并为其重命名为“合成”，调整两片段的长度，如图 5-34 所示。

步骤 2 选中“合成”片段，选择【效果】|【视频特效】|【扭曲】|【镜头扭曲】特效，将其应用给“合成”片段，同时打开【特效控制台】面板。

步骤 3 在【特效控制台】面板中，单击【镜头扭曲】特效右侧的按钮，打开【镜头扭曲设置】对话框，设置参数如图 5-35 所示。

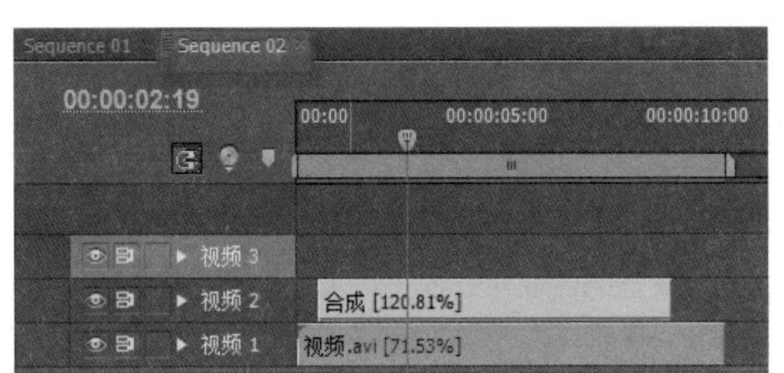

图 5-34 片段的摆放

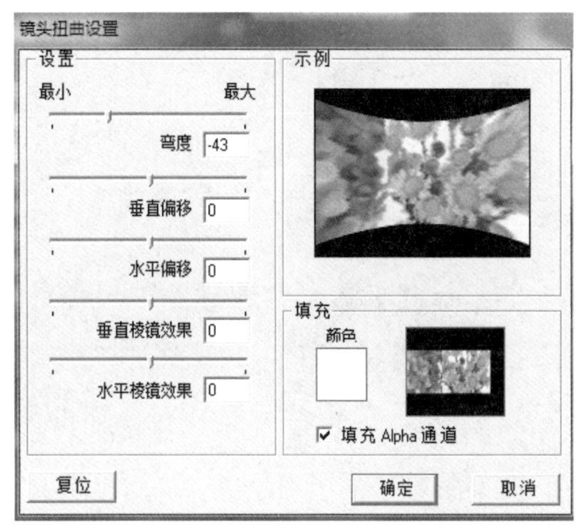

图 5-35 【镜头扭曲设置】对话框

> **注意**
>
> 勾选【填充 Alpha 通道】复选框是为了保证能够实现正确的叠加显示。

步骤 4 按键盘上的空格键预览效果，4 个视频片段在运动过程中产生了透视变形的效果。

制作遮挡效果

步骤 1 在【时间线】面板中，再将“视频”片段文件拖到【视频 3】轨道中，其入点和出点的位置与【视频 1】轨道上的“视频”片段相一致，如图 5-36 所示。

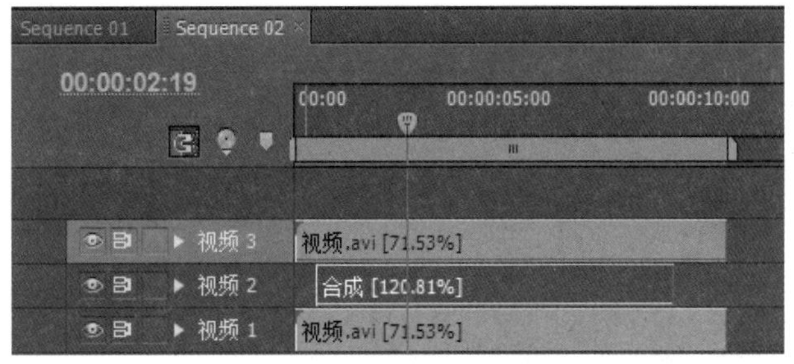

图 5-36 编辑片段

步骤 2 选中【视频 3】轨道上的片段，选择【效果】|【视频特效】|【键控】|【图像遮罩键】效果，将其应用给该片段，同时打开【特效控制台】面板。

步骤 3 在【特效控制台】面板中，单击【图像遮罩键】特效右侧的按钮，选择“蒙版.jpg”文件，单击【打开】按钮退出。

步骤 4 按键盘上的空格键预览效果，保存文件。

在这一实例中，由各个视频片段组成的电影胶片要能够保持正确的运动关系，重要的是开始帧和结束帧坐标值的设置，以及视频片段在时间线上的放置位置。读者可以通过分析视频片段运动的距离和所用的时间来确定放置的位置。该效果中【镜头扭曲】特效的使用，使画面有了一定的吸引力。

本章小结

本章主要讲解多种抠像的方法，在 Premiere 软件中，这些抠像方法集中在【键控】的选项组中，根据特效的特点可将其归纳为两类：色彩类和遮罩类。希望读者在理解各种抠像特效特点的基础上灵活应用。

习题 5

1．选择题

（1）（　　）不是键控特效中的内容。

A．移除遮罩　　B．Alpha 调整

C．轨道遮罩　　D．Alpha 倾斜

（2）（　　）特效需要在设置中指定一个视频轨道。

A．图像遮罩键　　B．轨道遮罩键

C．Alpha 调整　　D．色度键

（3）如果场景中有一些不需要的东西被拍摄进来，使用（　　）特效可以屏蔽杂物，这些杂物也叫垃圾遮罩。

A．色键　　B．遮罩扫除

C．遮罩　　D．运动

2．简答题

自主探究，为什么蓝幕抠像或绿幕抠像是专业影视节目制作中首选的抠像方法。

第6章

视频特效（三）——其他特效

学习调色特效和抠像特效以后，本章将带领大家学习视频特效中其他类型的特效。

重点知识

■ 扭曲类、变换类和风格化类特效的类型及应用。

■ 过渡类、杂波与颗粒类特效的类型及特点。

课堂实训 12　放大镜效果

任务描述

打开效果文件“放大镜效果”，看到一种类似放大镜移动的运动效果。

任务分析

本实例主要使用【放大】特效，同时配合关键帧参数的应用。

设计效果

本实例完成后的效果如图 6-1 所示。

图 6-1　应用【放大】特效的效果

知识储备

【扭曲】类特效，包括了 11 种特效，主要用于对图像进行几何变形。选择【效果】|【视频特效】|【扭曲】选项组，即可打开【扭曲】类特效列表，如图 6-2 所示。

图 6-2　【扭曲】类特效列表

1.【偏移】特效

【偏移】特效的主要效果是用于移动画面，使画面的位置产生偏移。它可通过将中心转换坐标移动进行设置来形成效果，常用做移动镜头的效果使用。【偏移】特效的设置界面如图 6-3 所示。

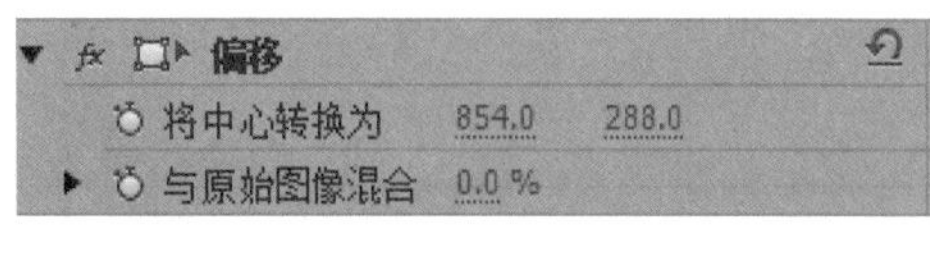

图 6-3　【偏移】特效设置界面

其功能说明如下。

- 【将中心转换为】：设置移动图像的中心位置。
- 【与原始图像混合】：设置生成图像的透明度。

应用【偏移】特效的效果如图 6-4 所示。

图 6–4　应用【偏移】特效的效果

2.【变换】特效

【变换】特效的效果是对视频片段应用二维的几何变形。使用【变换】特效可将素材沿任何轴倾斜和旋转，其设置界面如图 6-5 所示。

这个效果涉及两个关键的设置，【定位点】中心和【位置】中心，默认值为二者重合。其功能说明如下。

- 【定位点】：设置视频片段素材自身的中心点。
- 【位置】：设置项目序列的中心点。

更改【定位点】中心和【位置】中心的方法有两种。

方法一：单击效果【特效控制台】面板中的【变换】特效，在【节目】窗口中【定位点】中心和【位置】中心同时显示，可以通过移动⊕图标来改变【定位点】中心和【位置】中心，如图 6-6 所示。

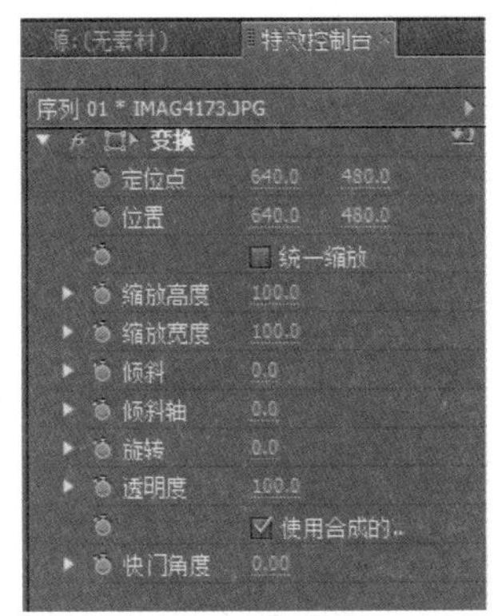

图 6–5　【变换】特效的设置界面

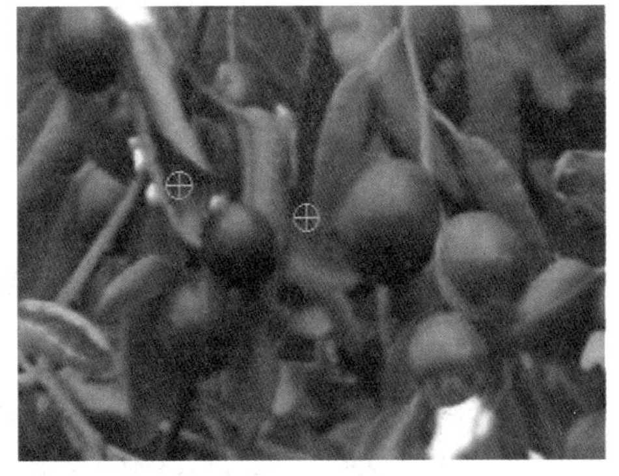

图 6–6　【定位点】中心和【位置】中心

方法二：为了精确控制【定位点】中心和【位置】中心，可以直接单击更改或拖动后面的数值改变【定位点】中心和【位置】中心。

- 【缩放高度】：设置素材高度被缩放的百分比，负值产生相应的镜像缩放。
- 【缩放宽度】：设置素材宽度被缩放的百分比，负值产生相应的镜像缩放。
- 【倾斜】：设置倾斜的程度。

- 【倾斜轴】：设置倾斜的轴向值。
- 【旋转】：设置素材沿位置中心的旋转度，顺时针值为正，逆时针值为负。
- 【透明度】：设置素材的透明度。

3.【弯曲】特效

【弯曲】特效可以通过对图像进行【水平】和【垂直】的弯曲参数的调节，达到独特的视觉效果。在【特效控制台】面板中，通过单击【设置】按钮，可以打开【弯曲设置】对话框，如图 6-7 所示。

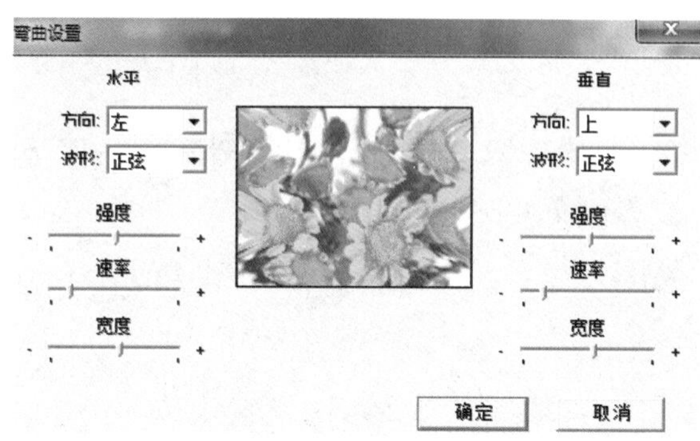

图 6–7　【弯曲设置】对话框

其功能说明如下。

- 【方向】：选择需要的弯曲运动的方向。
- 【波形】：选择需要的弯曲形状，主要包括正弦、圆形、三角形和方形。
- 【强度】：用来设置弯曲形状的程度。
- 【速率】：用来设置弯曲形状的速度变化快慢。
- 【宽度】：用来设置弯曲形状的宽度。

应用【弯曲】特效的效果如图 6-8 所示。

图 6–8　应用【弯曲】特效的效果

4.【放大】特效

【放大】特效的主要效果是将图像的全部或一部分进行扩大。可以模拟放大镜的视觉效果。

【放大】特效的设置界面如图 6-9 所示。

其参数和功能说明如下。

- 【形状】：设置被放大的区域的形状，包括圆形和方形两种放大镜。
- 【居中】：设置被放大的区域的中心点。
- 【放大率】：设置被放大的区域的放大百分比。
- 【链接】：包括 3 个命令，如图 6-10 所示。
  - 【无】：放大显示区域的大小和羽化值不因放大比例的变化而变化。
  - 【达到放大率的大小】：放大显示区域的大小随着放大比例的变化而变化。
  - 【达到放大率的大小和羽化】：同“无”选项恰恰相反。

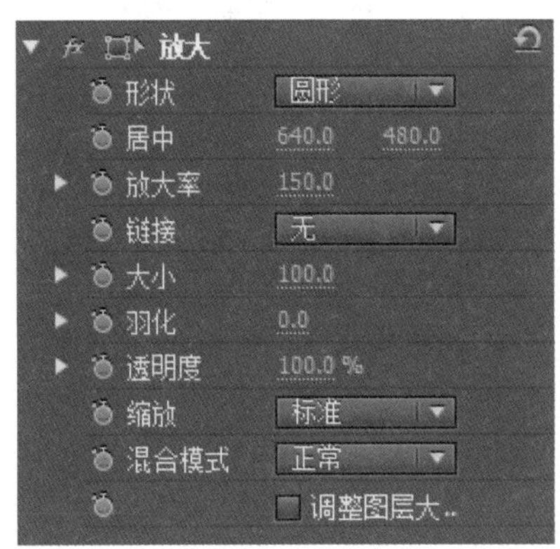

图 6-9 【放大】特效的设置界面

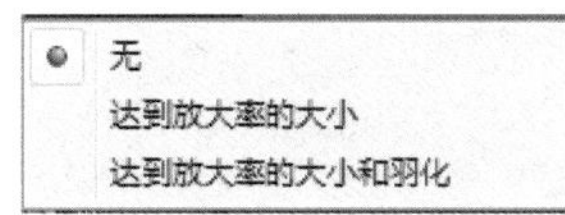

图 6-10 【链接】的命令

- 【大小】：设置被放大区域的尺寸，单位是像素。
- 【羽化】：设置被放大区域边缘的羽化值，单位是像素。
- 【透明度】：设置被放大区域的透明度。
- 【缩放】：设置缩放类型。
- 【混合模式】：设置被放大区域同原图像的混合模式。

应用【放大】特效的效果如图 6-11 所示。

图 6-11 应用【放大】特效的效果

5.【旋转扭曲】特效

【旋转扭曲】特效会让画面从中心进行漩涡式旋转，越靠近中心旋转得越剧烈。【旋转扭曲】特效的设置界面如图 6-12 所示。

其功能说明如下。

- 【角度】：设置旋转的角度，顺时针值为正，逆时针值为负。
- 【旋转扭曲半径】：设置旋转的半径值。
- 【旋转扭曲中心】：设置旋转的中心位置。

应用【旋转扭曲】特效的效果如图 6-13 所示。

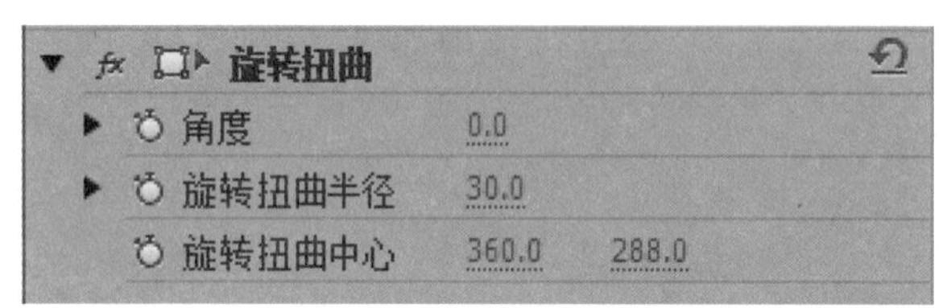

图 6-12 【旋转扭曲】特效的设置界面

图 6-13 应用【旋转扭曲】特效的效果

6.【波形弯曲】特效

【波形弯曲】特效会让画面形成波浪式的变形效果。【波形弯曲】特效参数设置界面如图 6-14 所示。

其功能说明如下。

- 【波形类型】：设置波浪的形状，有多个选项，如图 6-15 所示。
- 【波形高度】：设置波浪的高度。
- 【波形宽度】：设置波浪的宽度。
- 【方向】：设置波浪移动的方向，单位是度。如“90.0°”表示水平向前移动；“180.0°”表示垂直向下移动。
- 【波形速度】：设置波浪移动的速度。
- 【固定】：设置不变形的区域。具体的选项如图 6-16 所示。

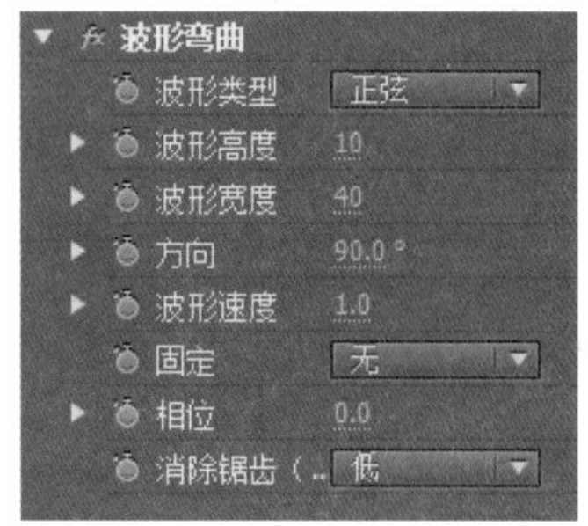

图 6-14 【波形弯曲】特效的设置界面

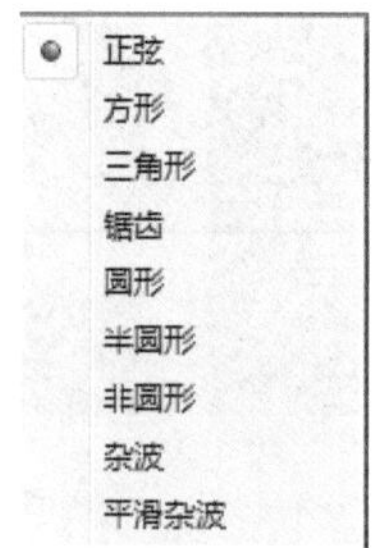

图 6-15 【波形类型】的选项

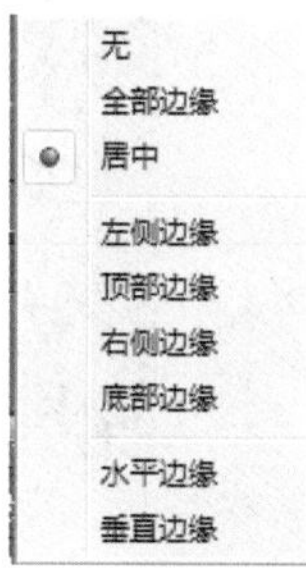

图 6-16 【固定】的选项

应用【波纹弯曲】特效时，【固定】选项选择不同选项的特效的效果如图 6-17 所示。

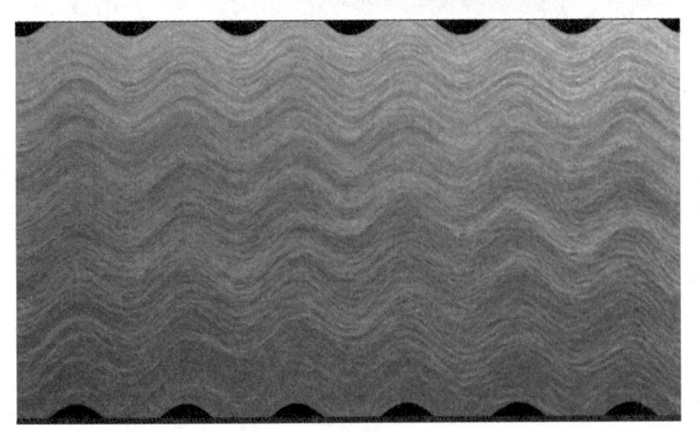

【固定】选项设置为【无】

【固定】选项设置为【水平边缘】

图 6-17 应用【波纹弯曲】特效的效果

- 【相位】：设置沿着一个周期开始的波形的点。

7.【球面化】特效

【球面化】特效通过改变球形区域的半径和中心位置来达到球面效果。【球面化】特效的设置有【半径】和【球面中心】，如图 6-18 所示，应用【球面化】特效的效果如图 6-19 所示。

图 6-18 【球面化】特效的设置界面

图 6-19 应用【球面化】特效的效果

8.【紊乱置换】特效

【紊乱置换】特效可以生成一种不规则湍流变形的效果，其参数设置界面如图 6-20 所示。

- 【置换】：设置变形方式。
- 【数量】：设置变形的程度。
- 【大小】：设置层中扭曲的范围。
- 【偏移（湍流）】：设置产生湍动变形中心点的位置。
- 【复杂度】：设置噪波局部的复杂程度。较高的值产生高精确度值的变形，较低的值产生较平滑的变形。
- 【演化】：设置随着时间变形的变化。
- 【演化选项】：设置随着时间变形的周期。

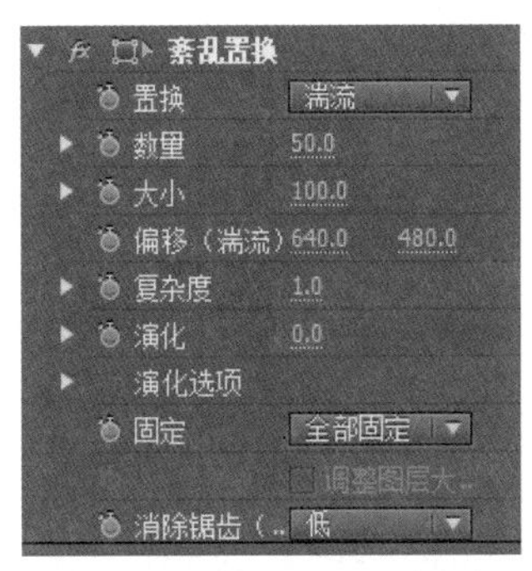

图 6-20 【紊乱置换】特效的设置界面

应用【紊乱置换】特效的效果如图 6-21 所示。

图 6-21　应用【紊乱置换】特效的效果

9.【边角固定】特效

【边角固定】特效可以对素材 4 个角的坐标参数进行调节，以改变素材的形状，常用来实现多画同映的效果，其设置界面如图 6-22 所示，参数功能说明如下。

边角固定		
左上	0.0	0.0
右上	1280.0	0.0
左下	0.0	960.0
右下	1280.0	960.0

图 6-22　【边角固定】特效的设置界面

- 【左上】：设置素材左上角的位置坐标。
- 【右上】：设置素材右上角的位置坐标。
- 【左下】：设置素材左下角的位置坐标。
- 【右下】：设置素材右下角的位置坐标。

10.【镜像】特效

【镜像】特效的主要效果是将素材沿一定的角度进行反射，它同镜面反射的原理是一样的，通常用来制作“对称”等效果，其设置界面如图 6-23 所示。

其参数功能说明如下。

- 【反射中心】：设置反射中心的位置坐标。
- 【反射角度】：设置反射镜面的角度。

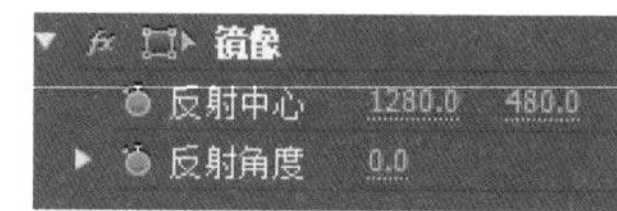

图 6-23　【镜像】特效的设置界面

11.【镜头扭曲】特效

【镜头扭曲】特效的效果是将画面原来的形状扭曲变形。通过滑块的调整，可让画面产生凹凸球形化、水平左右弯曲、垂直上下弯曲，以及左右褶皱和垂直上下褶皱等视频效果。综合利用镜头扭曲变形滑块，可使画面变得如同哈哈镜的变形效果。在【特效控制台】面板中，可以打开其设置界面，如图 6-24 所示。

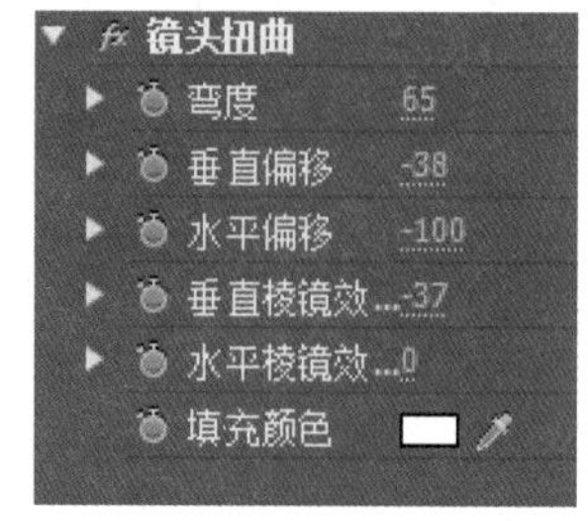

图 6-24　【镜头扭曲】特效的设置界面

其参数的设置如下。

- 【弯度】：设置球面的弯曲度。

- 【垂直偏移】：设置垂直弯曲。
- 【水平偏移】：设置水平弯曲。
- 【垂直棱镜效果】：设置垂直褶皱。
- 【水平棱镜效果】：设置水平褶皱。
- 【填充颜色】：设置图像的背景色。

应用【镜头扭曲】特效的效果如图 6-25 所示。

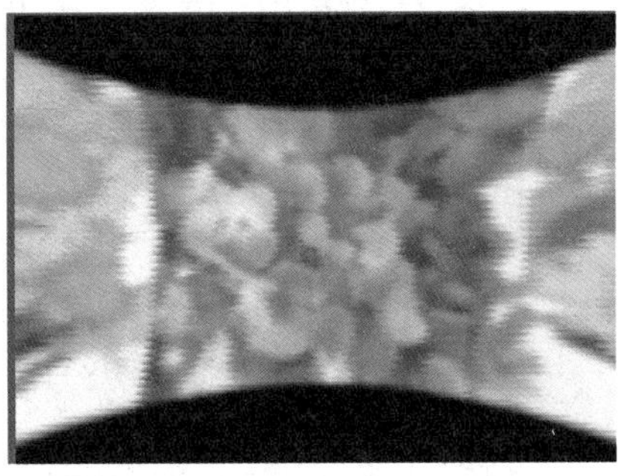

图 6-25　应用【镜头扭曲】特效的效果

操作步骤

步骤 1　新建项目。设置项目名为“放大镜效果”，【新建序列】对话框中的参数设置如图 6-26 所示。

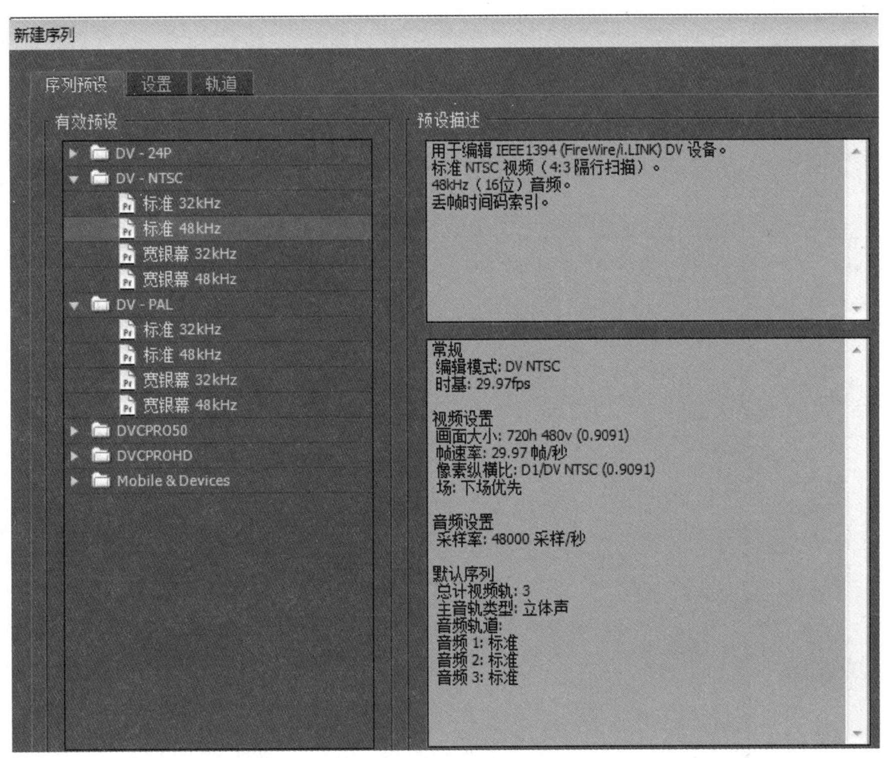

图 6-26　【新建序列】对话框

步骤 2　导入素材。改变导入素材的持续时间，单击【编辑】|【首选项】|【常规】选

项，打开设置界面，如图 6-27 所示，将【静帧图像默认持续时间】改为“300”帧（NTSC 制式，帧速率是 30 帧/秒，300 帧相当于 10 秒）。

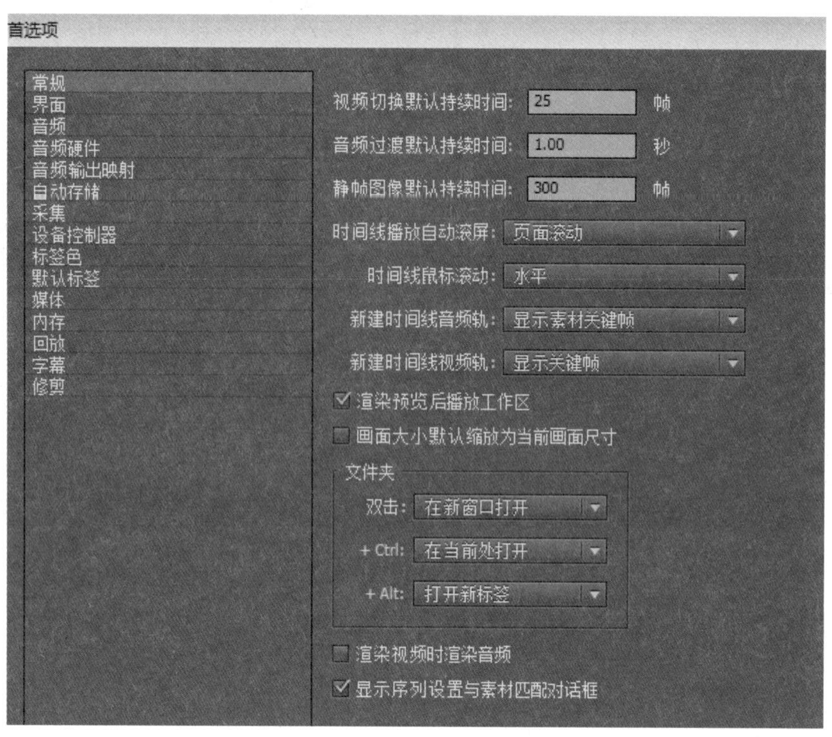

图 6–27　设置【静帧图像默认持续时间】

双击【项目】面板的空白处，打开【导入】对话框，选择“花朵.bmp”，单击【打开】按钮，即可导入文件。然后将“花朵.bmp”文件拖到【时间线】面板的【视频 1】轨道上。

步骤 3　应用特效。选择【效果】|【视频特效】|【扭曲】|【放大】特效应用给图片，切换到【特效控制台】面板，参数设置界面如图 6-28 所示。

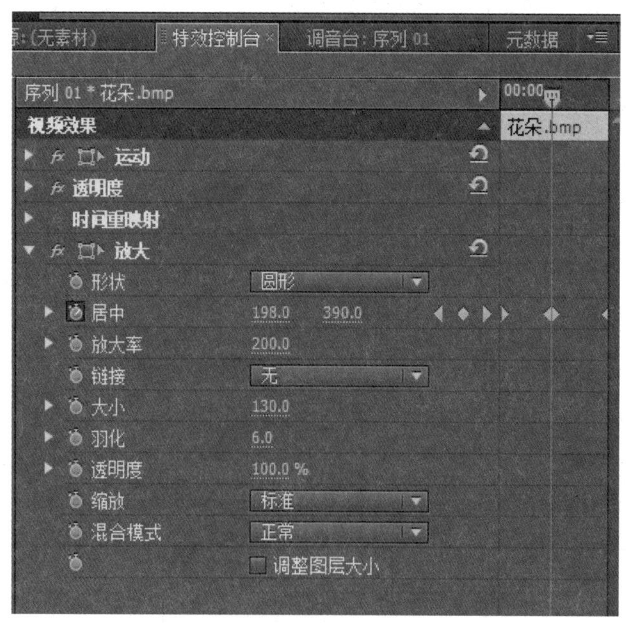

图 6–28　【放大】特效的参数设置界面

在时间线上的【居中】处添加关键帧，形成动画。当播放头在0秒的位置时，设置【居中】值为（19.0，21.0）；当播放头在2.19秒的位置时，设置【居中】值为（198.0，390.0）；当播放头在结束的位置时，设置【居中】值为（526.0，126.0）。

步骤4 预览输出。单击【文件】|【导出】|【媒体】命令，进行渲染输出。

课堂实训13 多画面重复播放效果

任务描述

打开效果文件“多画面重复播放效果”，使用Premiere软件的特效，模拟制作多画面电视墙的效果，实现多种效果画面的重复播放。

任务分析

本实例中主要用的是【棋盘】特效、【复制】特效和【网格】特效。

设计效果

本实例完成后的效果如图6-29所示。

图6-29 多画面重复播放效果

操作步骤

步骤1 新建一个名称为“画面重复播放效果”的项目，序列设置为“DV-NTSC”，大小设置为“720×480”像素，帧速率设置为“29.97帧/秒”。

步骤2 双击【项目】面板，导入素材“仙人球.avi”和“企鹅.avi”文件。

步骤3 将素材“仙人球.avi”摆放到【时间线】面板的【视频1】轨道中，并选中该素材

为其应用【复制】特效，选择【效果】|【视频特效】|【风格化】|【复制】选项，打开【特效控制台】面板，其设置界面如图 6-30 所示。

图 6-30 【复制】特效的设置界面

步骤 4 选择【效果】|【视频特效】|【生成】|【棋盘】选项，打开【特效控制台】面板，【棋盘】特效的设置界面如图 6-31 所示。当播放头在00:00:00:00和00:00:00:20时分别添加关键帧，并分别设置参数。

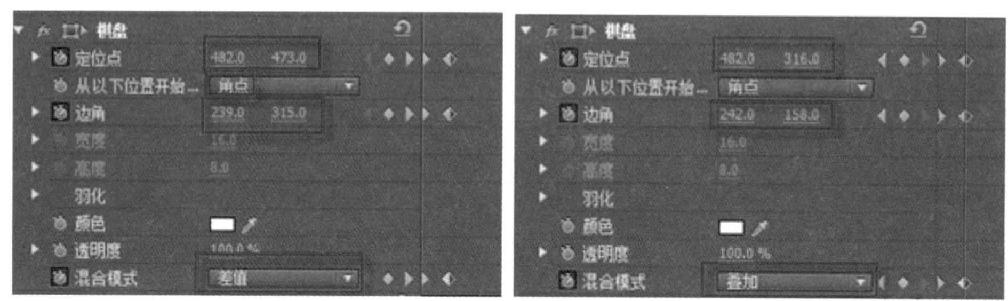

图 6-31 【棋盘】特效的设置界面

步骤 5 预览，观看动画效果，如图 6-32 所示。

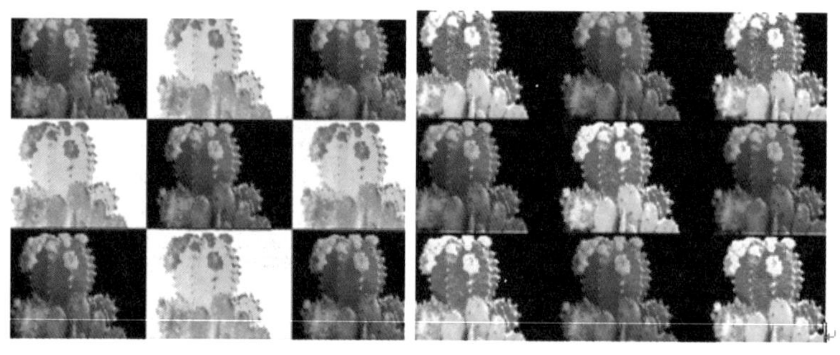

图 6-32 预览效果

步骤 6 添加网格线。选择【效果】|【视频特效】|【生成】|【网格】选项组，打开【特效控制台】面板，【网格】特效的参数设置界面如图 6-33 所示。此处【颜色】设置为白色。

至此，【视频 1】轨道中的视频片段设计、制作完毕。

步骤 7 将“企鹅.avi”片段拖到【视频 2】轨道中；截取该片段的一段，入点的设置读者可根据情况自己选择，但视频片段的出点一定要与【仙人球.avi】的出点对齐。素材的摆放如图 6-34 所示。

步骤 8 用同样的方法，分别给素材【企鹅.avi】应用【复制】特效、【棋盘】特效和【网格】特效，参数设置与【仙人球.avi】差不多，做一些微调即可。【棋盘】特效的参数设置不同的地方如图 6-35 所示。

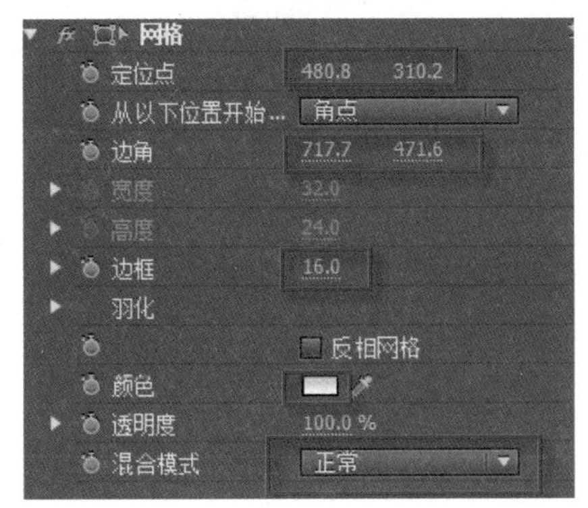

图 6-33 【网格】特效的参数设置界面

图 6-34 素材的摆放

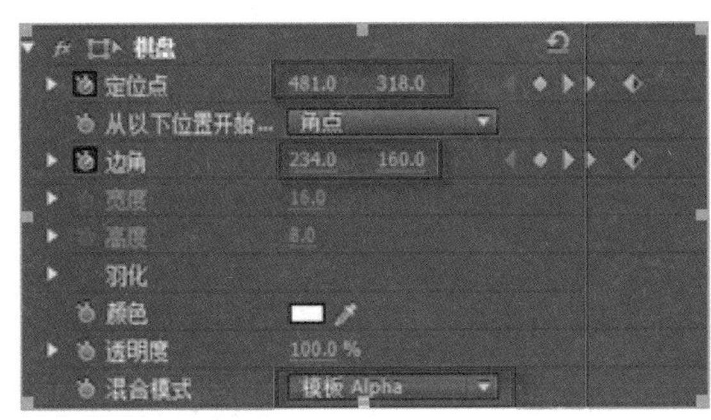

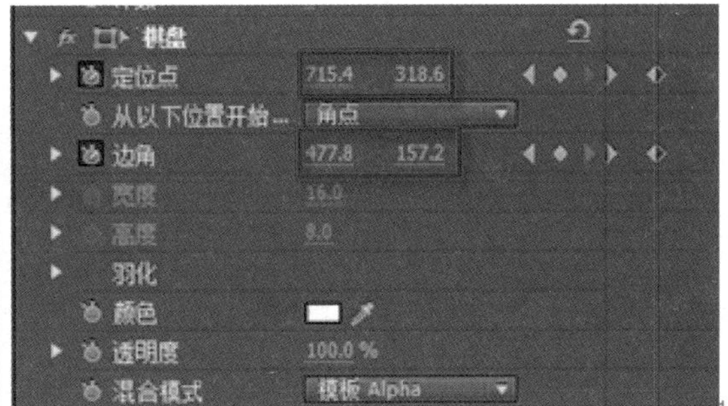

图 6-35 【棋盘】特效的参数设置界面

步骤 9 预览项目，保存项目，输出影片。

课堂实训 14 黑白电影效果

任务描述

使用 Premiere 软件，可以很方便地将一些彩色视频制作成黑白电影，以达到怀旧的视觉效果。

任务分析

本案例中主要用的是【黑白】特效和【杂波】特效。

设计效果

本实例完成后的效果如图 6-36 所示。

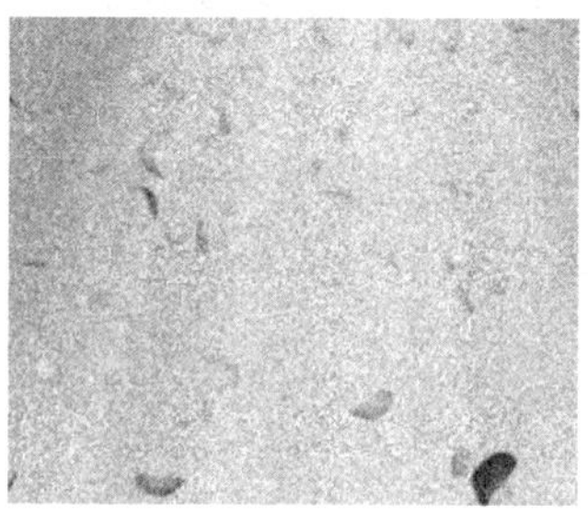

图 6-36　黑白电影效果图

知识储备

【杂波与颗粒】特效，包括【中值】特效、【杂波】特效和【灰尘与划痕】特效等 6 种特效。

打开【杂波与颗粒】类特效的方法是，选择【效果】|【视频特效】|【杂波与颗粒】特效，即可打开【杂波与颗粒】的特效列表，如图 6-37 所示。

下面主要讲解常用的特效类型及相关参数。

1.【灰尘与划痕】特效

【灰尘与划痕】特效可以通过参数的调节改变图像中相异的像素，其设置界面如图 6-38 所示。

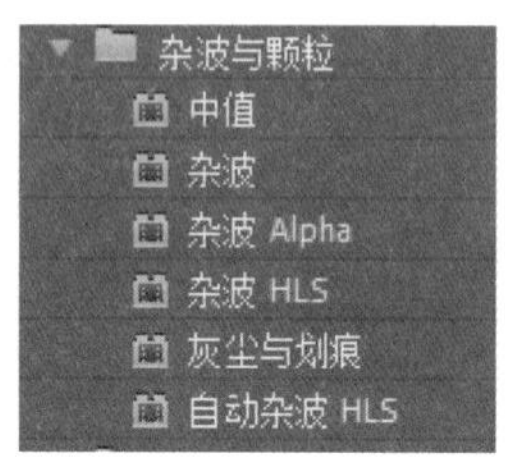

图 6-37　【杂波与颗粒】类特效列表

灰尘与划痕
半径　16
阈值　0.0
在 Alpha 通道上操作

图 6-38　【灰尘与划痕】特效的设置界面

其参数功能说明如下。

- 【半径】：设置获取图像中相异像素的范围。
- 【阈值】：设置像素差异达到多少才能被改变。

应用【灰尘与划痕】特效的效果如图 6-39 所示。

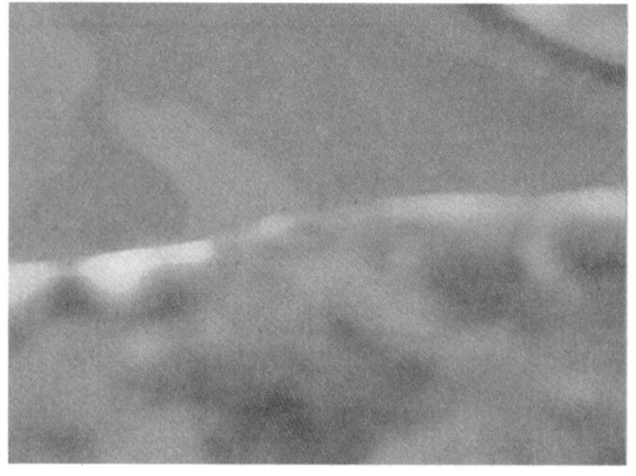

图 6-39　应用【灰尘与划痕】特效的效果

2.【中值】特效

【中值】特效可以通过获取相邻像素的 RGB 中间值来改变图像中的像素，并将它应用于指定半径区域内的像素，改变色值，【中值】特效的设置界面如图 6-40 所示。【半径】是指用于获取图像中相异像素的范围。

3.【杂波】特效

【杂波】特效能随机地改变整个图像中某些点的颜色值，达到添加噪点的效果。【杂波】特效的设置界面如图 6-41 所示。

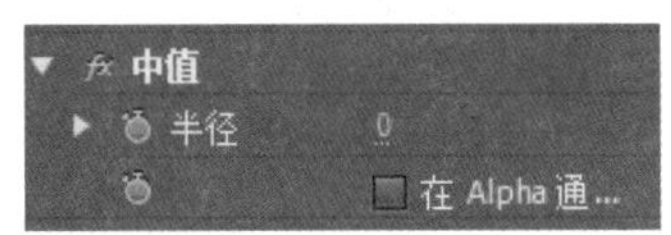

图 6-40 【中值】特效的设置界面

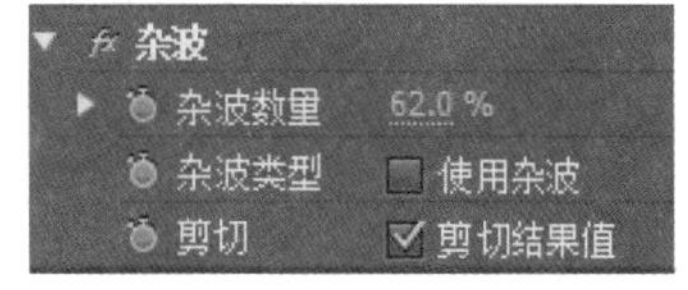

图 6-41 【杂波】特效的设置界面

- 【杂波数量】：设置噪点的数量，取值范围为“0.0%”～“100.0%”。
- 【杂波类型】：选择【使用杂波】复选框时，使用颜色杂点，可随机改变图像像素的红、绿、蓝的数值；否则使用黑白杂点。
- 【剪切】：该命令控制是否让杂点引起像素颜色扭曲。选择【剪切结果值】复选框时，即使 100%的杂波数量也能使图像可辨认，否则原始图像完全改变。

应用【杂波】特效的效果如图 6-42 所示。

图 6-42 应用【杂波】特效的效果

4.【杂波 Alpha】特效

【杂波 Alpha】特效可以通过图像的 Alpha 通道对图像进行干扰，其设置界面如图 6-43 所示。

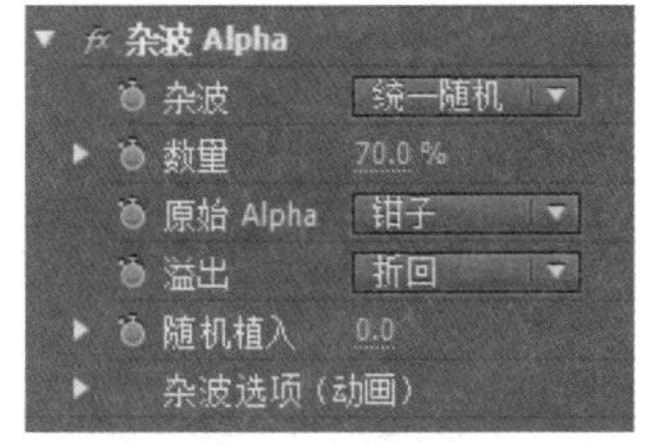

图 6-43 【杂波 Alpha】特效的设置界面

5.【杂波 HLS】特效和【自动杂波 HLS】特效

这两个特效都是通过改变杂点的色相、亮度、饱和度及相关参数来达到相关效果的。

操作步骤

步骤 1 新建项目。选择新建项目，将文件命名为“黑白电影效果”，参数设置可参照上一个实例的设置。

步骤 2 导入素材。双击【项目】面板的空白处，打开【导入】对话框，导入素材【A01-花瓣落下.wmv】和【A06-水中枫叶.wmv】，然后将文件拖到【时间线】面板的【视频 1】轨道上，如图 6-44 所示。

图 6-44　素材摆放

步骤 3 选择【效果】|【视频特效】|【图像控制】|【黑白】特效应用给视频片段，应用【黑白】特效的效果如图 6-45 所示。

图 6-45　应用【黑白】特效的效果

选择【效果】|【视频特效】|【杂波与颗粒】|【杂波】特效应用给该视频片段，选择【特效控制台】面板，对【杂波】特效的参数进行设置，【杂波】特效的设置界面如图 6-46 所示。

应用【杂波】特效的效果如图 6-47 所示。

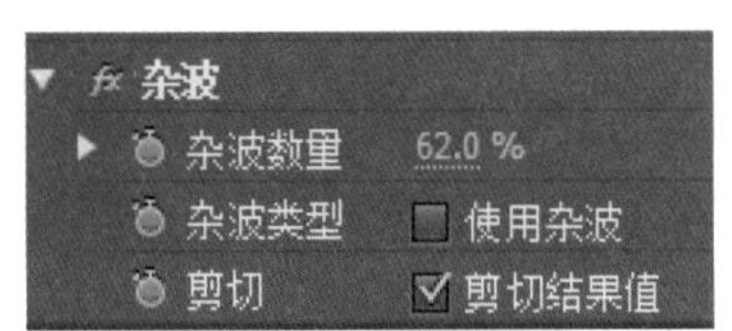

图 6-46　【杂波】特效的设置界面

图 6-47　应用【杂波】特效的效果

步骤 4 预览输出。单击【节目监视器】面板中的【播放】按钮，预览效果。单击【文件】|【导出】|【媒体】命令，进行渲染输出。

课堂实训 15　动态镜框效果

任务描述

制作一个镜框，将镜框添加给一对活泼可爱的小朋友。小朋友正在高兴地吹泡泡，同时赋予一定的运动效果，再加上如画的背景进行衬托，使视频片段具有愉悦的视觉效果。

任务分析

在本实例中，使用一张白色的遮片，对其应用【模糊】特效、【查找边缘】特效、【浮雕】特效等多种特效，就能实现一个漂亮的动态镜框效果。

设计效果

动态镜框完成后的效果如图 6-48 所示。

图 6-48　动态镜框效果

知识储备

1.【风格化】类特效

【风格化】类特效包括 13 种特效，主要模拟各种真实的艺术手法对图像进行处理，以达到理想的艺术效果。选择【效果】|【视频特效】|【风格化】选项组，即可打开【风格化】类特效列表，如图 6-49 所示。

图 6-49 【风格化】特效列表

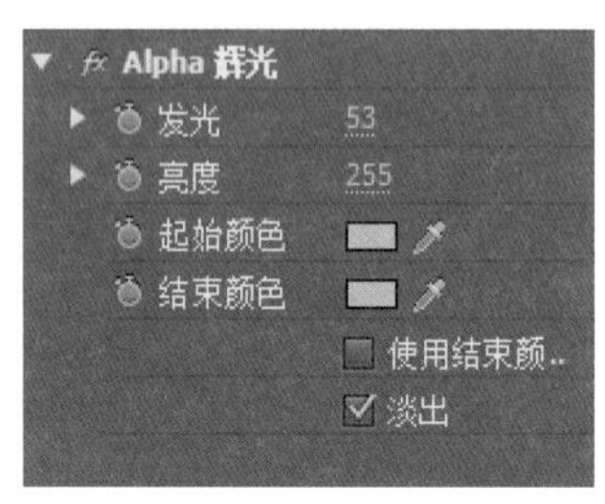

图 6-50 【Alpha 辉光】特效的设置界面

（1）【Alpha 辉光】特效

【Alpha 辉光】特效只对具有 Alpha 通道的图像起作用，它可以在指定的 Alpha 通道边缘添加一种颜色逐渐衰减或向另一种颜色过渡的彩色的辉光效果，其设置界面如图 6-50 所示。

- 【发光】：设置辉光从内向外延伸的长度。
- 【亮度】：设置亮度水平。
- 【起始颜色】：设置辉光开始时的颜色。
- 【结束颜色】：设置辉光结束时的颜色。
- 【使用结束颜色】复选框：如果不选择，辉光的颜色将从开始到结束都是【起始颜色】中设置的颜色。
- 【淡出】复选框：如果选择，辉光将从内到外逐渐变淡。

应用【Alpha 辉光】特效的效果如图 6-51 所示。

图 6-51 应用【Alpha 辉光】特效的效果

（2）【笔触】特效

【笔触】特效可以为图像添加画笔描边的效果，其设置界面如图 6-52 所示。

应用【笔触】特效产生艺术绘画效果，如图 6-53 所示。

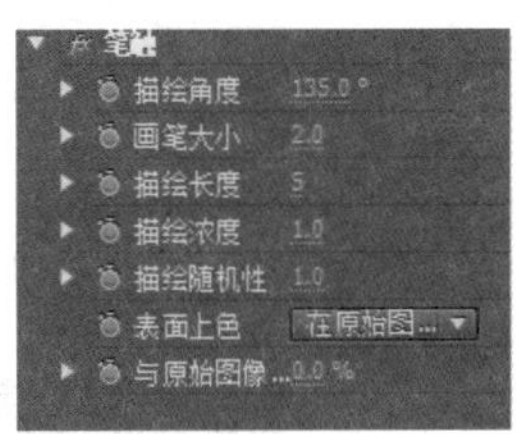

图 6-52 【笔触】特效的设置界面

图 6-53 应用【笔触】特效的效果

（3）【彩色浮雕】特效

【彩色浮雕】特效主要用来产生彩色浮雕的效果。画面颜色对比越强烈，浮雕效果越明显，其设置界面如图 6-54 所示。

- 【方向】：设置光源的方向。
- 【凸现】：设置浮雕突起的高度。
- 【对比度】：设置出现浮雕效果的程度，如果值过低，仅使明显的边出现效果。

应用【彩色浮雕】特效的效果如图 6-55 所示。

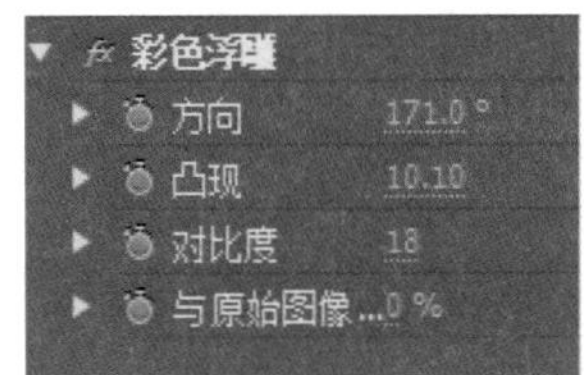

图 6-54 【彩色浮雕】特效的设置界面

图 6-55 应用【彩色浮雕】特效的效果

（4）【浮雕】特效

【浮雕】特效用来产生浮雕的效果，同【彩色浮雕】特效的效果一样，只是没有颜色参数，其特效的效果如图 6-56 所示。

图 6-56 应用【浮雕】特效的效果

（5）【查找边缘】特效

【查找边缘】特效可以对色彩变化较大的区域，确定其边缘并进行强化。

【查找边缘】特效的参数设置界面如图 6-57 所示，比较简单，只有一个【反相】复选框。如果不选择则效果如图 6-58（a）所示；选择【反相】复选框，则背景为黑色，特效的效果如图 6-58（b）所示。应用【查找边缘】特效的效果如图 6-58 所示。

图 6-57 【查找边缘】特效的参数设置界面

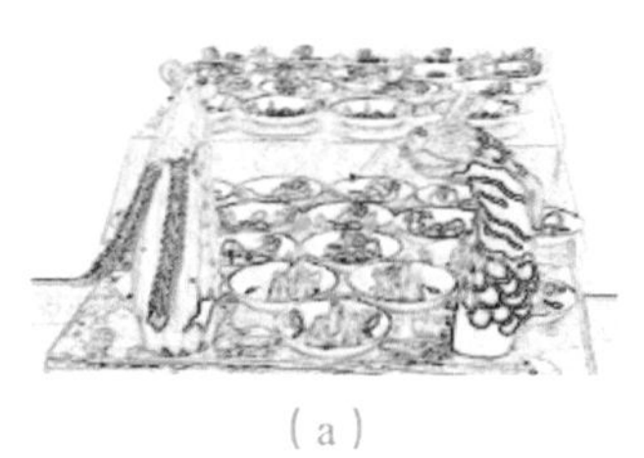

（a）

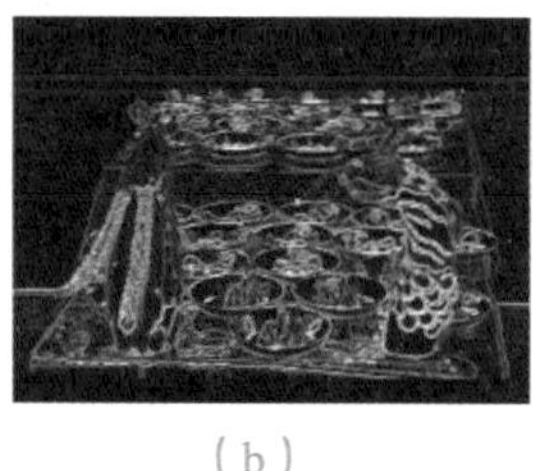

（b）

图 6-58 应用【查找边缘】特效的效果

（6）【色调分离】特效

【色调分离】特效调节图像中每个通道的色调级（或亮度值）数目，并将这些像素映射到最接近的匹配色调上，转换颜色色谱为有限数目的颜色色谱，并且会拓展片段像素的颜色，使其匹配有限数目的颜色色谱。

可以使用此特效在图像中创建很大的颜色平铺区域，制作海报效果。在对话框中拖动滑块可以调节图像中颜色区域的大小和数目。应用【色调分离】特效的效果对比如图 6-59 所示。

图 6-59 应用【色调分离】特效的效果对比

（7）【复制】特效

【复制】特效可将画面复制成多个画面，并同时在屏幕上显示这些复制的画面。其参数设置界面如图 6-60 所示。

【计数】设置将图像复制的个数。【计数】的参数为 n，则图像被复制成 2^n 个，如 $n=2$ 时效果如图 6-61 所示。

图 6-60 【复制】特效的参数设置界面

图 6-61 应用【复制】特效的效果

（8）【曝光过度】特效

【曝光过度】特效主要用来将图像制作成类似于底片的效果。【曝光过度】特效的设置界面如图 6-62 所示。

- 【阈值】：设置曝光的程度，取值范围为“0”～“100”。

应用【曝光过度】特效的效果如图 6-63 所示。

图 6-62 【曝光过度】特效的设置界面

图 6-63 应用【曝光过度】特效的效果

（9）【闪光灯】特效

【闪光灯】特效能够以一定周期或随机对一个片段进行数值运算，从而产生一种闪烁的效果。【闪光灯】参数设置界面如图 6-64 所示。

- 【明暗闪动颜色】：设置闪光灯的颜色。
- 【与原始图像混合】：设置效果图同原图的混合程度。
- 【明暗闪动持续时间（秒）】：设置闪光灯效果的持续时间。
- 【明暗闪动间隔时间（秒）】：设置闪光灯效果的实现时间周期。
- 【随机明暗闪动概率】：设置随机闪光灯出现的概率。
- 【闪光】：有两种参数值，设置闪光效果的作用域。
- 【闪光运算符】：设置闪光灯效果的类型。

应用【闪光灯】特效的效果如图 6-65 所示。

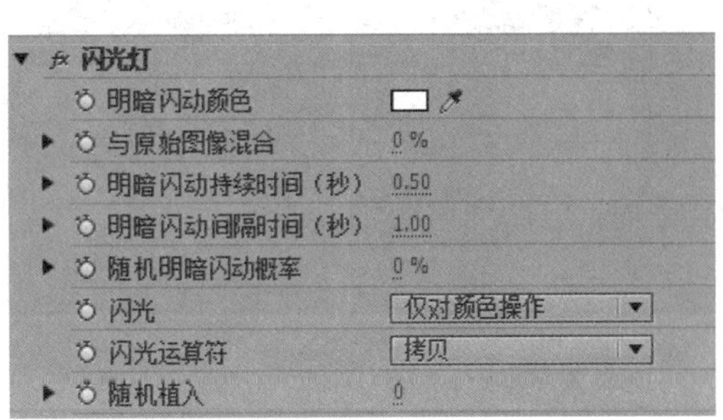

图 6-64　【闪光灯】特效的参数设置界面

图 6-65　应用【闪光灯】特效的效果

2.【变换】类特效

使用【变换】类特效可以让图像的形状产生二维或三维变化，主要包括【摄像机视图】特效、【裁剪】特效、【水平翻转】特效和【垂直翻转】特效等。

（1）【摄像机视图】特效

【摄像机视图】特效可以模拟拍摄图像时，摄像机在不同角度下拍摄的视图效果。打开【特效控制台】面板，【摄像机视图】特效的设置界面如图 6-66 所示。

应用【摄像机视图】特效的效果如图 6-67 所示。

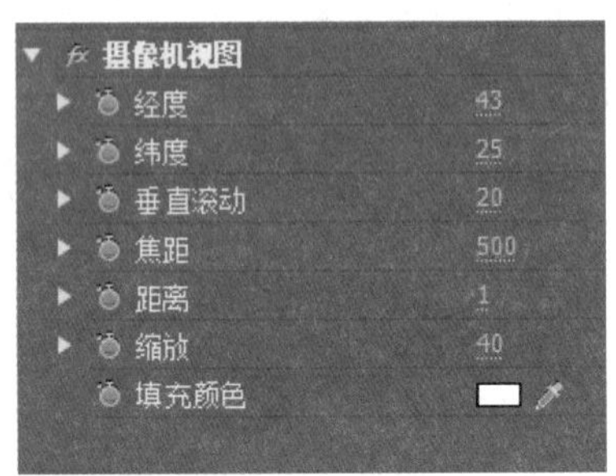

图 6-66　【摄像机视图】特效的设置界面

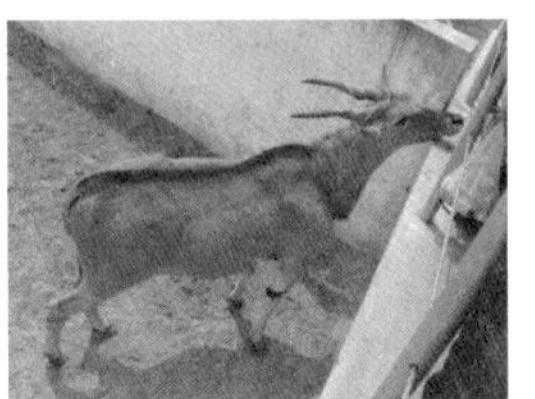

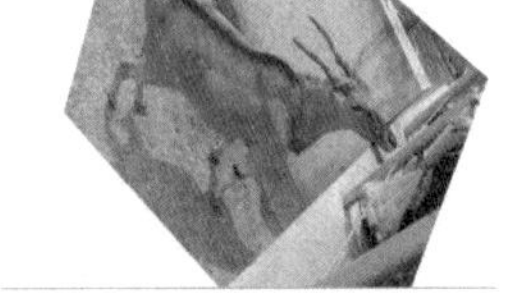

图 6-67　应用【摄像机视图】特效的效果

（2）【裁剪】特效

【裁剪】特效可以根据需要对素材的四周进行修剪。利用【裁剪】特效对画面的顶部和底部进行裁剪后的效果如图 6-68 所示。

图 6-68　【裁剪】特效的效果

（3）【水平翻转】特效

应用【水平翻转】特效以后，素材会在水平方向进行翻转。此特效没有参数可以控制。应用【水平翻转】特效的效果如图 6-69 所示。

图 6-69　应用【水平翻转】特效的效果

（4）【垂直翻转】特效

应用【垂直翻转】特效后，素材会在垂直方向进行翻转。此特效也没有参数可以控制，其效果与【水平翻转】特效类似。

3.【过渡】类特效

（1）【块溶解】特效

【块溶解】特效可实现随机产生板块溶解图像的效果，应用【块溶解】特效的效果如图 6-70 所示。

【块溶解】特效的设置界面如图 6-71 所示。

原图

应用特效后

图 6-70　应用【块溶解】特效的效果

fx 块溶解	
过渡完成	39 %
块宽度	61.0
块高度	60.0
羽化	0.0
	☑ 柔化边缘（最佳品质）

图 6-71　【块溶解】特效的设置界面

- 【过渡完成】：设置两个轨道转场完成的程度，0%完全显示上面轨道的图像，100%完全显示下面轨道的图像。
- 【块宽度】和【块高度】：这两个参数共同决定块的大小。
- 【羽化】：设置板块边缘的羽化程度。

（2）【渐变擦除】特效

【渐变擦除】特效是根据两个轨道中图像的亮度来进行转场的效果，应用【渐变擦除】特效的效果如图 6-72 所示。

【渐变擦除】特效的设置界面如图 6-73 所示。

- 【过渡完成】：设置两个轨道转场完成的程度。
- 【过渡柔和度】：设置两个轨道转场时边缘柔化的程度。
- 【渐变图层】：设置对渐变图层的选择。
- 【渐变位置】：设置渐变图层的位置。

图 6-72　应用【渐变擦除】特效的效果

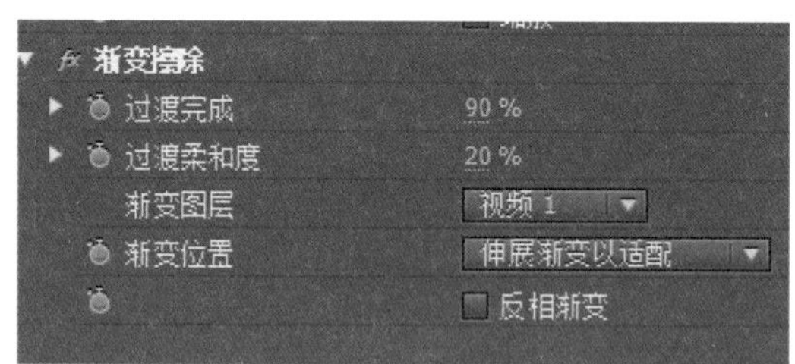

图 6-73　【渐变擦除】特效的设置界面

（3）【线性擦除】特效

【线性擦除】特效可以通过线性的方式从某个方向形成擦除效果，应用【线性擦除】特效的效果如图 6-74 所示。

图 6-74　应用【线性擦除】特效的效果

【线性擦除】特效的设置界面如图 6-75 所示。

- 【过渡完成】：设置转场完成的百分比。
- 【擦除角度】：设置转场擦除的角度。

- 【羽化】：设置擦除边缘的羽化。

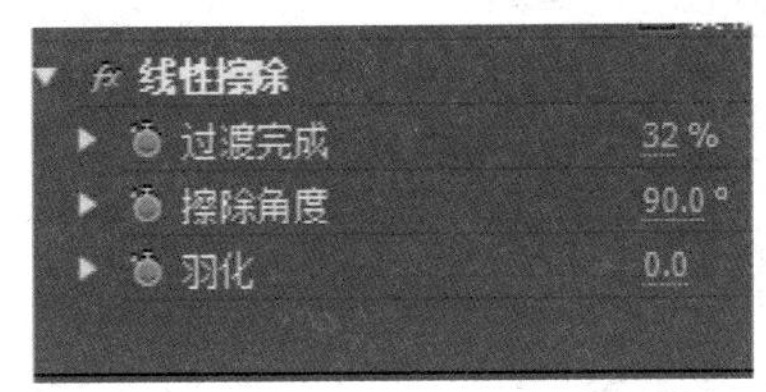

图 6-75 【线性擦除】特效的设置界面

（4）【径向擦除】特效

【径向擦除】特效可以围绕指定点以旋转的方式擦除图像，实现切换转场的目的，应用【径向擦除】特效的效果如图 6-76 所示。

【径向擦除】特效的设置界面如图 6-77 所示。

- 【过渡完成】：设置转场完成的百分比。
- 【起始角度】：设置擦除的初始角度。
- 【擦除中心】：设置擦除中心的位置。
- 【擦除】：设置擦除的类型。
- 【羽化】：设置擦除边缘的羽化。

图 6-76 应用【径向擦除】特效的效果

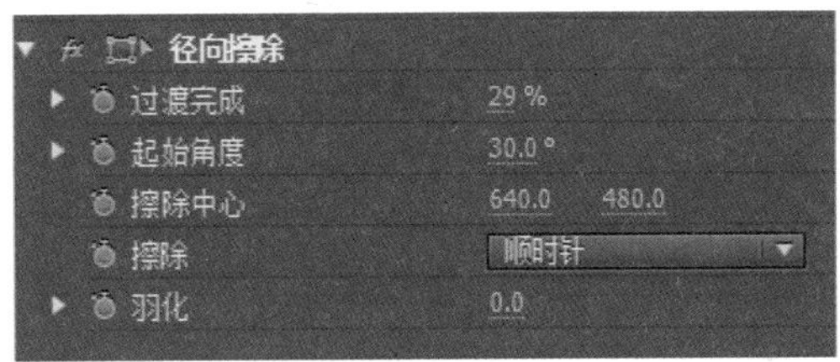

图 6-77 【径向擦除】特效的设置界面

（5）【百叶窗】特效

【百叶窗】特效可以通过分割的方式对图像进行擦除，就像百叶窗闭合一样实现切换转场的目的，应用【百叶窗】特效的效果如图 6-78 所示。

【百叶窗】特效的设置界面如图 6-79 所示。

- 【过渡完成】：设置转场完成的百分比。
- 【方向】：设置擦除的方向。
- 【宽度】：设置分割的宽度。
- 【羽化】：设置擦除边缘的羽化。

图 6-78 应用【百叶窗】特效的效果

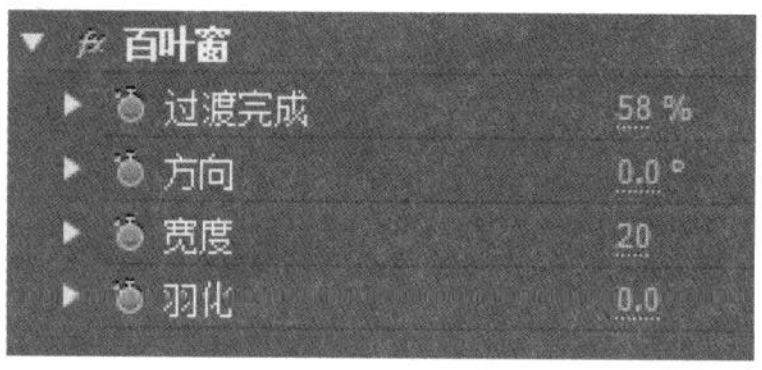

百叶窗
过渡完成 58 %
方向 0.0 °
宽度 20
羽化 0.0

图 6-79 【百叶窗】特效的设置界面

操作步骤

视频片段的准备与编辑

步骤 1 启动 Premiere 软件，新建一个命名为“活动镜框”的项目，在【设置】选项卡中自定义序列大小为“320×240”像素，帧速率为“25 帧/秒”。

双击【项目】面板，导入素材“户外活动.avi”和“花的海洋.avi”。

步骤 2 选择【文件】|【新建】|【颜色遮罩】命令，遮罩参数大小与序列大小一致即可，将其命名为“白色遮片”，将颜色设置为纯白色，单击【确定】按钮退出。

步骤 3 在【时间线】面板中，将“白色遮片”摆放在【视频 2】轨道。将“户外活动.avi”文件摆放在【视频 1】轨道，调整两个视频片段的长度均为“12 秒”，并使两个视频片段的出点对齐，如图 6-80 所示。

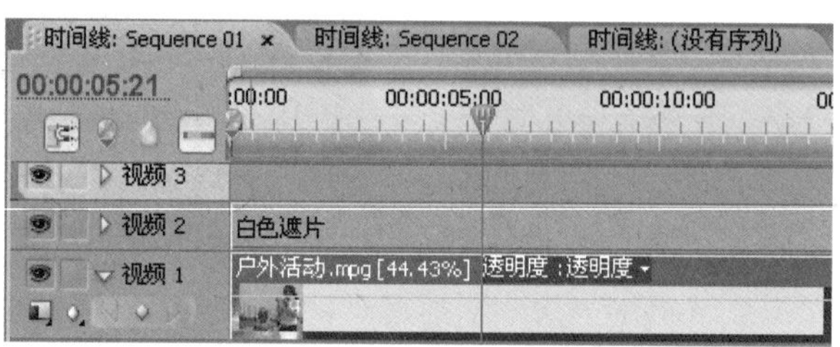

图 6-80 编辑出点

制作画框

步骤 1 在【时间线】面板中，选中“白色遮片”视频片段，将【效果】|【视频特效】|【模糊和锐化】|【高斯模糊】特效应用在该视频片段；同时打开【特效控制台】面板，【高斯模糊】特效的参数设置界面如图 6-81 所示。

步骤 2 选中“白色遮片”片段，将【效果】|【视频特效】|【风格化】|【查找边缘】特效应用在该视频片段，其参数使用默认设置。

步骤 3 预览效果，可以看到原来的纯白边缘出现了有层次的黑白过渡效果，如图 6-82

所示。

图 6-81 【高斯模糊】特效的参数设置界面

图 6-82 预览效果 1

步骤 4 在【效果】面板中，选择【视频特效】|【生成】|【蜂巢图案】特效应用在该视频片段，【蜂巢图案】特效的参数设置界面如图 6-83 所示。

其中，在【大小】参数前添加关键帧，播放头在 0 秒的位置时，设置为“16.0”；播放头在结束的位置时，设置为“19.0”；在【随机植入】参数前添加关键帧，读者可根据情况，设置【随机植入】的参数，使镜框图案实现环绕动画。

步骤 5 选择【效果】|【视频特效】|【风格化】|【浮雕】特效应用在该视频片段，其参数使用默认设置。预览效果，如图 6-84 所示。

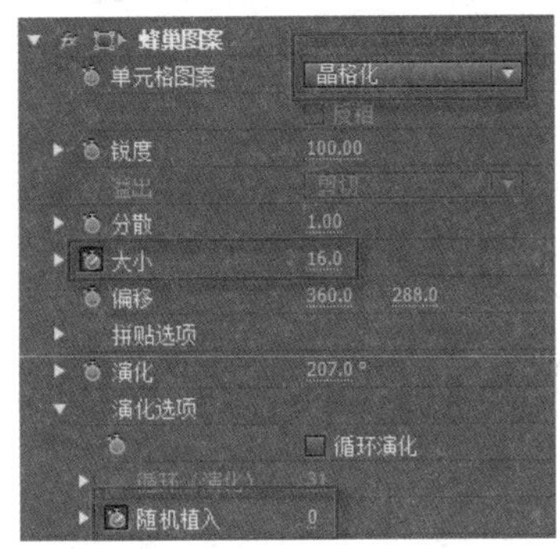

图 6-83 【蜂巢图案】特效的参数设置界面

图 6-84 预览效果 2

步骤 6 在【特效控制台】面板中，选择【蜂巢图案】特效，将其拖到【查找边缘】特效的前面，如图 6-85 所示。

步骤 7 选中“白色遮片”视频片段，将【效果】|【视频特效】|【键控】|【亮度键】特效应用在该视频片段，【亮度键】特效的参数设置界面如图 6-86 所示。

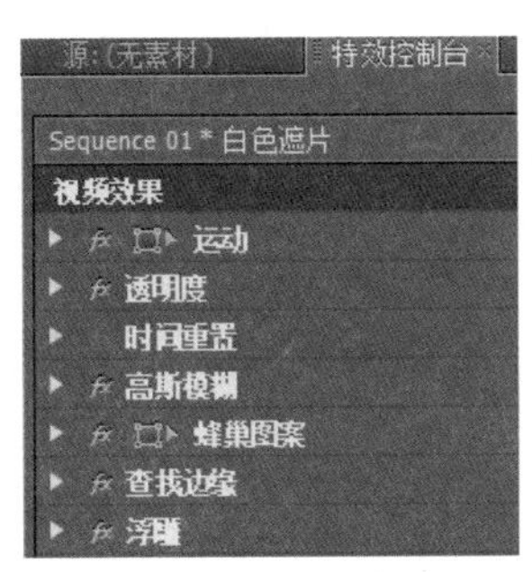

图 6-85 调整特效的顺序

图 6-86 【亮度键】特效参数设置界面

实现画框的运动

步骤 1 选择【文件】|【新建】|【序列】命令，建立一个【Sequence 02】，在【时间线】面板的【Sequence 02】中，将“花的海洋.avi”拖到【视频 1】轨道中，将【Sequence 01】拖到【视频 2】轨道中，实现序列嵌套，调整两个视频片段的长度，使其出点对齐，如图 6-87 所示。

步骤 2 选中【Sequence 01】，打开【特效控制台】面板中的【运动】属性，其参数设置如图 6-88 所示。

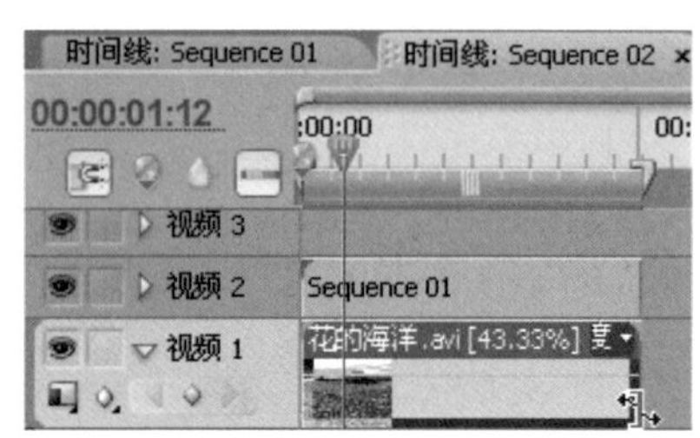

图 6-87 片段编辑

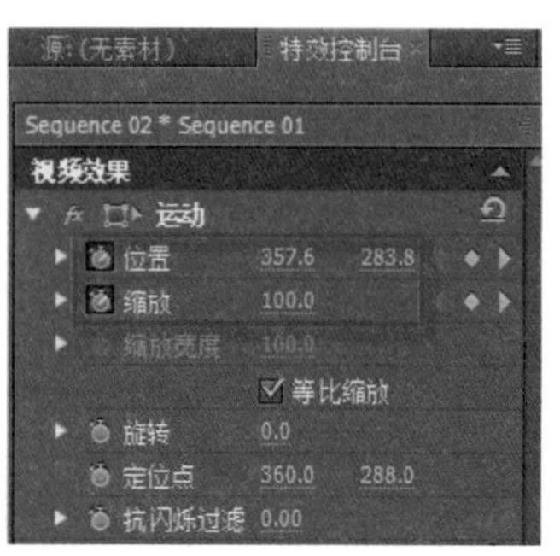

图 6-88 【运动】参数设置

其中，在【位置】和【缩放】的参数前面添加关键帧，当播放头在 0 秒的位置时，将该片段拖到【节目监视器】面板的右下方；当播放头在结束位置时，将其拖到【节目监视器】面板的左上方，将【缩放】的参数调整为“60.0”。

步骤 3 按键盘上的空格键，预览效果。保存文件。

在该实例中，特效的妙用表现得十分明显，特别是【高斯模糊】特效的运用是这一效果实现的基础，读者也可以用其他的特效来实现。

课后实训 6 框定显示范围

任务描述

打开效果文件“液晶显示器”，一段视频在液晶显示器的屏幕上播放，视频和液晶显示器的屏幕融为一体，以实现以假乱真的效果。

设计效果

本实例的设计效果如图 6-89 所示。

图 6-89　液晶显示器播放视频片段的效果

操作提示

步骤 1　新建一个命名为“液晶显示器”的项目，在【设置】选项卡中自定义序列大小为“320×240”像素，帧速率为“25 帧/秒”。

双击【项目】面板，导入素材“液晶显示器.jpg”、“32.avi”和“003.jpg”。

步骤 2　在【项目】面板中，将“液晶显示器.jpg”拖到【时间线】面板的【视频 1】轨道中，调整该片段的长度为“7 秒”；将“32.avi”文件拖到【视频 2】轨道中，通过素材中的持续时间命令，“32.avi”片段的持续时间调整为“5 秒 13 帧”，调整“32.avi”的出点与“液晶显示器.jpg”的出点对齐。

步骤 3　将“003.jpg”拖到【视频 3】轨道中，设置视频片段的长度为“2 秒 15 帧”，将其入点放置在时间线的“09 帧”的位置，视频片段在时间线中的摆放位置如图 6-90 所示。

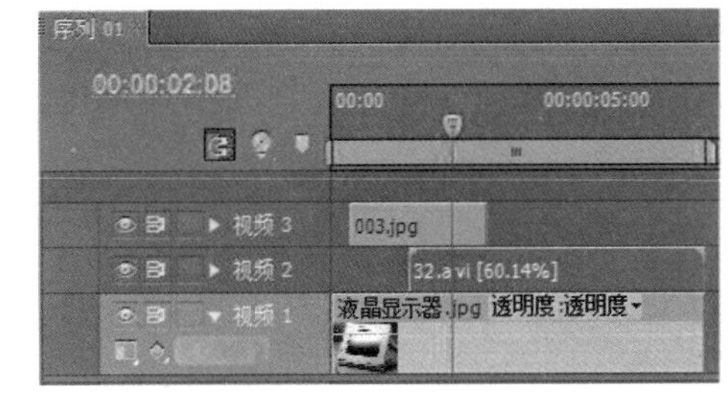

图 6-90　视频片段在时间线中的摆放位置

步骤 4　在【时间线】面板中，选中“003.jpg”片段，将【效果】|【视频特效】|【扭曲】|【边角固定】特效应用在该片段，调整片段的 4 个角，使其与“液晶显示器.jpg”中的显示屏对齐，【边角固定】特效的参数设置如图 6-91 所示。

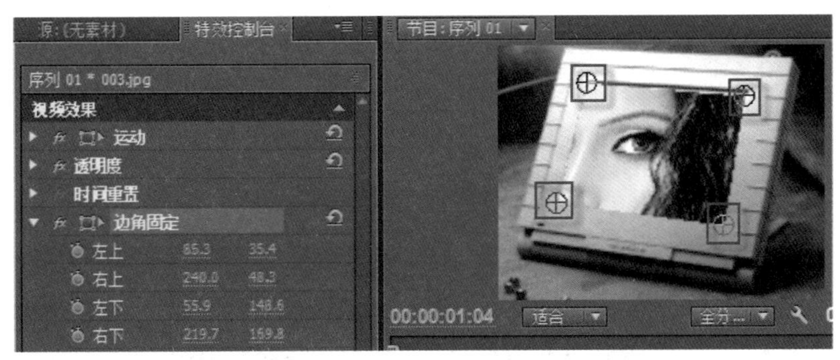

图 6-91　【边角固定】特效的参数设置

步骤 5　选中“003.jpg”片段，选择【编辑】|【复制】命令；选中“32.avi”片段，选择【编辑】|【粘贴属性】命令，将“003.jpg”的特效属性赋予“32.avi”片段。此时两个视频片段的特效设置完全一样。

步骤 6 为“003.jpg”片段设置淡化效果。单击【视频 3】轨道左侧的▶按钮，展开视频轨道，利用关键帧实现淡化效果，参数设置如图 6-92 所示。两片段实现设置淡化效果，使过渡更自然流畅。

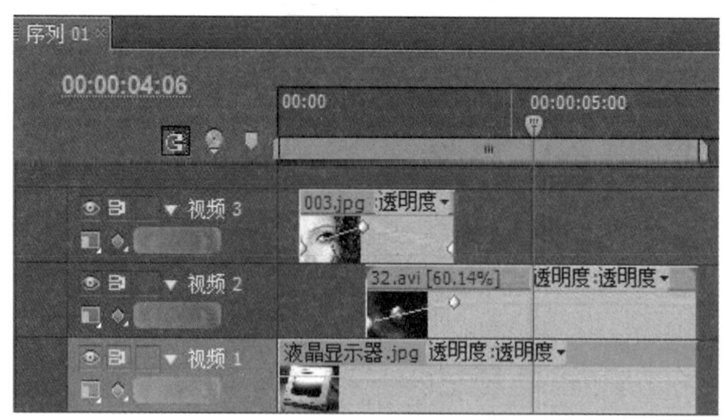

图 6-92 设置淡化效果

步骤 7 预览效果，保存文件。

在本实训中，主要练习使用【边角固定】特效；最为关键的是“003.jpg”与“32.avi”两片段的调整要完全一致，以保证和显示器屏幕大小的统一。

课后实训 7 局部马赛克效果

任务描述

经常能看到某段视频中的某个部分被马赛克覆盖，本实例将带领大家制作局部马赛克的视频特效。

任务分析

该实例中，我们需要对一段视频的某个位置应用【马赛克】特效。

设计效果

本实训的局部【马赛克】特效效果如图 6-93 所示。

图 6-93 局部【马赛克】特效的效果

操作提示

步骤 1 新建一个命名为“局部马赛克”的项目，序列设置为【DV-PAL】下的【标准48kHz】。

步骤 2 导入素材“九寨沟风光-松鼠.avi”到【项目】面板中，将素材拖入【视频 2】轨道中。

步骤 3 给素材添加裁剪命令，选择【效果】|【视频特效】|【风格化】|【裁剪】特效选项。打开【特效控制台】面板，【裁剪】特效的参数设置界面如图 6-94 所示。

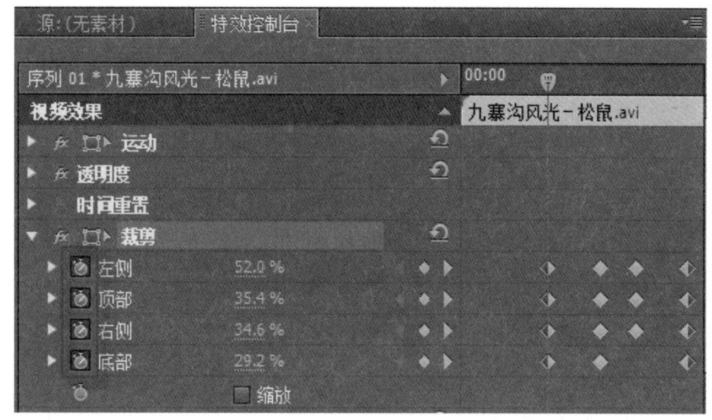

图 6-94 【裁剪】特效的参数设置界面

步骤 4 设置参数关键帧，通过调整【左侧】、【顶部】、【右侧】和【底部】的百分比裁剪出松鼠的头部，裁剪松鼠头部如图 6-95 所示。

步骤 5 在“第 1 秒 09 帧”的位置，设置关键帧；在“2 秒 05 帧”的位置，设置关键帧，【裁剪】特效的参数设置如图 6-96 所示。

图 6-95 裁剪松鼠头部

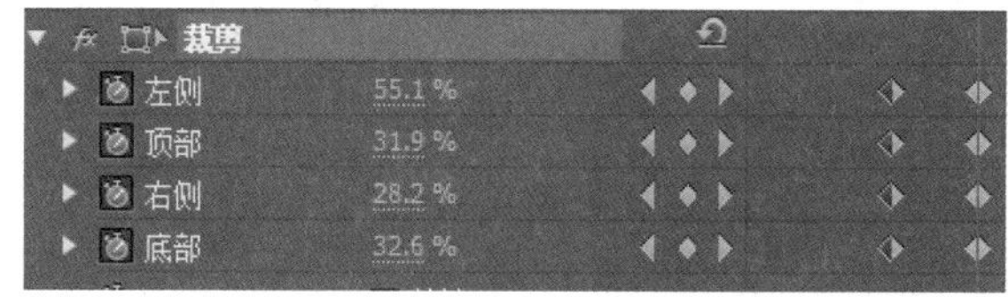

图 6-96 “2 秒 05 帧”的【裁剪】特效的参数设置

同理，根据松鼠头部的运动情况，在不同的时间段设置不同的关键帧，具体如下。

在“2 秒 19 帧”的位置，设置关键帧，【裁剪】特效的参数设置如图 6-97 所示。

图 6-97 “2 秒 19 帧”的【裁剪】特效的参数设置

在“3 秒 15 帧”的位置，设置关键帧，【裁剪】特效的参数设置如图 6-98 所示。

图 6-98　“3 秒 15 帧”的【裁剪】特效的参数设置

步骤 6　关键帧动画设置完成之后，对【视频 2】轨道上的素材使用【马赛克】特效。选择【效果】|【视频特效】|【风格化】|【马赛克】选项，【马赛克】特效的设置界面如图 6-99 所示。

图 6-99　【马赛克】特效的设置界面

步骤 7　再次拖动素材“九寨沟风光-松鼠.avi”到【视频 1】轨道上。

步骤 8　预览效果，在播放过程中，松鼠的头部被打上了马赛克。

知识拓展

【透视】类特效

【透视】类特效组中共有 5 个特效，主要模仿三维空间对图像进行操作。选择【效果】|【视频特效】|【透视】选项组，即可打开【透视】类特效列表，如图 6-100 所示。

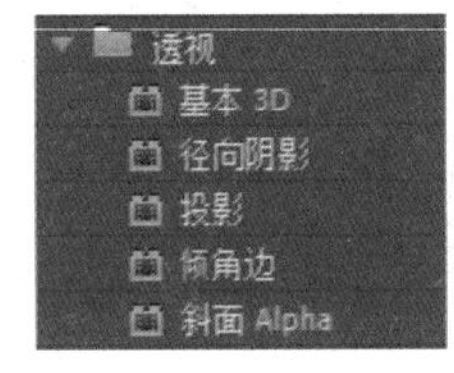

图 6-100　【透视】类特效列表

下面主要讲解一些常用的效果类型及参数设置。

（1）【基本 3D】特效

【基本 3D】特效在一个虚拟三维空间中操作视频片段，可以绕水平轴和垂直轴旋转图像，可以沿坐标轴移动图像。使用【基本 3D】特效，还能创建一个镜面的高光区，产生一种光线从一个旋转表面反射散开的效果。因为光源总是在观看者的上面、后面和左面，所以必须将图像倾斜或旋转才能达到好的反射效果，这样就能增强三维效果的真实性。【基本 3D】特效的参数设置如图 6-101 所示。

应用【基本 3D】特效的效果如图 6-102 所示。图 6-102（a）为原图，图 6-102（b）为效果图。

基本 3D
旋转 26.0°
倾斜 -18.0°
与图像的距离 150.0
镜面高光 ☑ 显示镜面高光
预览 ☐ 绘制预览线框

图 6-101 【基本 3D】特效的参数设置

（a）

（b）

图 6-102 应用【基本 3D】特效的效果对比

（2）【斜面 Alpha】特效

【斜面 Alpha】特效可为图像的 Alpha 边界产生一种凿过的立体效果。假如片段中没有 Alpha 通道；或者其 Alpha 通道完全不透明，该效果将被应用到片段的边缘。使用这种效果产生的边缘比用【倾斜边缘】效果产生的边缘要更柔和一些。应用【斜面 Alpha】特效的效果如图 6-103 所示。

图 6-103 应用【斜面 Alpha】特效的效果

（3）【倾角边】特效

【倾角边】特效的效果同【斜面 Alpha】的效果类似，也可在图像的边缘产生一种三维立体的效果，参数的设置也相同。但是【倾角边】特效的效果总是矩形的，带有非矩形 Alpha 通道的图像将不能产生正确的显示效果，所有边缘都具有相同的厚度。应用【倾角边】特效的效果如图 6-104 所示。

图 6-104 应用【倾角边】特效的效果

本章小结

本章主要介绍了除抠像和调色之外的其他特效，如【扭曲】类、【透视】类、【风格化】类和【变换】类特效，希望读者掌握各种特效的类型、特点及应用，并熟练掌握多种特效的配合使用。

习题 6

1. 选择题

（1）特效的主要作用是（　　）。

A. 用于修补影像素材中的某些缺陷；或者使视频素材达到某种特殊的效果

B. 为了让一段视频素材以某种特殊的形式转换到另一段素材

C. 让视频素材产生幻象变形的效果

D. 使画面效果更平滑自然

（2）（　　）特效属于透视类特效。

A.【投影】　　B.【基本 3D】

C.【斜角边】　　D.【斜面 Alpha】

（3）（　　）特效属于扭曲类特效。

A.【球面化】　　B.【边角固定】

C.【曲线】　　D.【色阶】

2. 思考题

利用前面学过的特效的知识和技能，设计、制作一段水中倒影的动态效果。

第7章 运动效果

Premiere软件提供了丰富的二维运动效果，包括运动对象的【位置】、【缩放】、【旋转】、【定位点】和【透明度】等运动属性，这些属性可以独立应用也可多个属性同时应用，可将静态的画面内容以动态的效果呈现，模拟实现"推"、"拉"、"摇"、"移"和"跟"等镜头运用的效果。

重点知识

- 利用【运动】选项的设置制作运动效果。
- 运动效果的添加及设置。
- 三种运动效果的制作过程。

课堂实训16 模拟摄像机运动的效果——一叶知秋

任务描述

打开效果文件"一叶知秋"，一片落叶落入镜头，旋转着飘向地面，镜头随之拉近。在本效果中，主要通过设置背景的运动和落叶的运动，模拟摄像机的"推"、"拉"和"摇"等镜头运用的效果。

任务分析

首先利用【运动】命令中的【缩放】和【旋转】这2个参数来设置背景镜头不稳定的摇晃感效果，增强镜头效果的真实感。然后对落叶素材进行【位置】、【缩放】和【旋转】等参数的设置，并添加关键帧，产生落叶的运动效果。通过本实例的学习，可以掌握使用【运动】选项来设置对象运动效果的基本操作。

设计效果

本实例完成的“一叶知秋”的运动效果如图 7-1 所示。

图 7-1　“一叶知秋”的运动效果

知识储备

Premiere 软件可以在影片或静止图像中产生运动效果，类似于摄像机的镜头运用效果。可以通过为对象（图像）添加运动效果，改变对象（图像）的【位置】、【旋转】和【缩放】等参数来实现。在制作“一叶知秋”的实例之前，先学习相关的基本知识，为顺利完成该实例做准备。

1. 添加运动效果

要在 Premiere 软件中实现视频片段的运动效果，就要在该视频片段上添加一条运动路径。这里所说的运动路径由多个节点及连接这些节点的连线组成。定义好运动路径后，视频片段将沿着这些节点和连线的方向运动，如拉近或推远等。下面介绍在素材上添加运动的基本方法。

（1）快速添加运动效果

在 Premiere 软件中，所有的运动效果都可在【特效控制台】面板中的【运动】命令里设置。在该命令中，可以设置视频片段【运动】的参数，如图 7-2 所示。将素材拖到【时间线】面板的视频轨道上，即可打开【特效控制台】面板。

在【特效控制台】面板中单击按钮，可显示或隐藏时间线，以便于进行动画效果的设置。

单击【运动】命令【位置】参数左侧的按钮，在当前位置添加一个关键帧。然后将【特效控制台】面板右侧时间线上的播放头移动到另一位置，在【节目监视器】面板中，将该片段移动到另一位置，从而创建出一条运动路径，如图 7-3 所示。

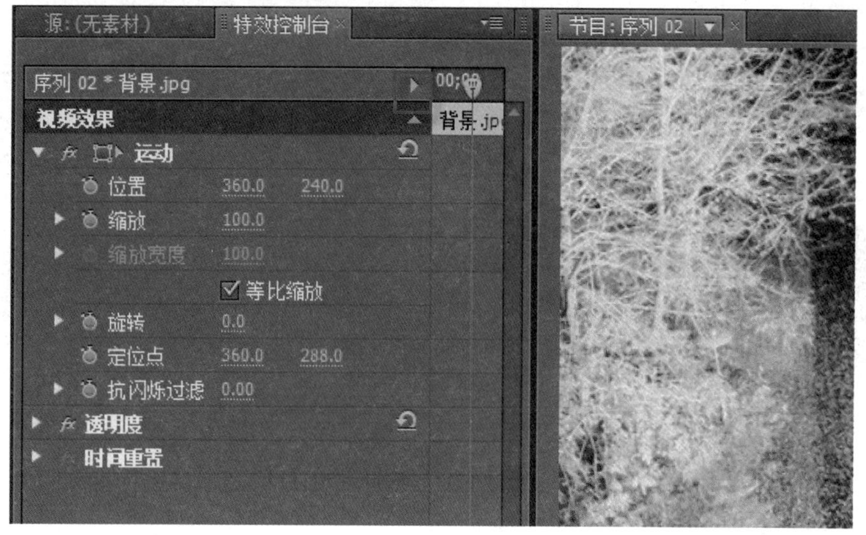

图 7–2 设置视频片段【运动】的参数

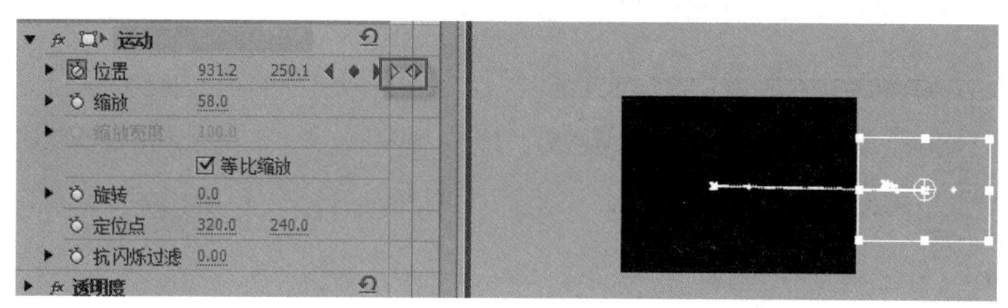

图 7–3 创建关键帧、定义视频片段的运动路径

最后，预览效果，可以看到视频片段“一叶知秋”的运动效果如图 7-1 所示。

提示

如图 7-3 所示，在【节目监视器】面板中显示的直线就是素材的运动路径，它是由一系列的点组成的。点的密度越大，表示素材在这个范围的运动速度越慢；点的密度越小，则表示素材在这个范围的运动速度越快。

（2）设置素材的运动路径

上面介绍了快速添加运动路径的一般方法，在 Premiere 软件中，这属于一种简单的运动效果，即直线运动，该路径只有 2 个节点（关键帧）。

随着节点位置的不同，片段的运动方位和角度也将发生变化。读者可以选择以下效果更好地操作，在【特效控制台】面板右侧的时间线上选中要移动的关键帧，使【节目监视器】面板中的视频片段变为有控制外框的状态，将其拖到可改变节点的位置，如图 7-4 所示。

如果需要得到视频片段沿平滑曲线运动的效果，则需在运动路径上添加多个关键帧，并调整关键帧的位置。具体方法是在【特效控制台】面板右侧时间线上面的窗口中，将时间帧放置到需要设置关键帧的位置，单击◆按钮创建一个关键帧，并调整关键帧的位置。如图 7-5 所示是平滑曲线运动路径。

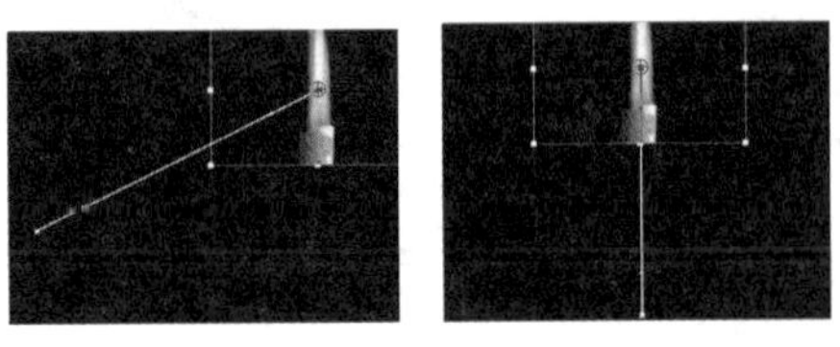
图 7-4　从不同的方位调整运动路径

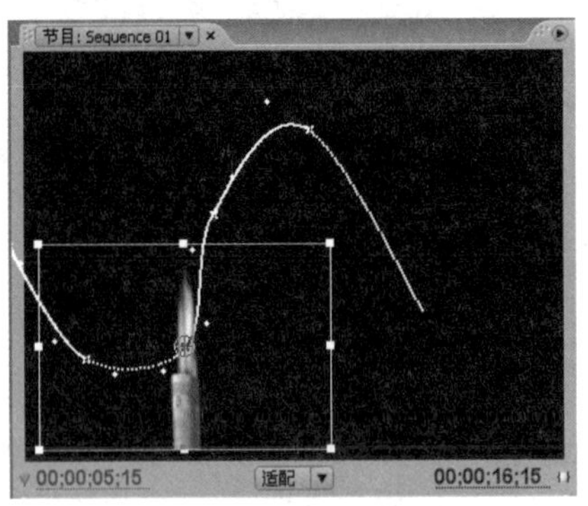

图 7-5　平滑曲线运动路径

（3）设置素材的运动速度

在 Premiere 软件中，改变视频素材的运动速度包括两种情况：第一种是素材整体播放速度的改变；第二种是素材局部播放速度的改变。

素材整体播放速度的改变方法有很多。

可以在【时间线】面板中直接拖动素材的边缘来更改素材的长度，如图 7-6 所示。

还可以通过单击工具箱中的【比例缩放】工具来更改素材的长度，以达到改变播放速度的目的，如图 7-7 所示。

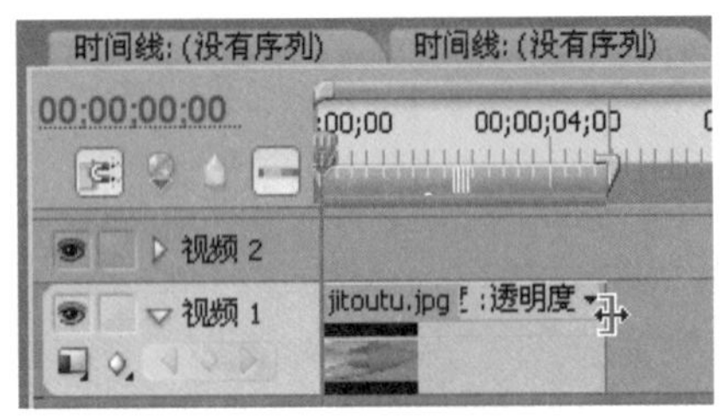

图 7-6　直接改变播放速度

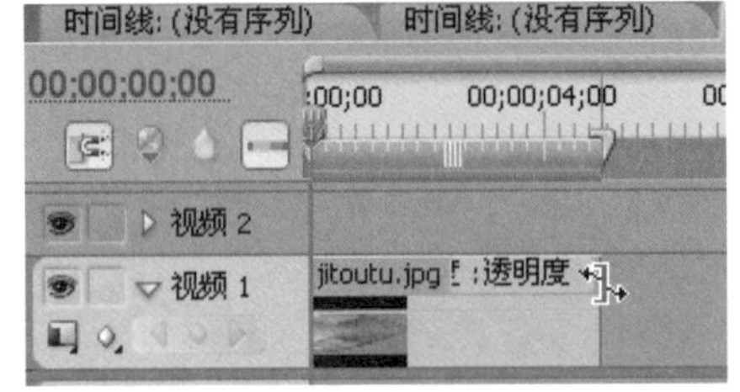

图 7-7　使用【比例缩放】工具改变播放速度

素材局部播放速度的改变，可通过调整两个关键帧之间的距离来实现，其基本原理是通过缩短或加长两个关键帧之间的时间差来加快或减慢播放速度。在同样的情况下，时间短，运动速度快，反之则慢。如图 7-8 所示，图 7-8（a）的运动速度会快于图 7-8（b）的运动速度。

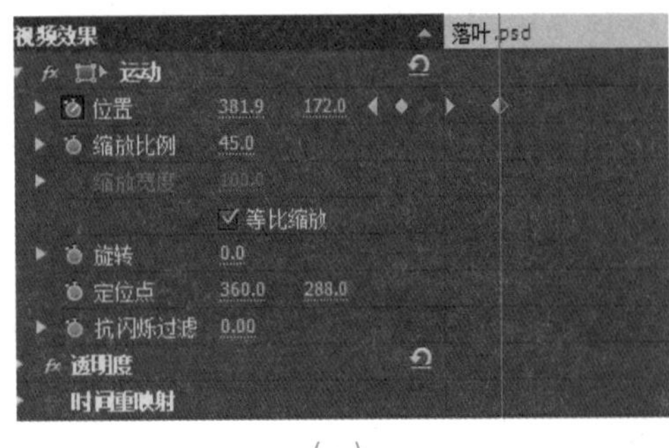

（a）

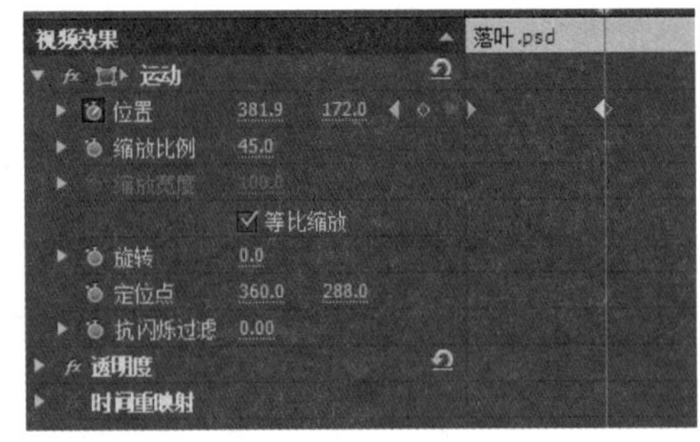

（b）

图 7-8　运动速度的对比

2. 常用运动效果的实现

在 Premiere 软件中，除上述的位置运动效果外，还经常使用视频素材的【旋转】和【缩放】等运动效果。

(1)【旋转】动画效果

在视频编辑中，【旋转】动画效果是指一段视频素材以旋转的方式进入舞台，这主要依靠设置视频素材的角度参数来实现。

在制作【旋转】动画效果时，通常要在【特效控制台】|【运动】命令的【旋转】参数中创建几个关键帧，以便设置视频素材在不同的播放时间处于不同的角度，如图 7-9 所示。

下面通过一个实例来介绍【旋转】动画效果的制作方法。

步骤 1 选择一段视频素材，将其放在【时间线】面板的【视频 1】轨道上，并选中这段视频素材。

步骤 2 切换到【特效控制台】面板，展开【运动】命令，并在【旋转】参数右侧的时间线中创建 4 个关键帧，如图 7-10 所示。

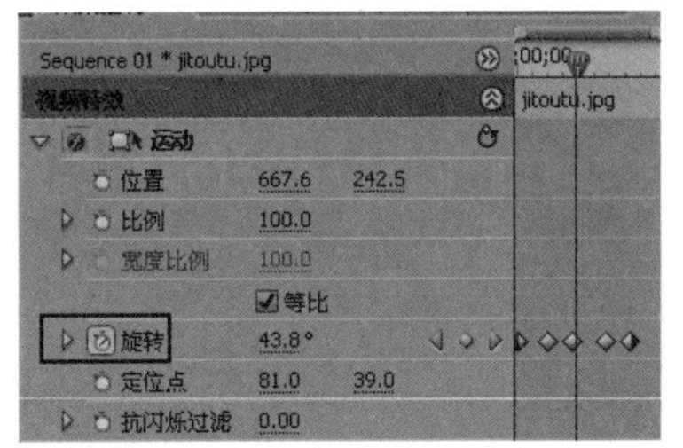

图 7-9 创建关键帧

图 7-10 创建 4 个关键帧

步骤 3 连续单击【旋转】参数右侧的▶按钮，将播放头放置在第 1 个关键帧上，此时设置【旋转】角度为“0.0° ”，表示素材处于水平静止状态，如图 7-11 所示。

步骤 4 再次单击【旋转】参数右侧的▶按钮，将播放头放置在第 2 个关键帧上，此时设置【旋转】角度为“90.0° ”，表示素材将从第一帧开始逐渐旋转到 90.0° ，如图 7-12 所示。

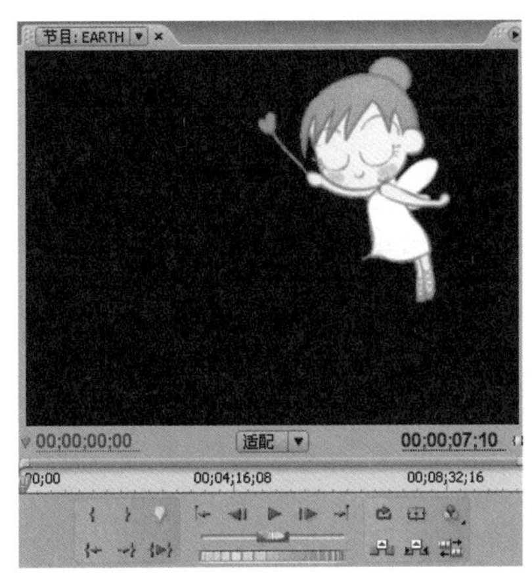

图 7-11 静止角度

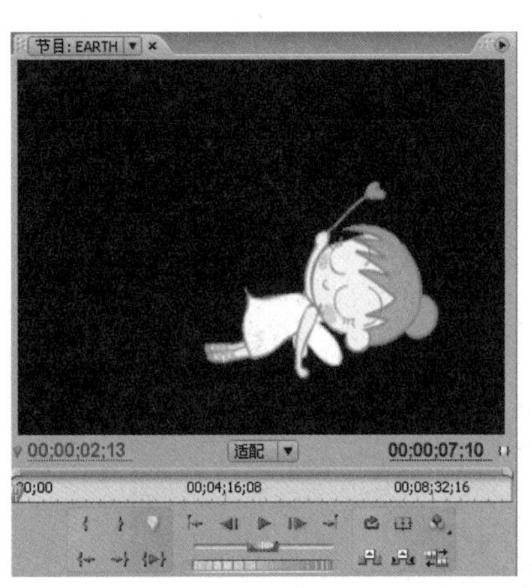

图 7-12 旋转 90°

步骤 5 用相同的方法，将播放头移动到第 3 个关键帧，将【旋转】角度设置为“180.0°”，第 3 个关键帧素材的状态如图 7-13 所示。

步骤 6 将播放头移动到第 4 个关键帧，将【旋转】角度设置为“270.0°”，按【Enter】键确认，第 4 个关键帧素材的状态如图 7-14 所示。

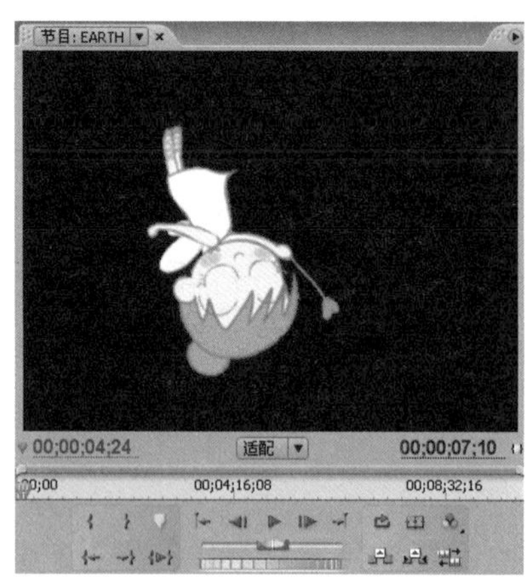
图 7-13　第 3 个关键帧素材的状态

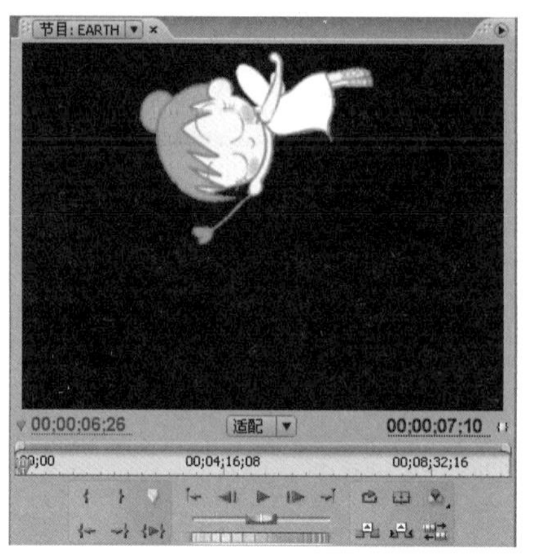
图 7-14　第 4 个关键帧素材的状态

步骤 7 预览效果。

通过以上设置，就制作出了一个均匀旋转的动画效果。如果需要制作素材的快速旋转效果，只要在【特效控制台】面板中将两个关键帧的距离缩小即可。

（2）【缩放】动画效果

【缩放】动画效果也需要在【特效控制台】面板中实现，它主要通过调整【比例】参数的值，使视频素材在不同的关键帧显示不同的缩放比例，从而形成【缩放】动画效果。

【比例】参数的设置方法与【旋转】参数的设置方法一样。输入的数字就是放大的百分比，大于“100.0”的参数值表示放大该帧，反之则缩小该帧。

【缩放】动画效果的制作方法如下。

步骤 1 在【时间线】面板的【视频 1】轨道上添加一段视频素材，并选中这段视频素材。

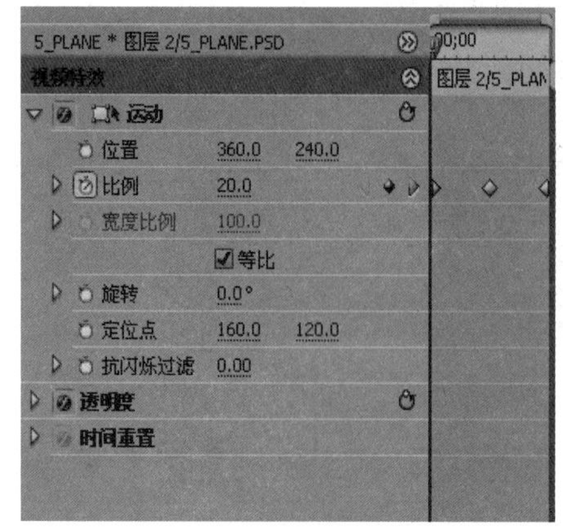

图 7-15　创建 3 个关键帧

步骤 2 切换到【特效控制台】面板，展开其中的【运动】命令，并在【比例】参数右侧的时间线中创建 3 个关键帧，如图 7-15 所示。

步骤 3 连续单击【比例】命令右侧的▷按钮，将播放头放置在第 1 个关键帧上，此时设置其比例为“20.0”，从而缩小“飞机”素材。

步骤 4 再次单击【比例】命令右侧的▷按钮，将播放头放置在第 2 个关键帧上，此时设置其比例为“100.0”，表示素材将从第一帧开始逐渐放大到 100%。

步骤 5 用相同的方法，将播放头移动到第 3 个关键帧，将【比例】设置为“180.0”。

步骤 6 预览效果。画面逐渐放大，充满整个屏幕后，则会产生局部放大的效果。

（3）制作并使用具有 Alpha 通道的素材

如果要创建文本或徽标的运动效果，则希望文本或徽标能够非常清晰地显示出来，并通过背景来显示背景视频轨道。创建这种效果最好的方法是使用 Alpha 通道。

下面介绍如何应用【运动】命令设置得到一个具有 Alpha 通道的视频剪辑。

首先，制作具有 Alpha 通道的特殊素材。

步骤 1 启动 Photoshop 软件，新建一个长度和宽度为“720×576”像素的空白文件。然后，在工具箱上单击【字体】按钮，在编辑区域单击正中间并创建“别样的天空”字样，如图 7-16 所示。

步骤 2 选中该图层，单击【图层样式】按钮，选择【混合命令】，打开【图层样式】对话框，如图 7-17 所示，设置参数，为图层添加样式。此时的字体产生了一定的凸起效果。

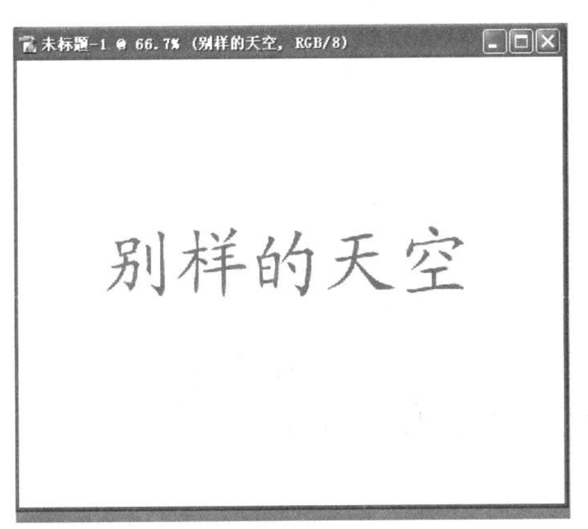

图 7-16 创建字样

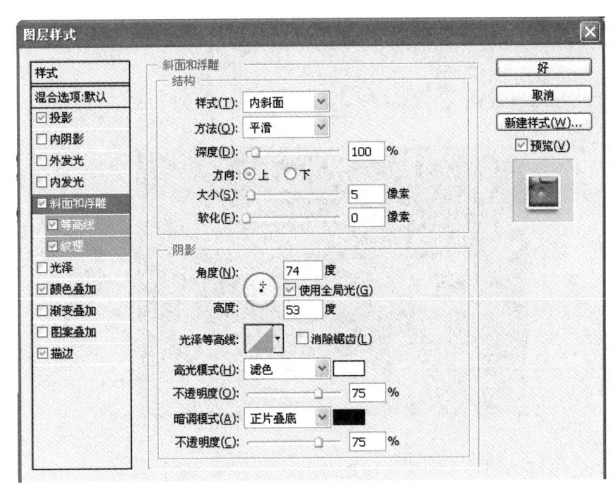

图 7-17 【图层样式】对话框

步骤 3 在图层面板中选择【背景】图层，右击，在弹出的快捷选择菜单中选择【删除图层】命令将其删除，此时的编辑区域完全透明，如图 7-18 所示。

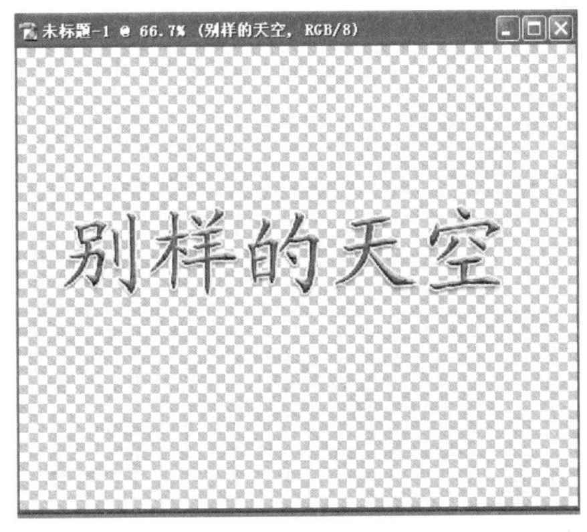

图 7-18 删除【背景】图层

步骤 4 将文件保存为“别样的天空.psd”文件，完成具有 Alpha 通道的素材制作。

接下来，应用效果。

步骤 5 新建一个项目文件，双击【项目】面板，将制作的素材导入窗口中。将“别样的天空.psd”和“背景.jpg”两个素材导入其中，如图 7-19 所示。

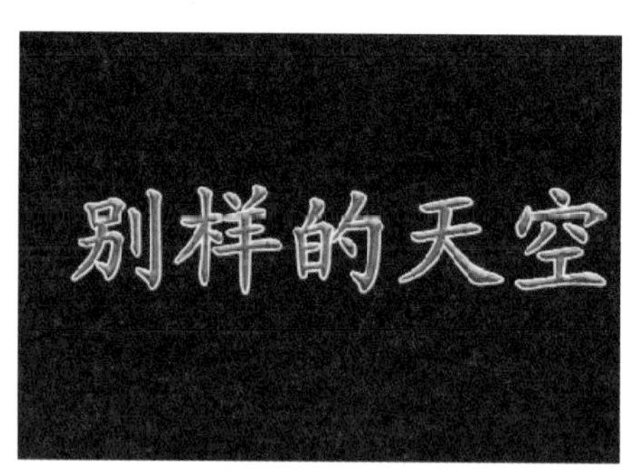

图 7-19 素材效果

步骤 6 在【项目】面板中选择“背景.jpg”并拖到【时间线】面板的【视频 1】轨道上，将“别样的天空.psd”拖到【视频 2】轨道上，如图 7-20 所示。

此时，系统将自动识别图层上的 Alpha 通道，并进行相应的处理，使透明的部分产生背景层的画面，如图 7-21 所示。

图 7-20 放置素材

图 7-21 透明效果

步骤 7 此时的效果看起来比较平淡，可在字体上添加一些运动效果。运动效果的制作可参阅前面讲过的内容。

提示

什么是 Alpha 通道？从本质上讲，Alpha 通道是额外的灰度图像层，Premiere 软件将其转换为不同的透明级别。

Alpha 通道通常用于定义图像或字幕的透明区域。通过使用 Alpha 通道，可以组合视频轨道内的徽标和另一个视频轨道中的背景视频轨道。

操作步骤

学习了关于【运动】的添加与设置的相关操作知识，下面开始制作“一叶知秋”，对相关知识进行巩固练习。

1. 使背景产生镜头拉近的效果

步骤 1 新建一个项目，将项目命名为“一叶知秋”，在【序列预设】选项卡中选择【DV-PAL】下的【标准 48kHz】，建立序列 1。

步骤 2 选择【文件】|【导入】命令，将所需要的“背景.jpg”和“落叶.psd”素材导入【项目】面板中。

步骤 3 在【时间线】面板中，将“背景.jpg”素材拖到【视频 1】轨道上。选中该素材，选择【素材】|【速度/持续时间】，设置该素材的时间长度为“5 秒”。

步骤 4 打开【特效控制台】面板，展开【运动】命令，分别为【缩放】和【旋转】两个参数添加关键帧；各参数设置为：当播放头处于“0 秒”的位置时，【缩放】和【旋转】参数采取默认值；当播放头处于“2 秒”的位置时，【缩放】设置为“110.0”，【旋转】设置为“-4.0°”；当播放头处于“5 秒”的位置时，【缩放】设置为“125.0”，【旋转】设置为“4.0°”，如图 7-22 所示。

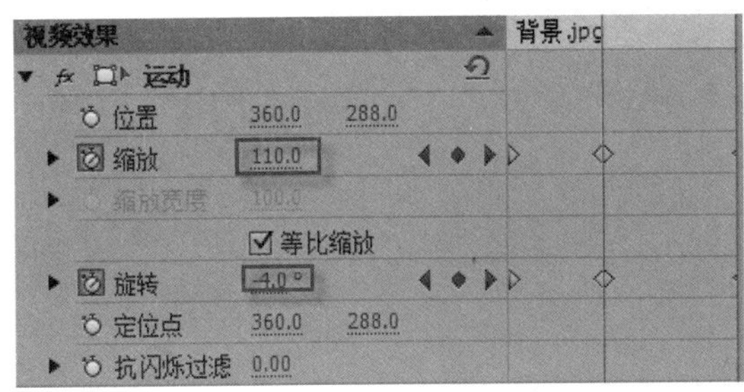

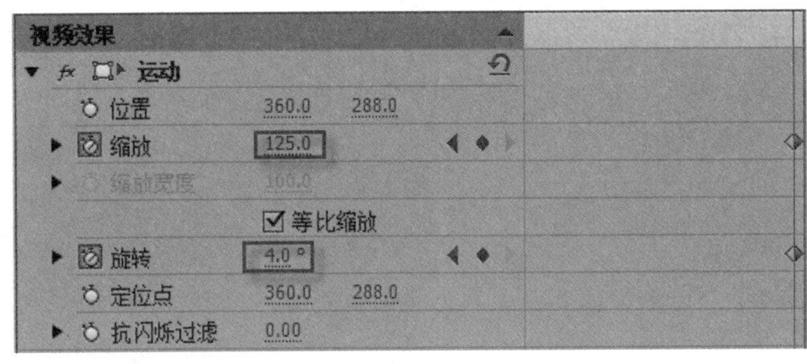

图 7-22 为“背景.jpg”素材设置两个关键帧

> **提示**
>
> 通过【缩放】数值的调整，使镜头产生拉伸感；而【旋转】数值的调整，使镜头有一种不稳定的摇晃感，增强镜头运用效果的真实感。

2. 制作落叶的运动效果

步骤 1 在【时间线】面板中，将“落叶.psd”素材拖到【视频 2】轨道上，调整入点和出点使其与“背景.jpg”片段的入点和出点对齐。

步骤 2 选中“落叶.psd”素材，打开【特效控制台】面板，展开【运动】命令，分别为【位置】、【缩放】和【旋转】3 个参数添加关键帧。各参数设置为：当播放头处于“0 秒”的位置时，【缩放】设置为“165. 0”，【旋转】设置为“-50.0°”，【位置】设置为“435.8，452.7”；当播放头处于“1 秒 10 帧”的位置时，【缩放】设置为“100.0”，【旋转】设置为“54.0°”，【位置】设置为“126.9，305.2”；当播放头处于“3 秒 10 帧”的位置时，【缩放】设置为“50.0”，【旋转】设置为“-56.0°”，【位置】设置为“566.5，266.3”；当播放头处于“5 秒”的位置时，也就是最后的关键帧，【缩放】设置为“109.2”，【旋转】设置为“-3.7°”，

【位置】设置为“360.0，288.0”，关键帧的位置如图 7-23 所示。

图 7-23　为“落叶.psd”素材设置关键帧

步骤 3　按键盘的空格键，预览效果，若效果满意，保存文件。

另外，如果想让落叶具有空间透视的效果，读者可尝试使用【视频特效】|【扭曲】|【变换】特效，通过调整添加【倾斜】和【旋转】参数的关键帧，设置不同的数值，使落叶在运动趋势上产生相对应的变形，这样效果可能更好一些。读者可根据自己的感觉去自主设置参数，参考的参数设置如图 7-24 所示。

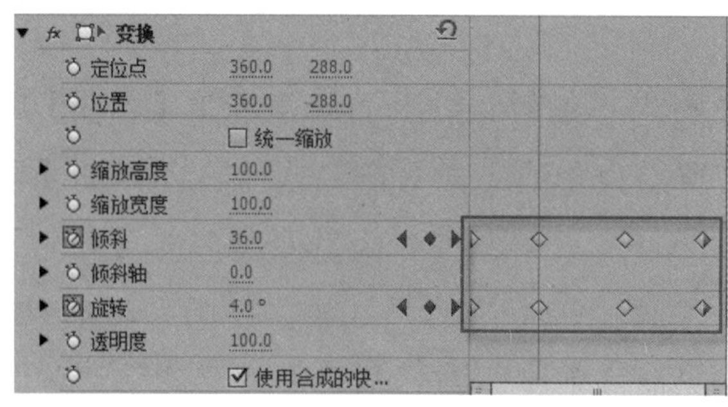

图 7-24　添加【变换】特效

步骤 4　保存项目，预览效果，直到满意为止。

课堂实训 17　展开扇面

任务描述

打开效果文件“展开扇面”，设计扇面展开效果，在此所用到的知识点主要有视频切换中的【时钟式划变】特效和【运动】特效，关键是各参数的微妙设置，可让读者进一步理解两种特效的巧妙结合。

“展开扇面”的运动效果如图 7-25 所示。

图 7-25 “展开扇面”的运动效果

操作步骤

步骤 1 新建一个项目，将项目命名为“展开扇面”，参数设置如图 7-26 所示。

步骤 2 双击【项目】面板，导入素材“扇子”和“扇柄”，将“扇子”拖入【时间线】面板的【视频 1】轨道中，将“扇柄”拖入【视频 2】轨道中，将 2 个片段的出点对齐，并设置片段的长度为“3 秒”。

步骤 3 选中素材“扇子”，在【特效控制台】面板中打开【运动】命令，设置其【缩放】为“67.0”；用同样的办法，设置“扇柄”的【缩放】为“67.0”。

步骤 4 选中“扇子”为其应用切换效果，选择【效果】|【视频切换】|【擦除】|【时钟式划变】，双击【时钟式划变】打开参数设置界面，如图 7-27 所示。

读者在设置【开始】和【结束】的参数时，可根据预览效果进行调整。

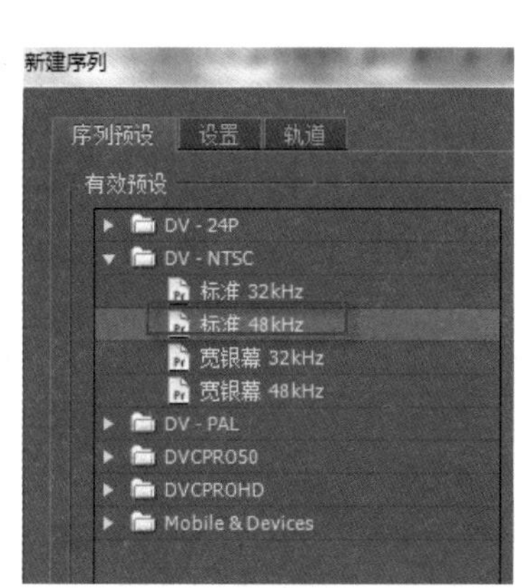

图 7-26 【新建序列】的参数设置界面

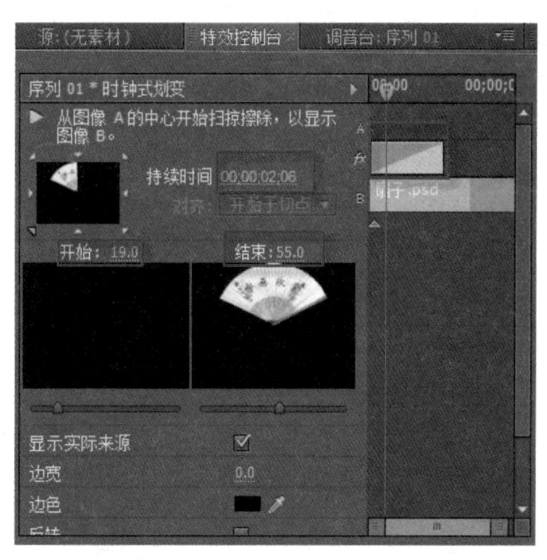

图 7-27 【时钟式划变】特效的参数设置界面

步骤 5 设置“扇柄”的旋转动画。选中文件“扇柄”，在【特效控制台】面板中打开【运动】命令，设置【旋转】的关键帧和参数如图 7-28 所示。

步骤 6 如果感觉扇面在项目画面中偏上，可采用嵌套序列的方式对其位置进行调整。选择【文件】|【新建】|【序列】命令，建立【序列.2】，将【序列.1】拖入【序列.2】的【视频 2】轨道中，调整【序列.1】位置参数值在中间一些。如果要实现白色的背景，可选择【文件】|【新建】|【颜色遮罩】命令，创建一个白色遮片，并将其拖入【视频 1】轨道中。

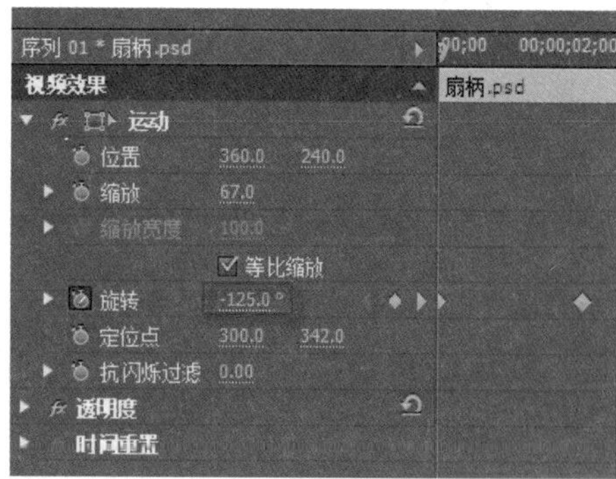

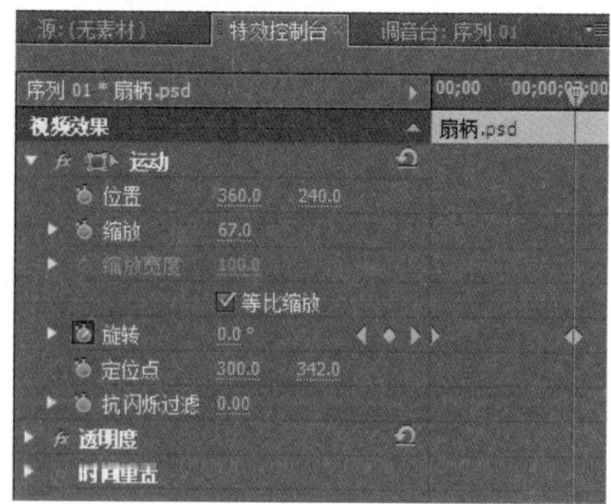

图 7-28　播放头在“0 秒”和“2 秒 06 帧”时的参数设置

步骤 7　预览效果，保存项目。

通过“一叶知秋”和“展开扇面”两个实例，学习了如何给素材添加运动效果，如何设置运动路径，如何使素材产生位置、旋转和缩放等运动效果。灵活掌握和应用“运动”特效将大大提升作品的视觉效果。

课后实训 8　展开画轴

任务描述

根据所学的知识设计画轴展开效果，该实例项目的制作方法与课堂实训 2 相似，在此仅介绍关键步骤。

该实例制作的内容是一段落叶的视频随着卷轴的展开而打开。视频切换中使用了【擦除】特效、【边角固定】特效和【运动】特效。“展开画轴”的运动效果如图 7-29 所示。

图 7-29　“展开画轴”的运动效果

操作提示

步骤 1　新建一个项目，将项目命名为“展开画轴”，在【序列预置】选项卡中选择【DV-PAL】下的【标准 48kHz】，单击【确定】按钮，保存设置。

步骤 2　导入素材，将“落叶视频”“画框”“画轴”“背景”等素材文件导入【项目】面板中。

步骤 3 在【序列.1】中，将“落叶视频”“画框”分别拖动至【视频 1】和【视频 2】轨道中，调整两个视频片段的时间，使出点和入点对齐。

步骤 4 为“落叶视频”应用【边角固定】特效。选择【效果】|【视频特效】|【扭曲】|【边角固定】命令，其特效的参数设置界面如图 7-30 所示。

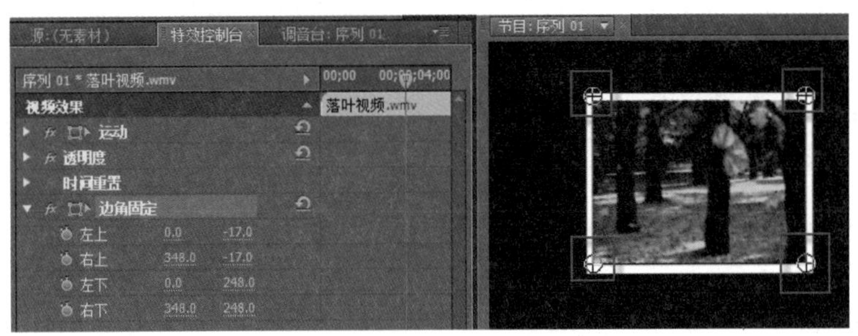

图 7-30 【边角固定】特效的参数设置界面

步骤 5 新建【序列.2】，实现序列嵌套。将【序列.1】拖到【序列.2】的【视频 2】轨道中。为其应用【视频切换】|【擦除】|【擦除】特效，【擦除】特效的参数设置界面如图 7-31 所示。

步骤 6 在序列中将相关的素材摆放到时间线中，素材的摆放效果如图 7-32 所示。

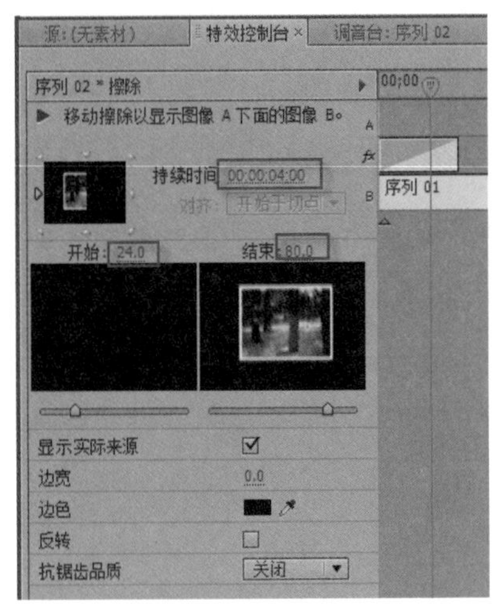

图 7-31 【擦除】特效的参数设置界面

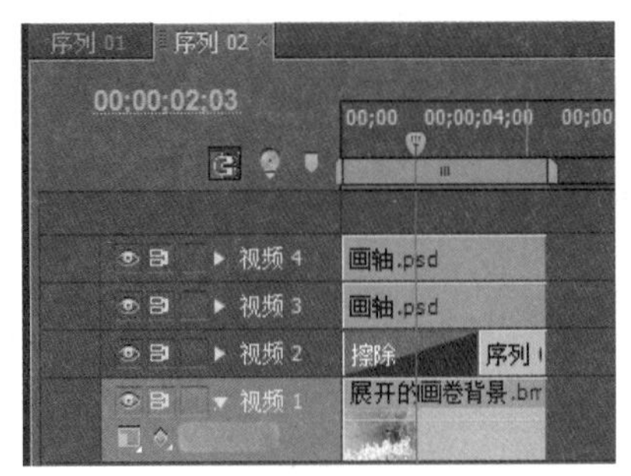

图 7-32 素材的摆放效果

步骤 7 为【视频 4】轨道中的“画轴”应用“运动”特效，设置【位置】参数如图 7-33 所示。

图 7-33 设置【位置】参数

步骤 8 预览效果，保存项目。

“展开画轴”效果广泛应用于诗词赏析、儿童读本等内容的教学课件，如图 7-34 所示。

图 7-34 “展开画轴”效果应用于教学课件

知识拓展

短片欣赏——《另一只鞋子》

欣赏短片——《另一只鞋子》。如果不是我的，我会把我得到的，还给你。如果我无法得到，我会把我有的，送给你。人都是相互的，当善良遇见善良，就会开出世界上最美的花朵。

1. 故事梗概

影片《另一只鞋子》是一部埃及微电影，讲的是关于两个小男孩和一双崭新的黑色皮鞋之间的故事。4 分钟的短片，没有一句台词，全网点击量突破十亿，感动了世界上不同种族、不同文化的人，温暖了全世界，荣获电影节大奖。

2. 情节分析

（1）故事开始

第一个镜头，开放式构图，人来人往的街道上，款式各异的鞋子来回穿梭于街道。镜头切入，穿着“人字拖”的男孩坐在墙角，对着自己这双破旧的鞋发愁。人物全景镜头如图 7-35 所示。

男孩不断地尝试修补鞋子，却怎么也修不好。此时镜头在正面和侧面两个角度之间反复切换，既展现出男孩修不好鞋子的焦急，又能让我们感受到他的迷茫、焦躁与失望。特写镜头如图 7-36 所示。

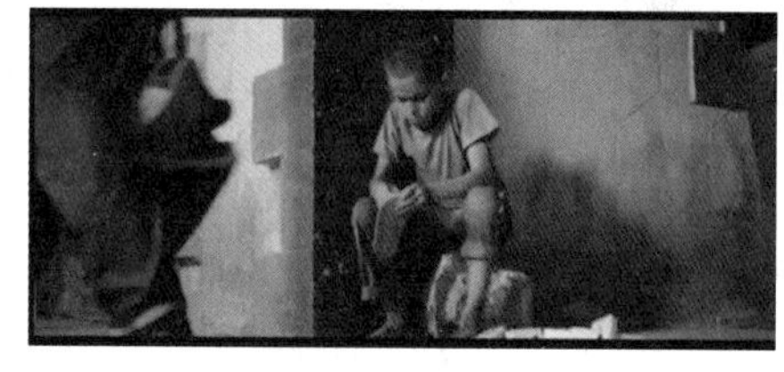

图 7-35 人物全景镜头

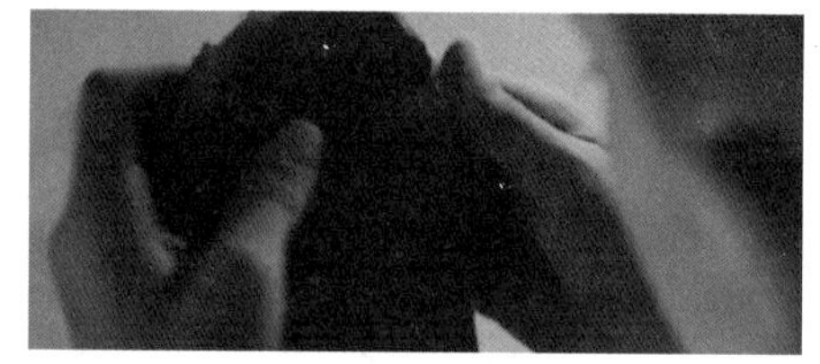

图 7-36 特写镜头

从他的穿着打扮和这双破旧的鞋子可以看出，他是个地地道道的穷小子。

（2）情节点1

他懊恼地将鞋子一甩，但却舍不得丢掉。就在此时，一双锃亮的黑色皮鞋映入他的眼帘——一个富人家的男孩正在用雪白的手绢擦拭着鞋子。鞋子全景镜头如图7-37所示。

这双闪着光泽的黑色皮鞋，瞬间抓住了男孩的目光，镜头跟随着男孩的视线与穿皮鞋男孩的步伐一起移动，并来回切换。运用“蒙太奇”手法营造出男孩此时的心理变化。从他的眼神里我们可以体会到男孩此时的心情，是渴望，是羡慕，是惊艳，是沉醉其中。他做梦都没想过会有这样一双鞋子会穿在一个同龄人的脚上，他手里拎着自己的那双破旧的鞋，却无法抑制对新鞋的渴望。

图7-37　鞋子全景镜头

（3）情节点2

接下来，运用“时钟”、“疾驰而来的火车”和“奔涌的人群”等镜头为下一幕赶火车的场景做了交代。同时，穿皮鞋的男孩不断地整理拉扯着脚上的皮鞋也为接下来的情节埋下伏笔。人群熙攘，富人男孩的爸爸拉着他拼命往前挤。情急之中，一只皮鞋被挤掉下来，皮鞋掉落。发车指示杆垂下，火车开始出发。他想回头去捡，但是车子已经启动，这一情节结束。掉落的皮鞋近距离镜头如图7-38所示。

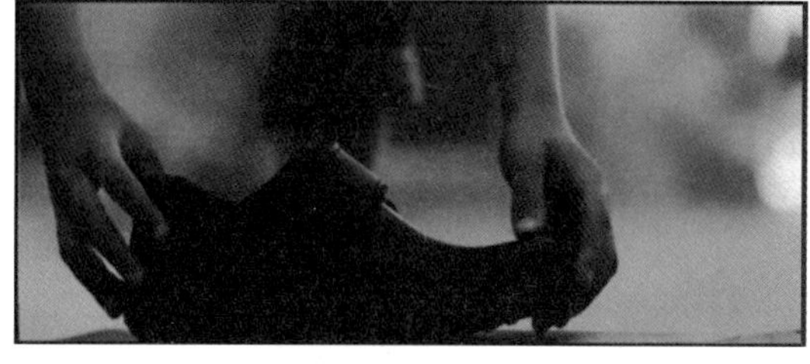

图7-38　掉落的皮鞋近距离镜头

（4）转折点

镜头聚焦于掉落的皮鞋，角落里的男孩跑过来小心翼翼地捧起鞋子，镜头随着男孩的手部动作上移，聚焦从鞋子、手，转向男孩的神情。男孩捧着皮鞋，片刻地摇头之后，神情由犹豫变成了坚定。此时画面发生了光线上的变化，男孩的视线及接下来的奔跑都迎着光线的方向。切换镜头如图7-39所示。

图 7-39　切换镜头

他小心翼翼地双手捧起这只皮鞋，充满仪式感。这只不过是一只普通的鞋子，却被他视作珍宝。

他一定非常兴奋，渴望拥有的东西意外地来到眼前，可这毕竟是别人的东西，即使再想拥有，也应该物归原主。片刻地犹豫之后，他立刻追了上去——“如果不是我的，我会把我得到的，还给你”。

（5）高潮

这一段让无数人泪目，男孩跟着火车拼命地奔跑，希望把皮鞋递给火车上的男孩，一递一接，筋疲力尽。火车渐行渐远、渐行渐快……即使最后的一掷，也没能让皮鞋飞进火车。

看着站台上的男孩和掉落的那只皮鞋，火车上的男孩做了一件让人意想不到的事情：他脱下脚上的另一只鞋，扔向男孩——“如果我无法得到，我会把我有的，送给你”。近景镜头如图 7-40 所示。

图 7-40　近景镜头

“亲爱的伙伴，这双皮鞋，是我的宝贝，但既然再也没法拥有，就把它送给你。感谢你光着脚跑了这么远的路。”人物反应镜头如图 7-41 所示。

图 7-41　人物反应镜头

阳光下的微笑与挥手，令人动容。

（6）结尾

男孩捧着鞋望着远方，镜头淡出画面渐渐变暗，故事落幕。结尾镜头如图 7-42 所示。结尾镜头给观影者留下想象的空间，丰富了短片的内容。

图 7-42 结尾镜头

3. 主题感悟

简短的 4 分钟，表现出孩子之间的善良与纯真。将故事的开端、发展、矛盾、转折、高潮、结尾表现得自然而有张力。看完意犹未尽，充满感动。一个人的放手，是对另一个人的成全。

有一种爱在“舍”与“得”之间。

一双鞋，串起两颗最纯美的童心。

这个故事很简单，但是让所有人动容。

这样慷慨的馈赠，并不是人人都有的气度。

当一样东西不再属于自己，大多数人的选择是执着于此，拼命不想放手。

可就像手里的沙子，抓得越紧，漏得越多。

把它让给更有需要的人，反而成全了别人，也收获了一份珍贵的记忆。

这两个小男孩的故事让我们明白。

贫穷时该有所坚守，富有时要懂得取舍。

善良是比聪明更难得的品质，因为聪明是一种天赋，而善良是一种选择。

爱出者爱返，福往者福来。

人性的弱点，就是常常看到别人的缺点，却看不到自己的不足。

愿我们都能在这个纷扰的世界中释放一点温情，温暖彼此。

本章小结

本章主要介绍了如何给素材添加运动效果，如何设置运动路径，如何使素材产生各种不同的运动效果，希望读者在理解的基础上熟练掌握。

习题 7

1. 填空题

（1）在 Premiere 软件中，除了位置运动外，还经常使用素材的________、________等运动效果。

（2）______________是指素材的长短和顺序可以不按制作的先后和长短而进行任意的编排和剪辑。

2. 选择题

（1）（　　）不属于运动效果的参数设置选项。

A.【位置】　　B.【不透明度】

C.【定位点】　　D.【旋转】

（2）以下描述错误的是（　　）。

A. 要让画面产生运动，首先必须给素材创建运动效果

B. 在 Premiere 软件中，可以为除字幕以外的所有视频设置运动效果

C. 素材画面的运动实际上是给它指定一个回放的位置和轨迹，从而达到使其产生运动的目的

D. 使用旋转设置画面旋转时，旋转轴心受定位点位置的影响，当位置改变时，旋转的圆心也将改变

3. 简答题

在 Premiere 软件中怎样改变素材的运动速度？

第8章

Premiere的字幕制作

字幕在数字影音编辑与合成中占有非常重要的地位，是影视作品的重要组成部分。字幕用来表达、传递信息，还能够增强节目的艺术感染力。Premiere软件提供了【字幕编辑器】面板及丰富的字幕工具，能够方便、快速地创建字幕。

本章主要介绍【字幕编辑器】面板、字幕工具的应用，并通过实例讲解多种风格的字幕制作技巧。

重点知识

■ 字幕制作的一般过程。
■ 【字幕编辑器】面板、字幕工具和属性的使用方法。
■ 各种动态字幕的制作。

课堂实训18　滚动字幕

任务描述

打开效果文件“滚动字幕”，字幕跟随画面从底部出现，并缓慢向上运动，显示诗歌的标题。然后依次显示所有诗句，类似影视节目结尾的滚动字幕。通过本实例的练习，读者能够掌握字幕的基本流程和操作技能。

任务分析

滚动字幕是经常使用的一种运动字幕，字幕上下滚动。Premiere 软件提供了专门的滚动字幕功能，使用该功能和【字幕编辑器】面板就能实现这类字幕的制作。使用【项目】面板、【时间线】面板和【节目监视器】面板，可以制作带滚动字幕的视频。

设计效果

本实例完成后的效果如图 8-1 所示。

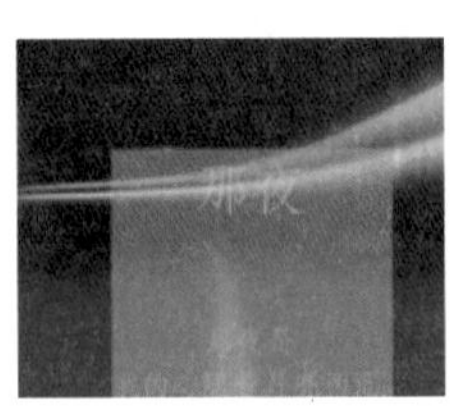
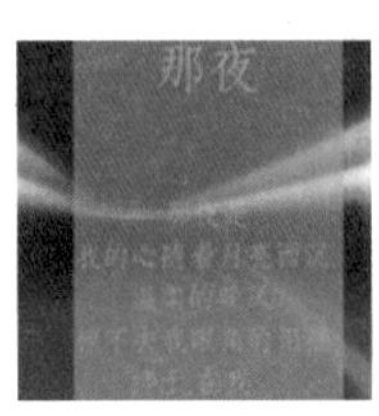
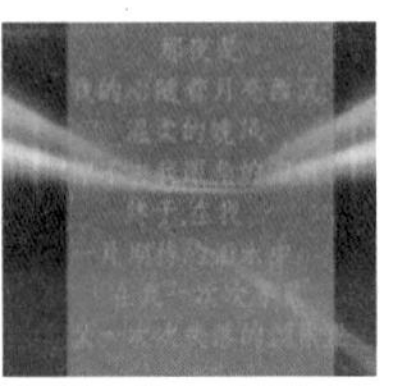

图 8-1　“滚动字幕”效果图

知识储备

为了完成实例的制作，需要先学习以下内容。

字幕的编辑和创作环境是【字幕编辑器】面板，其中包含多种制作字幕的工具，与【字幕编辑器】面板同等重要的还有【字幕】菜单。利用【字幕编辑器】面板和【字幕】菜单的命令就可以创作各种字幕。

1. 创建字幕

新建一个字幕有 3 种常用方法。

方法一：选择【文件】|【新建】|【字幕】命令，弹出【新建字幕】对话框，输入字幕的名称，单击【确定】按钮。

方法二：在【项目】面板底部的工具栏上单击【新建分类】按钮，在弹出的快捷菜单中选择【字幕...】命令，如图 8-2（a）所示；或者在【项目】面板的空白处右击，在弹出的快捷菜单中选择【新建分类】菜单下的【字幕...】命令，如图 8-2（b）所示。两种方法均可弹出【新建字幕】对话框，如图 8-2（c）所示。

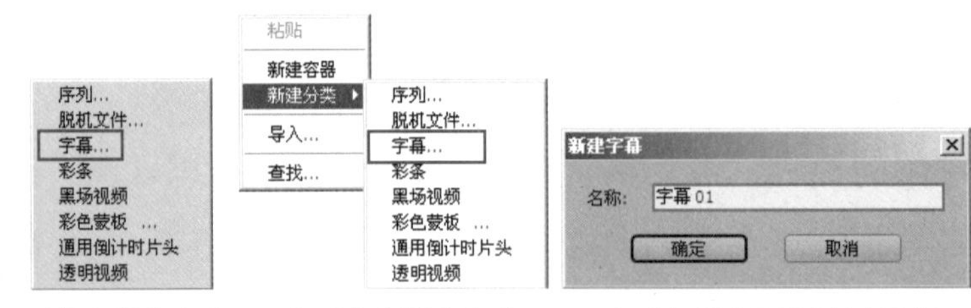

（a）【字幕】命令　（b）【字幕】命令　（c）【新建字幕】对话框

图 8-2　【新建字幕】对话框

方法三：在【字幕】菜单中选择【新建字幕】命令，在下一级菜单中选择所要创建的字幕类型，如图 8-3 所示，也可弹出【新建字幕】对话框。

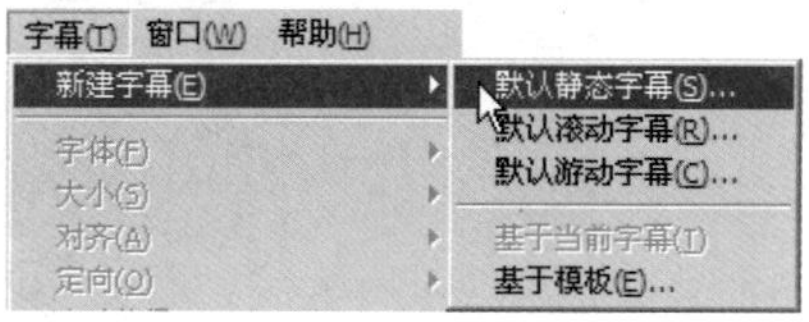

图 8-3 【新建字幕】命令

2. 字幕类型

字幕类型包括【静态】字幕、【滚动】字幕、【左游动】字幕和【右游动】字幕。

- 【静态】字幕：该类型字幕是静止的。
- 【滚动】字幕：该类型字幕一般是从上到下运动，产生“滚动”效果。
- 【左游动】字幕和【右游动】字幕：该类型字幕是左右游动的字幕，可以向左游动，也可以向右游动。

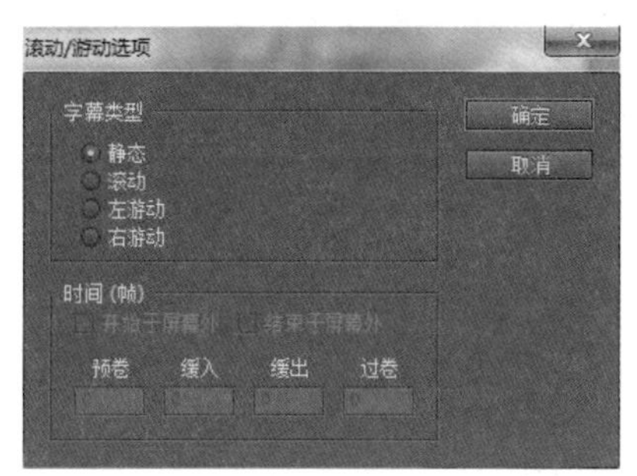

图 8-4 【滚动/游动命令】对话框

字幕类型是可以互相转换的，操作如下。

创建任意类型的字幕，并打开对应的【字幕编辑器】面板，选择【字幕】|【滚动/游动选项】选项；或者单击字幕类型按钮，弹出【滚动/游动选项】对话框，如图 8-4 所示。在该对话框中可重新选择字幕的类型。

对话框中可以设置【时间（帧）】参数。只有字幕类型设置为【滚动】字幕、【左游动】字幕或【右游动】字幕时，【时间（帧）】参数才被激活。各参数说明如下。

- 【开始于屏幕外】复选框：选中该复命框时，【预卷】参数不可用。设置字幕的开始端从屏幕外进入屏幕中。
- 【结束于屏幕外】复选框：选中该复命框时，【过卷】参数不可用。设置字幕的末端从屏幕中一直运动到屏幕外。
- 【预卷】/【过卷】：【预卷】参数设置，载入动态字幕前，字幕呈现静止状态的帧数；【过卷】参数设置，字幕结束后，字幕呈现静止状态的帧数。
- 【缓入】/【缓出】：【缓入】参数设置，设置字幕从开始缓慢加速到正常速度的时间内，需要跳跃或逐渐加速的帧数；【缓出】参数设置，设置字幕从减速到完全停止的时间内，需要播放的帧数。

3.【字幕编辑器】面板

创建字幕素材后，自动弹出【字幕编辑器】面板。【字幕编辑器】面板包括【字幕工具】面板、【字幕动作】面板、命令设置区、工作区、【字幕样式】面板和【字幕属性】面板，如图 8-5 所示。

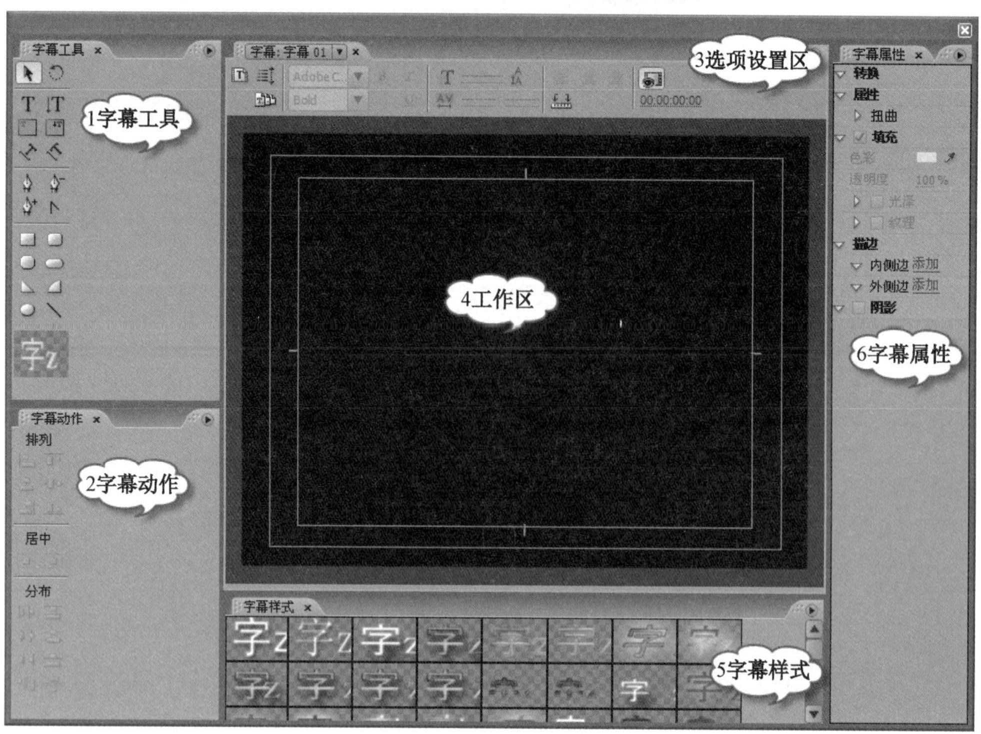

图 8-5 【字幕编辑器】面板

（1）【字幕工具】面板

【字幕编辑器】面板最左侧的上半部分是【字幕工具】面板，该面板包含丰富的工具，可用来创建和编辑绝大多数的字幕对象，如图 8-6 所示。

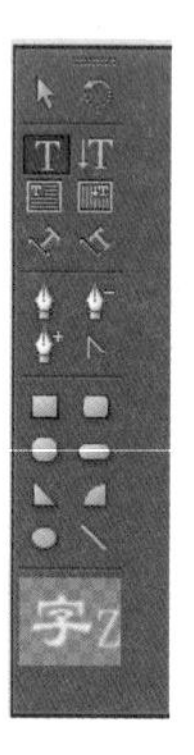

图 8-6 【字幕工具】面板

① 选择工具。单击选择字幕对象，包括文字对象和图形对象，选择后可对其进行大小、位置、旋转等操作。在单击的同时按住【Shift】键，可连续选择多个字幕对象；也可以框选多个字幕对象。

② 旋转工具。旋转当前所选择的字幕对象。

③ 文字工具或垂直文字工具。输入水平文字或垂直文字；或者对水平文字、垂直文字进行修改。

④ 文本框工具或垂直文本框工具。输入横向文本或纵向文本。可在工作区中拖出一个文本输入区域，由该区域限定文本输入的范围。

⑤ 路径输入工具或垂直路径输入工具。使用路径输入工具或垂直路径输入工具可使文字按照路径的走向进行输入。

⑥ 钢笔工具。可在字幕显示区域绘制任意的曲线路径。

⑦ 删除定位点工具。可删除钢笔工具绘制的曲线上的定位点，改变曲线的形状。

⑧ 添加定位点工具。与删除定位点工具相反，可在绘制的曲线上添加定位点，改变曲线的形状。

⑨ 转换定位点工具。转换定位点的类型，如将直线定位点转换为曲线定位点。

⑩ 矩形工具。绘制矩形，绘制时按住【Shift】键则绘制正方形。绘制的矩形或正方形可以是无填充的，也可以是填充的，可在【字幕属性】面板中进行设置。

⑪ 圆角矩形工具。绘制圆角矩形，其属性同样可在【字幕属性】面板中进行设置。

⑫ 斜角矩形工具。绘制斜角矩形。

⑬ 圆矩形工具。绘制圆矩形。

⑭ 三角形工具。绘制三角形。

⑮ 圆弧工具。绘制圆弧。

⑯ 椭圆工具。绘制椭圆，绘制时按住【Shift】键则绘制圆形。

圆角矩形工具、斜角矩形工具、圆矩形工具、三角形工具、圆弧工具、椭圆工具可以绘制无填充的图形，也可以绘制填充的图形，其属性可在【字幕属性】面板中进行设置。

⑰ 直线工具。绘制直线。

（2）【字幕属性】面板

使用【字幕编辑器】面板的【字幕属性】面板能对文字对象或图形对象进行样式或风格的设置。根据选择的字幕对象的不同，【字幕属性】面板的设置命令随之发生改变。选择文字字幕时，显示 5 种属性的设置，分别介绍如下。

1）【转换】参数的设置

【转换】参数的设置界面如图 8-7 所示。

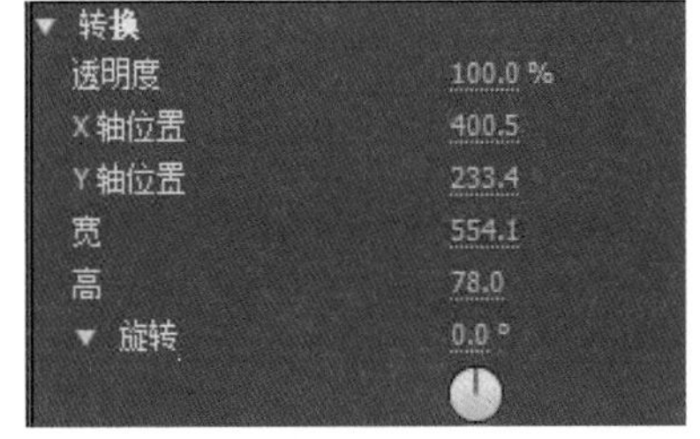

图 8–7 【转换】参数的设置

①【透明度】：设置字幕的透明度值，默认值为 100%。

② 【X 轴位置】：设置字幕在工作区中 X 轴的位置。

③ 【Y 轴位置】：设置字幕在工作区中 Y 轴的位置。

④ 【宽】：设置字幕的宽度。

⑤ 【高】：设置字幕的高度。

⑥ 【旋转】：设置字幕的旋转角度。

还可以使用【选择】工具在工作区中拖动字幕从而改变字幕的坐标位置；在工作区中选中字幕后，字幕框的四周出现 8 个控制点，用鼠标左键按住并拖动控制点可以调整字幕的【宽】、【高】和【旋转】的参数值。

2）【属性】参数的设置

【属性】参数设置字幕的格式，根据选择的字幕对象的不同，属性参数有所不同。选择文字字幕时，【属性】参数的设置界面如图 8-8（a）所示；若选择图形字幕对象，则【属性】参数的设置界面如图 8-8（b）所示。

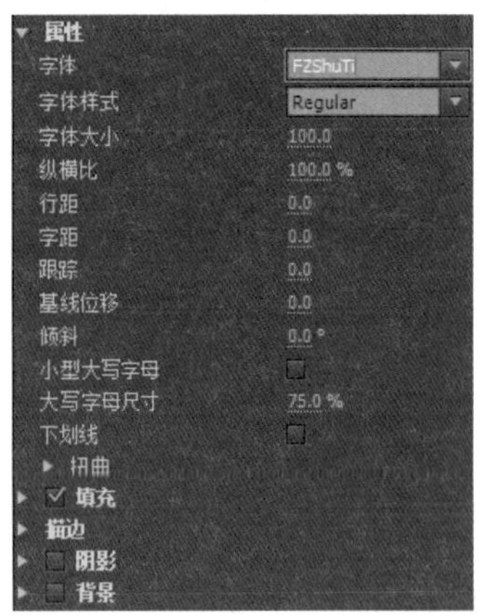

（a）文字字幕【属性】的设置界面

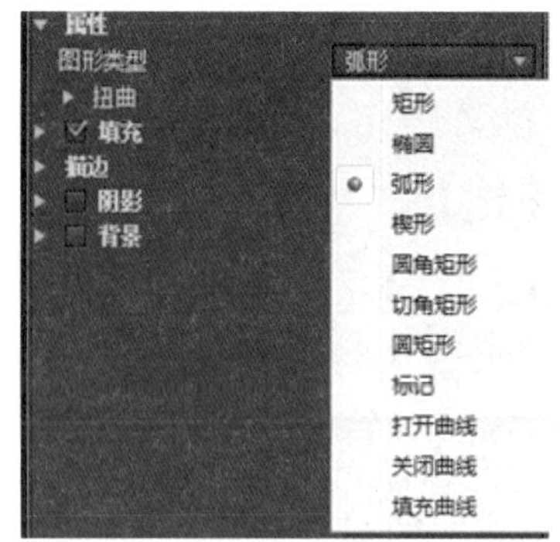

（b）图形字幕【属性】的设置界面

图 8-8　文本字幕和图形字幕的【属性】设置界面

文字字幕的【属性】参数的设置界面说明如下。

① 【字体】：选中字幕文本，在【字体】下拉列表框中选中某种字体，即可改变字体。改变字体还有其他方式，可以在【命令设置区】中的字体类型下拉列表框中选择字体；或者在【工作区】中右击字幕，在弹出的快捷菜单中选择【字体】命令，从下一级菜单中选择某种字体。

② 【字体样式】：从下拉列表框中选择字体的样式，包括常规、特粗、加粗、倾斜、加粗并倾斜，默认为常规。该处设置与【命令设置区】中的字体样式设置相同。

③ 【字体大小】：设置字体的大小。

④ 【纵横比】：设置字幕纵向和横向的比例。

⑤ 【行距】：设置文本行与行之间的距离。

⑥ 【字距】：设置文本字与字之间的距离。

⑦ 【跟踪】：设置文字之间的距离，效果类似【字距】。

⑧ 【基线位移】：设置文本基线的位置。

⑨ 【倾斜】：设置文本的倾斜角度，不影响文本框的角度。

⑩ 【小型大写字母】：“小型大写”就是与小写字母一样高，外形与大写字母保持一致。选择该复选框，输入的字母均为大写字母。

⑪ 【大写字母尺寸】：只有当【小型大写字母】复选框被选择时才有效，用于控制被转换为大写字母的尺寸大小。在外观上，小写转换为大写字母的尺寸不能超过直接输入的大写字母。

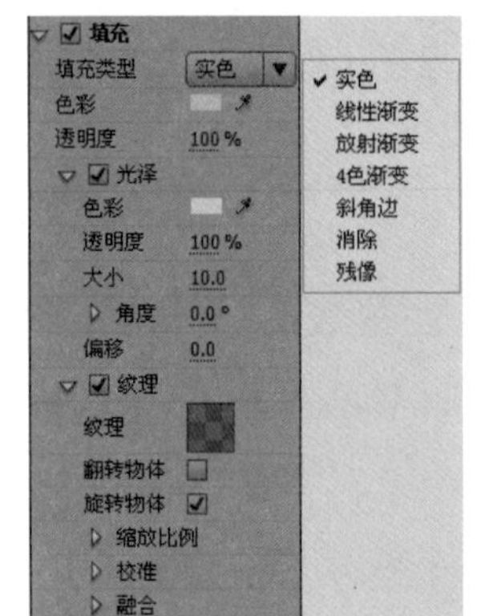

图 8-9　【填充】参数的设置

⑫ 【下画线】：选择该复选框，为输入的字母文本添加下画线。

⑬ 【扭曲】：设置字幕在 X 轴和 Y 轴上的扭曲程度，可产生富有变换的文本形态。

3）【填充】参数的设置

【填充】设置为复选属性，只有选择复选框才能进行参数设置，用于设置文本、图形的颜色或纹理填充格式，如图 8-9 所示。

① 【填充类型】：在下拉列表框中选择使用某种类型进行填充。根据选择类型的不同，下面的属性会随之变化。一共有 7 种类型。

a.【实色】：该类型是单色填充，单击【色彩】后面的颜色拾取器，选择某种色彩即可。

图 8-10 【线性渐变】填充属性

b.【线性渐变】：该类型是从一端到另一端的线性渐变色填充。此时，显示渐变色彩编辑栏，如图 8-10 所示，有两个颜色滑块，分别控制渐变色的开始和结束颜色。单击选中某个颜色滑块，在【色彩到色彩】后面的颜色拾取器中选择某种颜色。颜色设置完成后，左右拖动滑块，能够改变该滑块的颜色所占比例大小。【色彩到透明】参数设置颜色的透明程度，默认值为“100%”，不透明。

c.【放射渐变】：该类型与【线性渐变】类型的填充类似，是从中心向外发散的放射形填充。

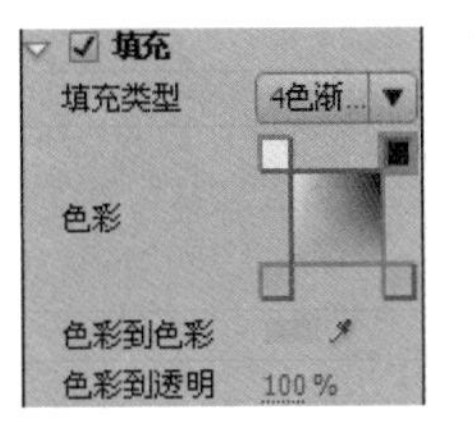

图 8-11 【4 色渐变】填充属性

d.【4 色渐变】：该类型与前面两种渐变填充方式相似，使用 4 种不同颜色进行填充。如图 8-11 所示，双击 4 个角上的颜色块可对颜色进行编辑。

e.【斜角边】：该类型可以使文本产生类似斜角的立体效果。设置参数如图 8-12 所示，【高亮颜色】可设置发光面的颜色，【阴影颜色】可设置立体阴影处的颜色；【平衡】可设置高亮颜色和阴影颜色的明暗对比，默认值为“0.0”，数值越高对比越强；【大小】可设置斜角的大小；选择【变亮】复选框，设置【亮度角度】，产生光线照射角度效果；【亮度级别】可设置亮度的强弱；选择【管状】复选框，可设置斜角上出现明暗交接的管状效果。

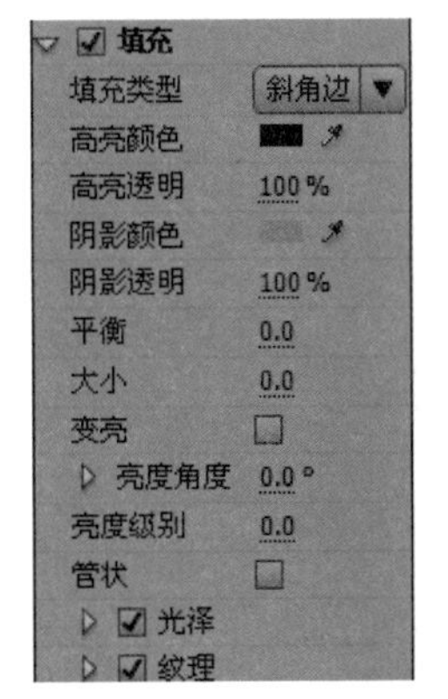

图 8-12 【斜角边】填充属性

f.【消除】：该类型消除字幕的显示。若设置了字幕的阴影效果，使用此类型，则将字幕从阴影中“挖出”，文本“消失”，而显示字幕的阴影，从而产生镂空的效果。

g.【残像】：该类型与【消除】类型类似，不同的是字幕只是隐藏了，而没有从背景中挖出，故显示完整阴影，而不是镂空效果。

② 【光泽】复选框：选择后为字幕添加光泽。【色彩】参数用于指定光泽的色彩；【透明度】参数设置光泽的透明度；【大小】参数设置光泽的尺寸；【角度】参数设置光泽作用于字幕的角度；【偏移】参数设置光泽在位置上产生的效果偏移量。

③ 【纹理】复选框：选择后设置字幕的纹理填充效果。双击【纹理】后的预览方框，弹出【选择一个纹理图像】对话框，可从资源管理器中找到一个图像作为纹理使用。

【翻转物体】：选择该复选框，字幕对象翻转时，纹理也同时翻转。

【旋转物体】：选择该复选框，字幕对象旋转时，纹理也同时旋转。

【缩放比例】：对纹理进行缩放，可以按照 X 轴和 Y 轴分别进行控制。

【校准】：对齐或微调纹理的位置，可以按照 X 轴和 Y 轴分别进行控制。

【融合】：设置纹理和原始字幕的混合程度，可以设置 Alpha 混合比例和组合画线等参数。

4）【描边】参数的设置

【描边】设置字幕的描边效果，使字幕更加清晰；或者产生特别的效果，如图 8-13 所示。

【描边】分为【内侧边】和【外侧边】。两种可以单独使用也可以一起使用，设置参数相同。这里以【内侧边】的参数设置为例进行讲解。

如果要添加【描边】效果，单击【内侧边】右侧的【添加】按钮，自动弹出详细的参数设置界面。如果不再需要【描边】效果，单击【内侧边】右侧的【删除】按钮即可。

① 【类型】：单击该下拉列表框可从中选择描边类型，包括 3 种。

a.【边缘】：这是默认类型，可以调节【大小】的参数来设置描边的尺寸。

图 8-13 【描边】参数的设置

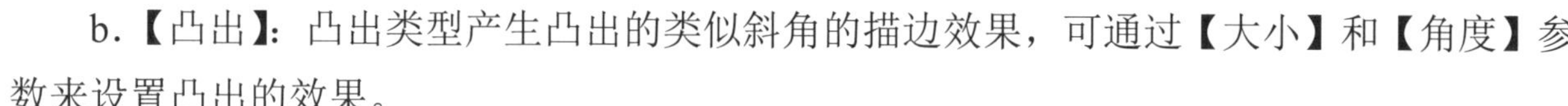

b.【凸出】：凸出类型产生凸出的类似斜角的描边效果，可通过【大小】和【角度】参数来设置凸出的效果。

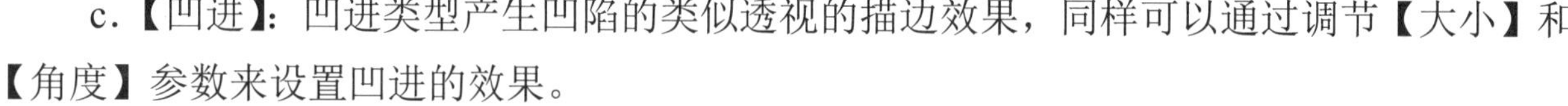

c.【凹进】：凹进类型产生凹陷的类似透视的描边效果，同样可以通过调节【大小】和【角度】参数来设置凹进的效果。

这 3 种类型的效果对比如图 8-14 所示。

【边缘】效果

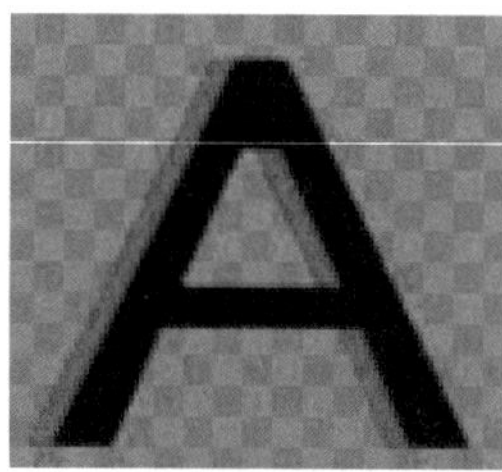

【凸出】效果

【凹进】效果

图 8-14 3 种描边类型的效果对比

② 【填充类型】：与【填充】设置中的【填充类型】相同，这里不再赘述。

③ 【透明度】：设置描边效果的透明度。

5）【阴影】参数的设置

【阴影】复选框：只有选择复选框才能进行参数设置。【阴影】可为字幕对象创建阴影效果，参数设置界面和对应效果如图 8-15 所示。

图 8-15 【阴影】参数的设置和对应效果

① 【色彩】：设置阴影的色彩。

② 【透明度】：设置阴影的透明度。

③ 【角度】：设置阴影相对字幕对象的投射角度。

④ 【大小】：设置阴影的尺寸大小。

⑤ 【扩散】：设置柔化程度，默认值为“0.0”，表示无柔化效果，数值越高表示阴影越柔和。

操作步骤

制作本实例，操作步骤如下。

步骤 1 创建滚动字幕。

新建一个【DV-PAL】下的【标准 48kHz】项目，将项目命名为“滚动字幕”。一般可使用两种方法创建滚动字幕。

方法一：选择【字幕】|【新建字幕】|【默认滚动字幕】命令，弹出【新建字幕】对话框，在名称文本框中输入名称“字幕 01”，单击【确定】按钮即可创建一个滚动字幕。

方法二：选择【文件】|【新建】|【字幕】命令，创建静态字幕“字幕 01”，在弹出的【字幕编辑器】面板中单击【滚动/游动命令】按钮图标，弹出【滚动/游动命令】对话框，如图 8-16 所示，选择字幕类型为【滚动】，并选择【开始于屏幕外】复选框，将【过卷】参数设置为“20”，以保证文字在滚出前暂停一段时间。

创建的字幕文件，自动放置于【项目】面板中。

步骤 2 编辑字幕。

在【项目】面板中，双击“字幕 01”，打开【字幕编辑器】面板。选择【矩形】工具，在【工作区】创建一个矩形框，并填充为灰色，将【透明度】设置为“50%”。这样，将字幕放置在它的上层，字幕比较清晰，而且还能显示出背景。选择【文本框】工具，在矩形区域上创建一个矩形区域；然后输入诗句，并设置好诗句题目和诗句的格式。选择【水平居中】工具，将矩形背景框和文本框水平居中，如图 8-17 所示。编辑完成后，单击右上角的【关闭】按钮关闭【字幕编辑器】面板。

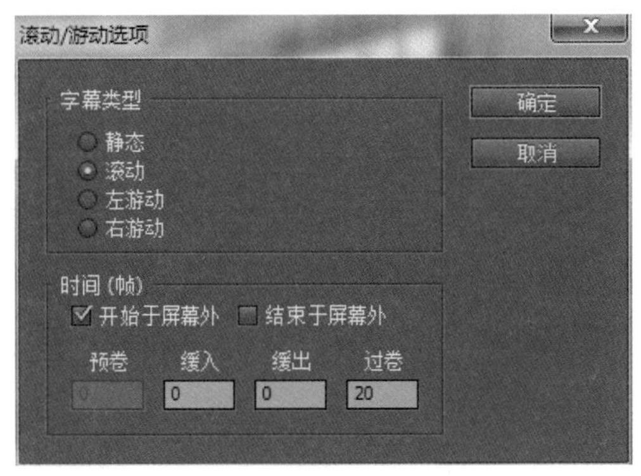

图 8-16 【滚动/游动选项】对话框

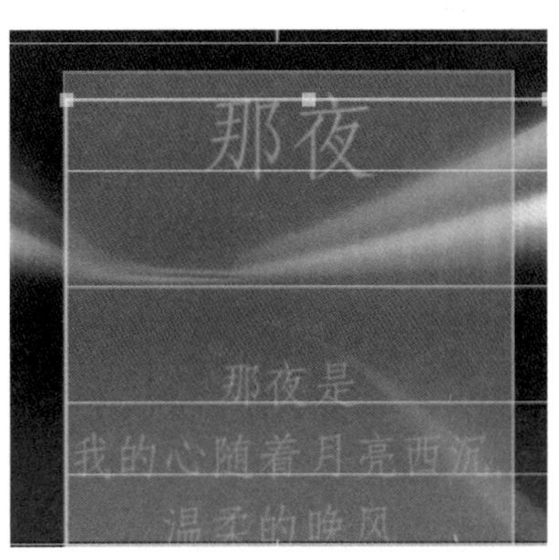

图 8-17 编辑字幕

步骤 3 应用字幕。

将一段背景素材视频加载到【视频 1】轨道上。然后，将“字幕 01”加载到【视频 2】轨道上，如图 8-18（a）所示。由于字幕持续时间较短，下面使字幕和背景视频的持续时间相同：移动鼠标到字幕出点处，当鼠标变为⇥时，按住鼠标向右拖动，使两者的出点相同，如图 8-18（b）所示。这样，字幕的持续时间变长，播放速度相应变慢。

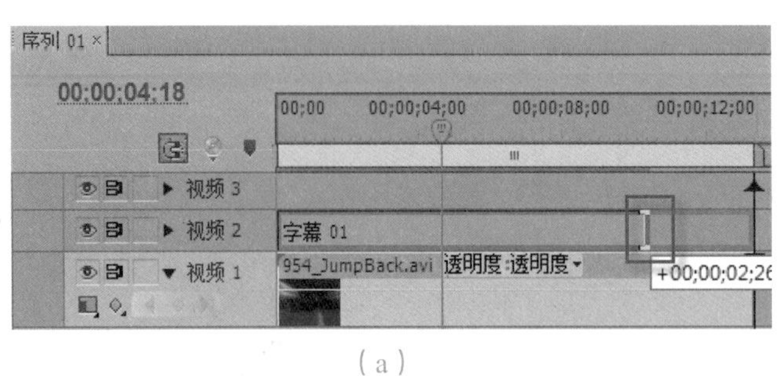

（a）

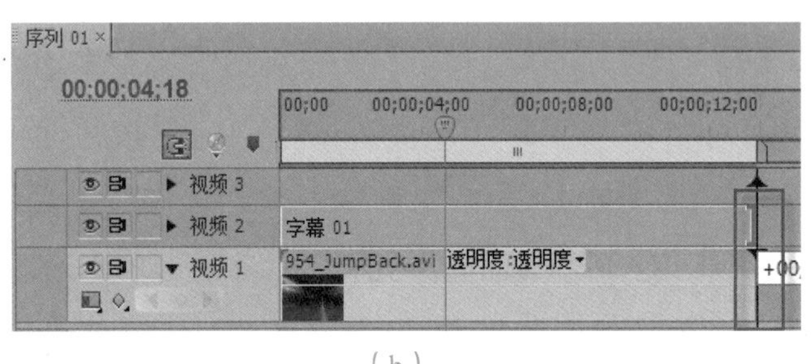

（b）

图 8-18 编辑时间线

步骤 4 在【节目监视器】面板中预览效果，直到满意为止。最后，保存项目。

课堂实训 19 游动字幕

任务描述

制作“游动字幕”，使字幕的文字从画面右侧的屏幕外进入，从右向左游动。

任务分析

游动字幕是另一种经常使用的运动字幕，字幕可以从右向左游动，也可以从左向右游动，前者使用更多一些。本实例的制作与滚动字幕的制作步骤相似，利用【字幕编辑器】提供的游动字幕功能即可实现。

设计效果

本实例完成后的效果如图 8-19 所示。

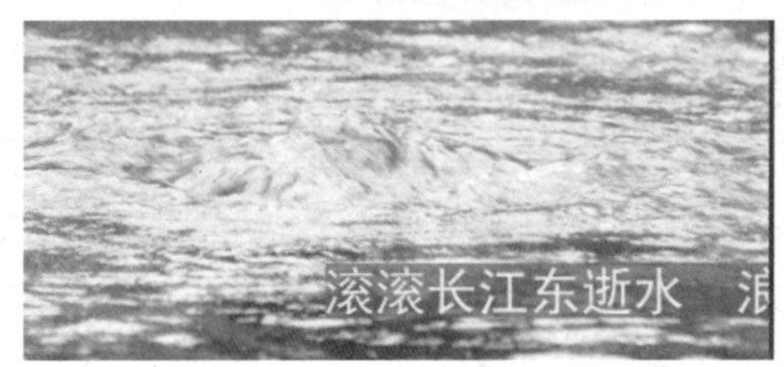

图 8-19 “游动字幕”效果图

操作步骤

步骤 1 创建游动字幕。

新建一个【DV-PAL】下的【标准 48kHz】项目，将项目命名为“游动字幕”。选择【字幕】|【新建字幕】|【默认游动字幕】命令；或者先创建【静态】字幕，使用【滚动/游动命令】按钮更改字幕类型为【左游动】。

步骤 2 编辑字幕。

在【字幕编辑器】面板中，使用文字工具添加字幕文本，使用矩形工具添加矩形背景，并使用【属性】面板调整它们的属性，效果如图 8-20 所示。编辑完成后，单击右上角的【关闭】按钮关闭【字幕编辑器】面板，然后保存项目。

图 8-20 字幕编辑效果

步骤 3 应用字幕。

在视频轨道上放置视频素材，然后在该轨道上方拖入制作好的滚动字幕，调整两者的入点和出点。最后预览节目效果，保存项目。

课堂实训 20 运动字幕片头

任务描述

在片头画面中，首先从右向左淡入游动字幕，字幕停止在画面中后，从下向上淡入滚动字幕。

任务分析

使用 Premiere 软件分别制作滚动字幕和游动字幕，并结合视频切换特效实现字幕的淡入效果。通过软件自带的字幕模板即可实现丰富的效果，本实例是 Premiere 软件功能的综合应用。

设计效果

本实例完成后的效果如图 8-21 所示。

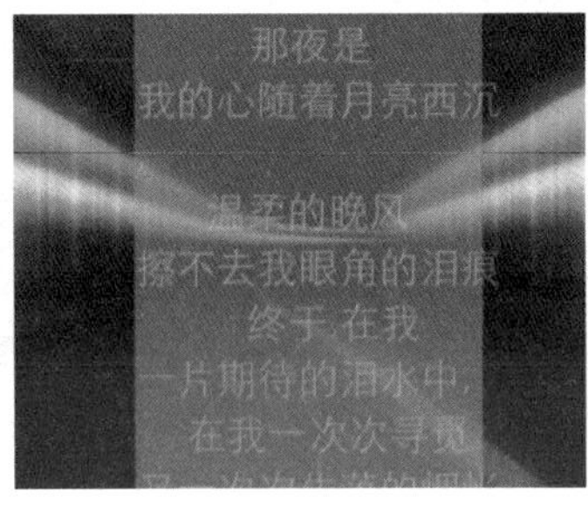

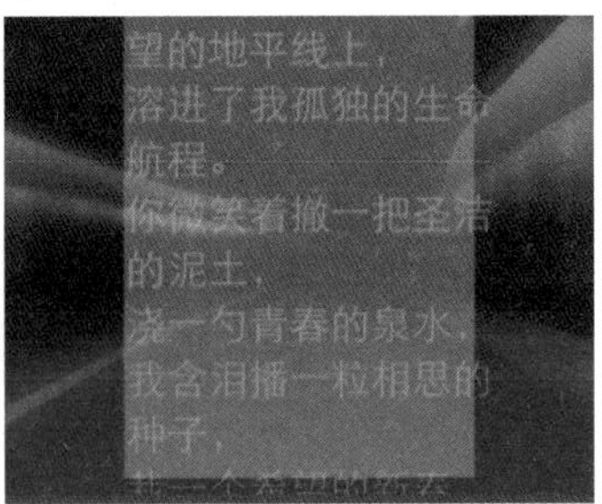

图 8-21 “运动字幕”效果图

操作步骤

本实例中，采用字幕模板的方式将诗词标题应用游动字幕，诗句正文应用滚动字幕，这两种字幕类型结合起来实现动态效果。操作步骤如下。

步骤 1 新建一个【DV-PAL】下的【标准 48kHz】项目，将项目命名为“运动字幕片头”。在【项目】面板中导入一段背景素材视频。

步骤 2 创建名称为“游动字幕”，类型为【左游动】的游动字幕。单击模板按钮，弹出【模板】对话框，选择【C 娱乐】|【吉他】|【吉他（全屏 1）】模板，单击【确定】按钮，如图 8-22 所示。

以该模板为基础，删除不需要的部分，仅保留标题和背景，更改标题为“那夜”，设置字体为“黑体”，【字体大小】为“70.0”，效果如图 8-23 所示。

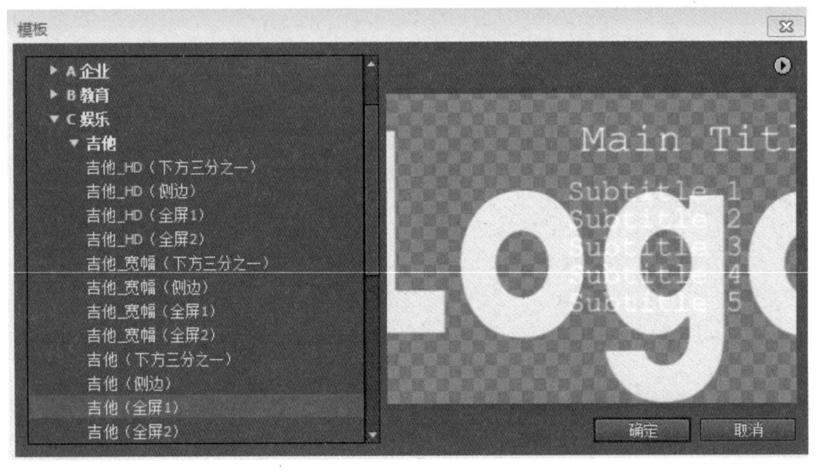

图 8-22 【模板】对话框

图 8-23 “游动字幕”编辑效果

提示

在应用模板后，字幕类型经常会自动变为【静态】字幕类型。这是因为模板是静态的，此时就需要更改字幕的类型。选择【字幕】|【滚动/游动命令】命令，或在【字幕编辑器】面板单击【滚动/游动命令】按钮，在弹出的【滚动/游动命令】对话框中即可更改字幕的类型。

再次单击【滚动/游动选项】按钮，在【滚动/游动选项】对话框中，选择【字幕类型】

为【左游动】，选择【开始于屏幕外】复选框，设置【缓入】为“0”帧，【缓出】为“25”帧，【过卷】为“75”帧，如图 8-24 所示。单击【确定】按钮，关闭【字幕编辑器】面板。至此，游动字幕制作完毕。

步骤 3 创建一个名称为“滚动字幕”的滚动字幕。应用同样的模板，删除模板中不需要的部分，只保留条目，并在条目位置输入诗句正文，如图 8-25 所示。在【属性】面板中设置字体为“楷体”，【字体大小】为“40.0”。

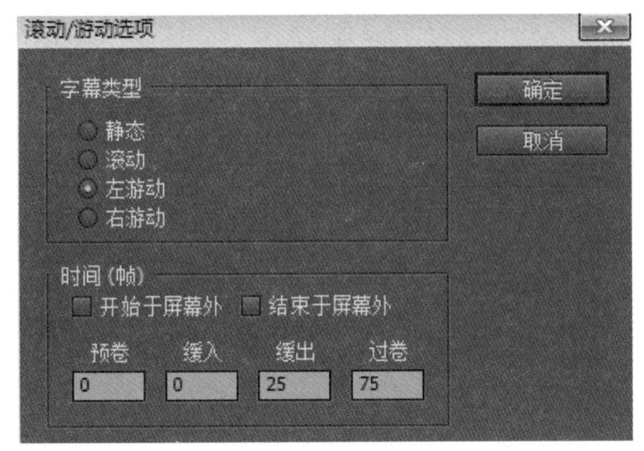

图 8-24 【滚动/游动选项】对话框

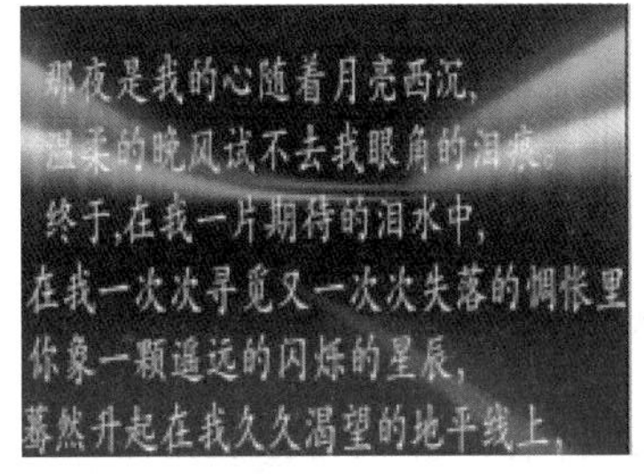

图 8-25 “滚动字幕”编辑效果

打开【滚动/游动命令】对话框，设置字幕类型为【滚动】，选择【开始于屏幕外】复选框，并设置【缓入】为“30”帧，【缓出】为“30”帧，【后卷】为“60”帧。至此，滚动字幕制作完毕。

步骤 4 应用字幕。首先，在【素材源监视器】面板中浏览视频，设置出点和入点，将视频素材拖到【时间线】面板的【视频 1】轨道上。然后，将“游动字幕”拖到【视频 2】轨道上，入点与视频对齐，并调整该字幕的出点与视频的出点一致。最后，拖动“滚动字幕”到【视频 3】轨道上，入点在视频素材之后；并调整它的出点与视频出点一致，如图 8-26 所示。

步骤 5 字幕过渡特效。切换到【效果】面板，选择【视频切换效果】|【叠化】|【叠化】特效，将它拖到“滚动字幕”的入点处，调整【叠化】特效效果的出点，如图 8-27 所示。

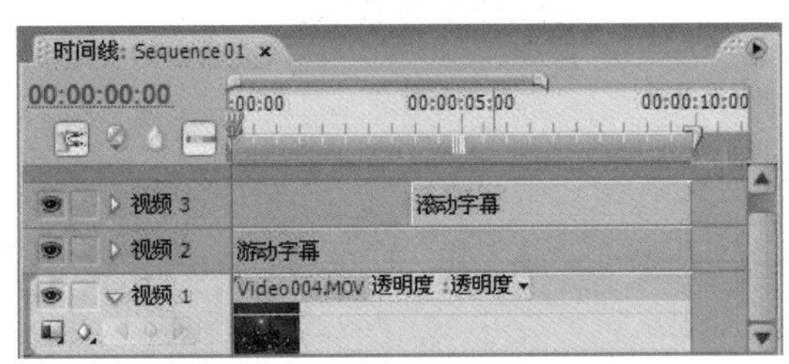

图 8-26 【时间线】面板的素材摆放

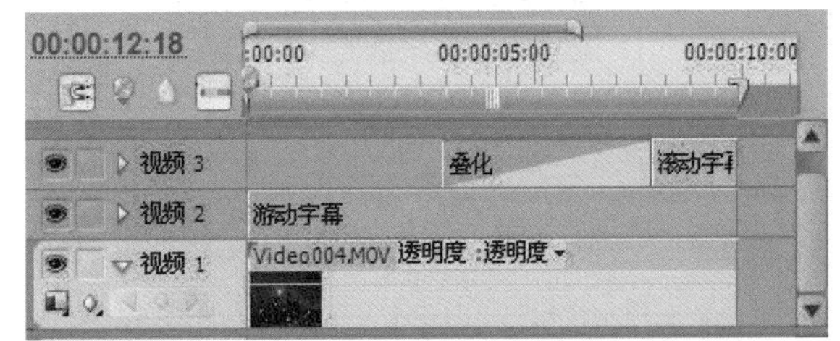

图 8-27 在【时间线】面板添加切换效果

步骤 6 在【节目监视器】面板中预览最终效果，保存项目。

课后实训 9　运动虚化字幕

任务描述

打开效果文件“运动虚化字幕”，画面中字幕文字依次从画面之外“飞入”，开始时模糊，运动到指定位置停止后，字幕变清晰。

任务分析

本实例中，首先创建静态字幕素材，然后结合【运动】特效和关键帧创建“飞入”动画，最后应用【快速模糊】特效产生由虚变实的字幕效果。

操作提示

步骤 1　新建一个名称为“运动虚化字幕”的【DV-PAL】下的【标准 48kHz】项目，进行项目的自定义设置，并导入一段背景素材视频。

步骤 2　创建一个静态字幕，输入“美丽的夜晚”字样，设置【字体大小】为“80.0”；单击【样式】区域的【方正舒体】样式，将该样式应用到字幕文本上；使用居中工具将字幕居中，效果如图 8-28 所示。

步骤 3　选中“美”字，选择【编辑】|【复制】命令，在工作区的空白处单击，执行【编辑】|【粘贴】命令，生成“美”字的一个副本。用鼠标和键盘将“美”字拖到原来的字幕上方并与之完全重叠。选中“美丽的夜晚”字幕，执行【编辑】|【剪切】命令，将字幕放入剪贴板中。此时，工作区只剩下“美”字，如图 8-29 所示。

图 8-28　字幕设计效果

图 8-29　创建“美”字的字幕

步骤 4　单击【新建字幕】按钮，弹出【新建字幕】对话框，输入字幕名称为“丽”，单击【确定】按钮，此时工作区如图 8-29 所示。选中“美”字，按【Delete】键删除字幕。然后，执行【编辑】|【粘贴】命令，将“美丽的夜晚”字幕还原到原来的位置。下面，按照与步骤 3 类似的操作，创建只有“丽”字组成的字幕。同样，创建“的”、“夜”和“晚”字幕。完成的“丽”、“的”、“夜”和“晚”的字幕效果如图 8-30 所示。

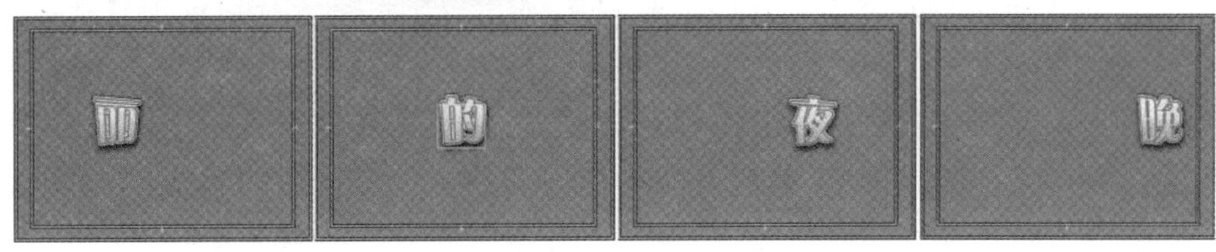

图 8-30 "丽"、"的"、"夜"和"晚"的字幕效果

步骤 5 切换到【时间线】面板，在【视频 1】轨道上右击，在弹出的快捷菜单中选择【添加轨道...】命令，在弹出的【添加视音轨】对话框中设置"添加 3 条视频轨道"，如图 8-31 所示。

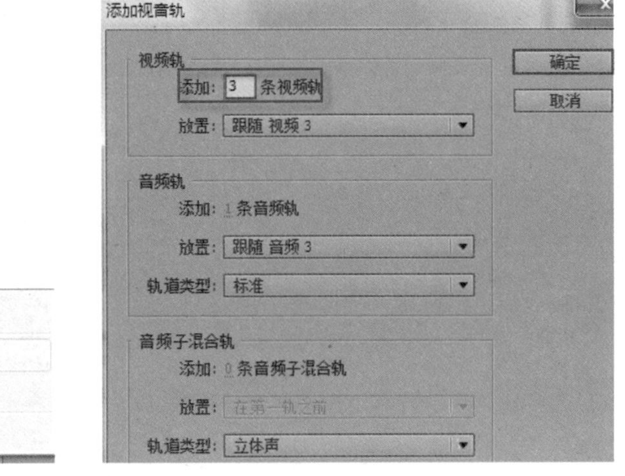

图 8-31 【添加视音轨】对话框

步骤 6 将背景素材视频和字幕素材分别拖到【视频 1】至【视频 6】轨道上，并调整使它们的出点相同，设置字幕文字的入点分别延后一点时间，如图 8-32 所示。

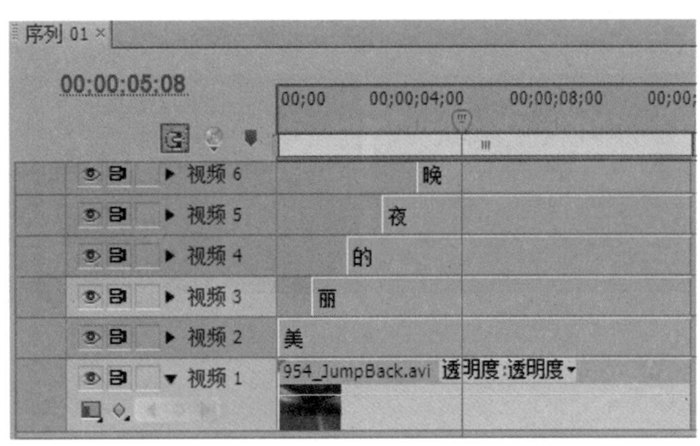

图 8-32 时间线编辑

步骤 7 单击【视频 2】轨道上的字幕将其选中，打开【特效控制台】面板，展开【运动】选项进行设置，记录下素材的【位置】参数。将播放头定位到入点处，在【节目监视器】面板中拖动该文字到画面外，并在此插入一个关键帧；然后，定位播放头到素材的后半段，更改【位置】参数为刚才记录的数值，如图 8-33 所示。这样，"美"字的运动效果创建完毕。

下面创建由虚变实的效果。选择【效果】|【视频特效】|【模糊&锐化】|【快速模糊】特效，将其拖到【视频 2】轨道的“美”字素材上。将播放头定位到入点处，在【特效控制台】面板，设置【模糊量】为“120.0”，并创建关键帧；调整播放头到【运动】特效的第 2 个关键帧处，设置【模糊量】为“0.0”，并插入关键帧，如图 8-34 所示。

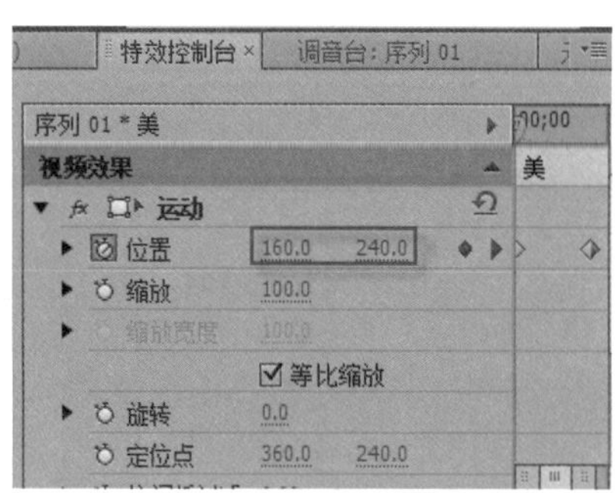
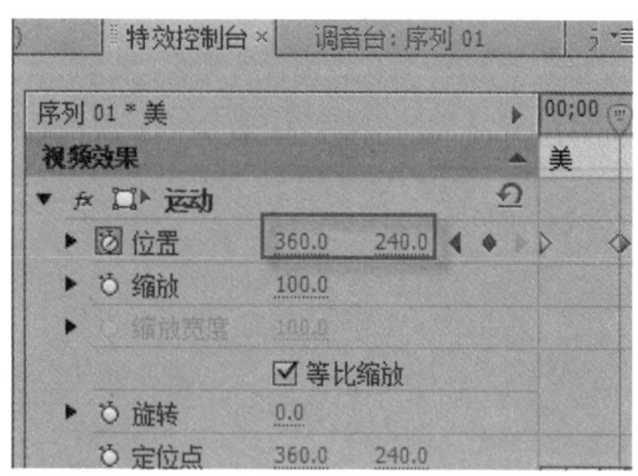

图 8-33 【运动】特效设置

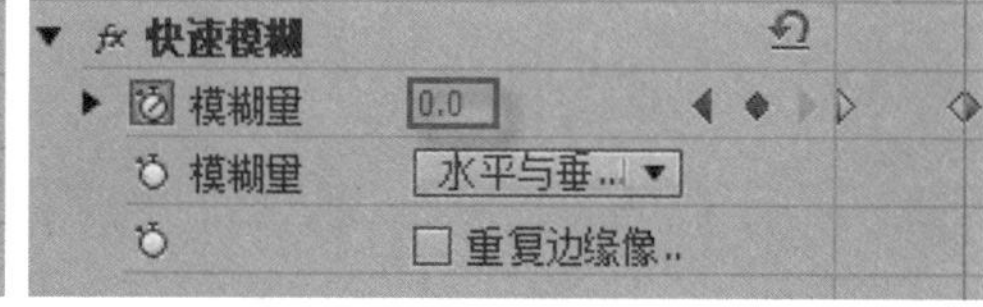

图 8-34 【快速模糊】特效设置

步骤 8 在【时间线】面板中，在【视频 2】轨道的“美”字素材上右击，在弹出的快捷菜单中选择【复制】命令，将该素材的所有设置进行复制。然后，选中【视频 3】至【视频 6】轨道上的所有素材，右击，在弹出的快捷菜单中选择【粘贴属性】命令，将“美”字素材的属性和特效设置应用于其他素材上。

步骤 9 预览最终效果，保存项目。“运动虚化字幕”的效果如图 8-35 所示。

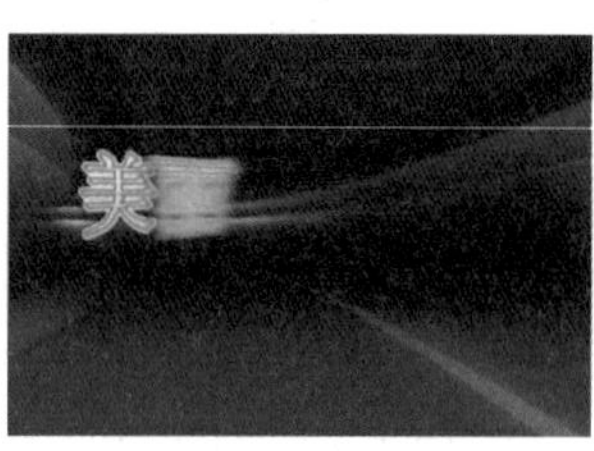

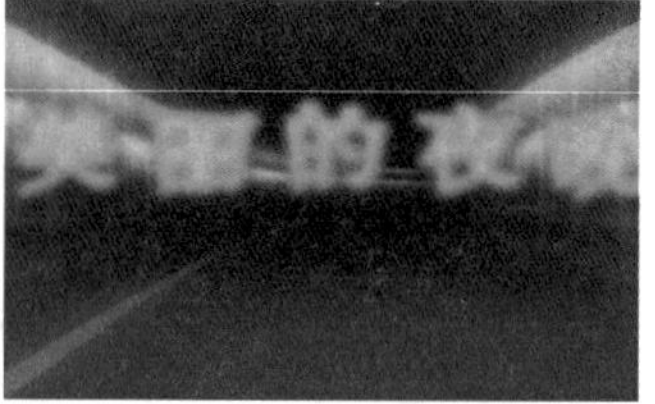

图 8-35 “运动虚化字幕”的效果

本章小结

本章主要介绍了字幕的创建、编辑，以及各种运动字幕的制作，如滚动字幕、游动字幕和字幕模板的应用。

习题 8

1．选择题

（1）要让字幕在飞滚完毕后，最后一幕停留在屏幕中，应设置（　　）参数。

A.【缓入】　　B.【缓出】

C.【预卷】　　D.【过卷】

（2）在 Premiere 软件中，关于【字幕编辑器】面板，描述不正确的是（　　）。

A．可以在字幕编辑器中操作路径文字

B．字幕编辑器提供了现成的字幕模板

C．在字幕编辑器中，可以选择显示或隐藏安全区

D．在字幕编辑器中，可以通过导入命令，将纯文本导入，作为字幕内容

（3）（　　）软件可以辅助 Premiere 软件制作出更加完美的字幕效果。

A．Word　　B．Photoshop

C．Illustrator　　D．PowerPoint

（4）在 Premiere 软件的【字幕编辑器】面板中创建一个标准的正方形或圆形图案，选择相应图标工具后结合使用（　　）键可以实现。

A.【Space】　　B.【Ctrl】

C.【Shift】　　D.【Alt】

2．思考题

在 Premiere 软件中，利用第三方软件制作字幕时，怎样让制作的字幕在导入 Premiere 软件时为透明状态？

第9章

数字音频编辑

前面系统地学习了视频的编辑处理，本章将学习音频的编辑方法。音频的编辑与视频的编辑很相似，可以设置音频的入点、出点及淡入淡出效果，并设置音频特效及音频切换效果等。

重点知识

- 调音台的结构及设置。
- 音频特效的调节技巧。
- 视频与音频的配合使用。

课堂实训21　配音诗朗诵

任务描述

打开效果文件“配音诗朗诵”，一段美妙的背景音乐缓缓响起，开始时朗读声音大，然后逐渐变小，背景音乐的声音逐渐变大。后一段声音是朗读的声音和背景音乐产生的回声混响效果。

任务分析

将两个音频文件分别放到不同的轨道中，背景音乐使用一段音频素材，可通过调节音量、增益等参数来实现实例要求。

通过本实例，读者可以练习音频特效的添加与设置。

知识储备

为了完成实例的制作，需要先学习以下内容。

1.【调音台】的使用

（1）音频编辑的基本流程

Premiere 软件中音频编辑的流程与视频编辑的流程很相似。首先导入或录制音频素材，然后将素材摆放到【时间线】面板，为素材添加所需的音频特效和音频过渡效果，最后利用【时间线】面板和【调音台】面板对音频素材进行输出前的平衡设置，包括音轨之间音量平衡、增益衰减及声道设置等。

（2）【调音台】的使用方法

【调音台】面板对应节目【时间线】面板的音频轨道，如图 9-1 所示。【调音台】面板有 4 个音频控制器：【音频 1】、【音频 2】、【音频 3】和【主音轨】，对应的【时间线】面板有 4 条音频轨道，两者一一对应。【调音台】面板可实时混合各音频轨道的音频，并通过【主音轨】合成输出。

图 9–1 【调音台】面板

【调音台】面板的主要工具如下。

① 【声道调节滑轮】：用于调整左、右两声道音频的输出，向左侧拖动滑轮，左声道音量增大；反之，右声道音量增大。

② 【轨道控制开关按钮】：

- 【静音轨道按钮】：单击该按钮，该轨道为静音状态。
- 【独奏轨道按钮】：单击该按钮，除本轨道外的其他轨道被设置为静音状态。
- 【激活录制轨道按钮】：单击该按钮，可使用录音设备录制音频素材并自动添加到该音频轨道上。

③【音量调节滑块】：向上拖动，增大音量；向下拖动，减小音量。单位为分贝。最右侧的【主音轨】音量调节滑块可同时调节所有音频轨道的音量。

④ 播放控制按钮。这些按钮与【节目监视器】面板的播放控制相同，需要注意的是按钮为录制按钮，在选中的音轨上录音时可使用该按钮。

2. 使用音频特效

添加音频特效的步骤如下：

步骤 1 显示【时间线】面板，并确定【时间线】面板的音频轨道上有音频素材。

步骤 2 打开【效果】面板，选中需要添加的音频特效效果，将其拖到【时间线】面板中的音频素材上，如图 9-2 所示。或者在【时间线】面板中选中音频素材，打开【特效控制台】面板，将需要添加的音频特效效果拖到【特效控制台】面板中即可。

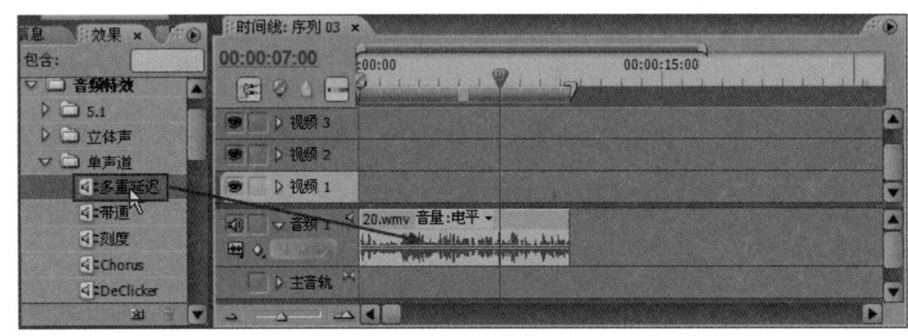

图 9-2 为素材设置音频特效效果

如果需要删除应用于音频对象的音频特效，可在【特效控制台】面板中，用鼠标选中音频特效，按【Delete】键即可。

3. 常用音频特效

Premiere 软件提供了丰富的音频特效，下面对常用音频特效进行讲解。

图 9-3 【音量】特效设置界面

（1）【音量】特效

Premiere 软件为每个素材预置了一个固定的特效——【音量】特效，放置在【特效控制台】面板中，【音量】特效设置界面如图 9-3 所示。

【旁路】复选框：取消或设置特效，该复选框为开关按钮，可以打开或关闭特效，进行特效设置前后的效果对比。

【级别】参数用于设置音量的大小，正值表示增大音量，负值表示减小音量，单位为分贝。

（2）【声道音量】特效

【声道音量】特效用于分别设置每个声道的音量，由于单声道只有一个声道，没有【声道音量】特效。如图 9-4 所示为立体声【声道音量】特效的设置界面，单位为分贝。

（3）【平衡】特效

【平衡】特效可设置左右两声道的相对音量，只能应用于立体声音频素材。【平衡】特效的值为正值时增大右声道的音量并减弱左声道的音量，负值时正好相反。默认值为“0.0”，表示左右声道均衡。【平衡】特效的设置界面如图 9-5 所示。

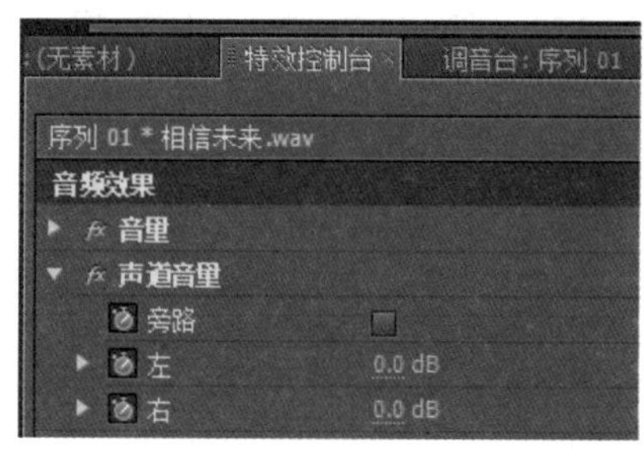

图 9-4　立体声【声道音量】特效的设置界面

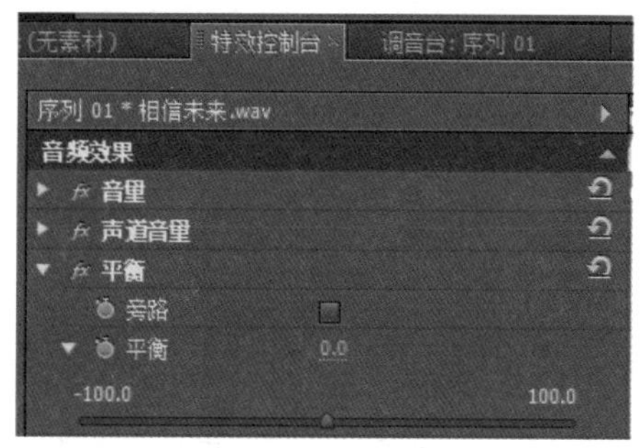

图 9-5　【平衡】特效的设置界面

（4）【选频】特效

【选频】特效的作用是删除音频素材中超出指定范围或波段的频率，【选频】特效的设置界面如图 9-6 所示。

【中置】：设置指定波段中心的频率。

【Q】：设置要保留的频段的宽度，数值越低保留的频段越宽，数值越高则保留的频段越窄。

（5）【DeClicker】（去杂音）特效

【DeClicker】特效能够消除音频素材的杂音，其设置界面如图 9-7 所示。

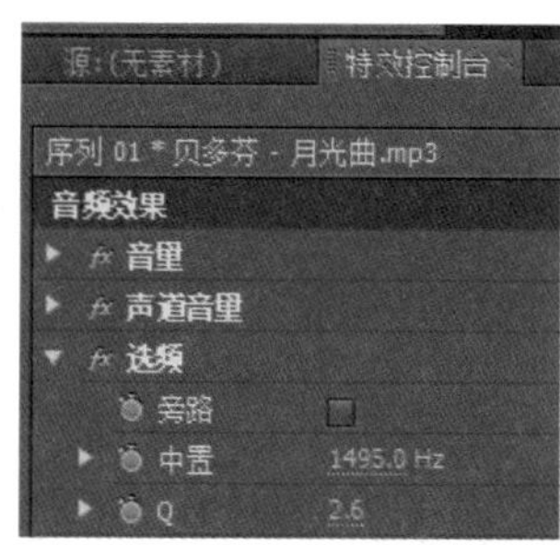

图 9-6　【选频】特效的设置界面

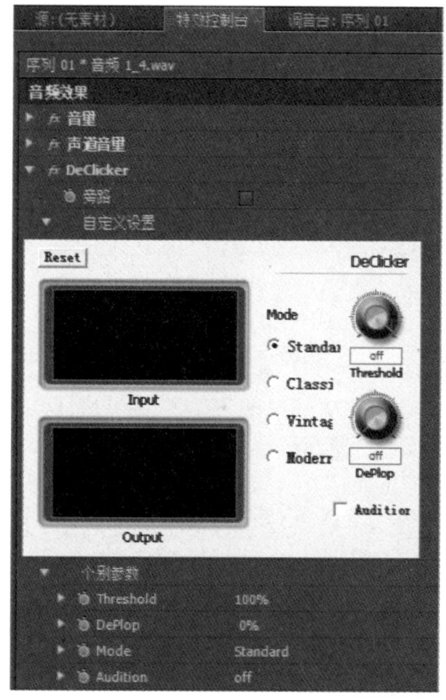

图 9-7　【DeClicker】特效的设置界面

（6）【DeCrackler】（去噪声）特效

【DeCrackler】特效能够消除音频素材的背景噪声，其设置界面如图 9-8 所示。

（7）【DeEsser】（去齿音）特效

【DeEsser】特效用于消除音频素材中常见的齿音噪声，如英语语音中高频率出现的“s”和“t”，其设置界面如图 9-9 所示。【Gain】参数用于设置降低齿音的强度；【Male】和【Female】单选框用于设置音频素材中发声者的性别，配合【Gain】参数能更好地去掉齿音噪声。

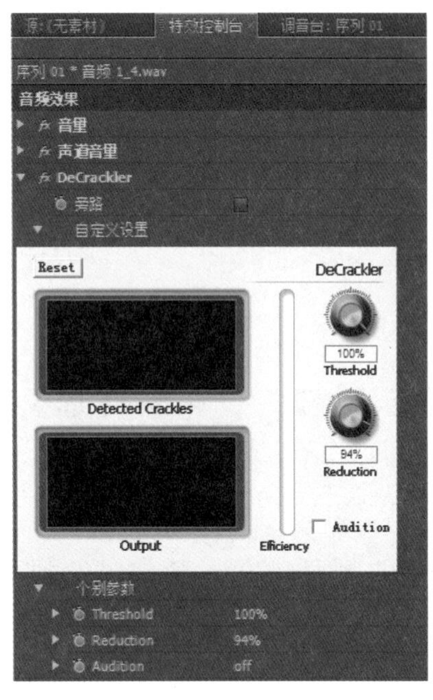

图 9-8 【DeCrackler】特效的设置界面

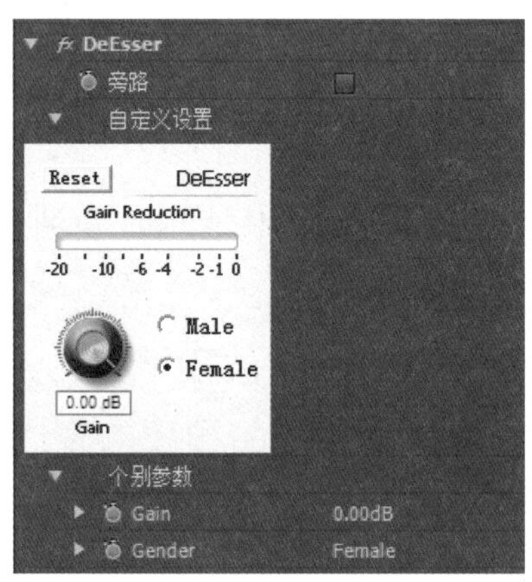

图 9-9 【DeEsser】特效的设置界面

（8）【DeHummer】特效

【DeHummer】特效能够消除音频素材中不需要的 50.00 Hz 或 60.00 Hz 的嗡嗡声和嘈杂声，其设置界面如图 9-10 所示。

- 【Reduction】：设置降低杂音的数量，该值不能设置过高，否则会出现消除了需要的音频的后果。
- 【Frequency】：设置杂音的中心频率，需要根据不同的语言进行设置。
- 【Filter】：设置消除杂音的滤波器的值。

（9）【延迟】特效

【延迟】特效为素材添加回声，其设置界面如图 9-11 所示。

- 【延迟】：设置回声延迟的时间，最小为“0.000 秒”，默认为“1.000 秒”，最大为“2.000 秒”。
- 【反馈】：设置延迟信号反馈叠加的百分比。
- 【混合】：设置回声与原声音混合的比例。

(10)【DeNoiser】特效

【DeNoiser】特效能够自动检测噪声并消除，其设置界面如图9-12所示。

- 【Freeze】：锁定噪声中心频率的值，从而确定需要消除的噪声。
- 【Noisefloor】：设置素材的噪声基线。
- 【Reduction】：设置消除-20.0～0.0分贝范围的噪声的数量。
- 【Offset】：设置消除的噪声和用户设置的基线的偏移量。

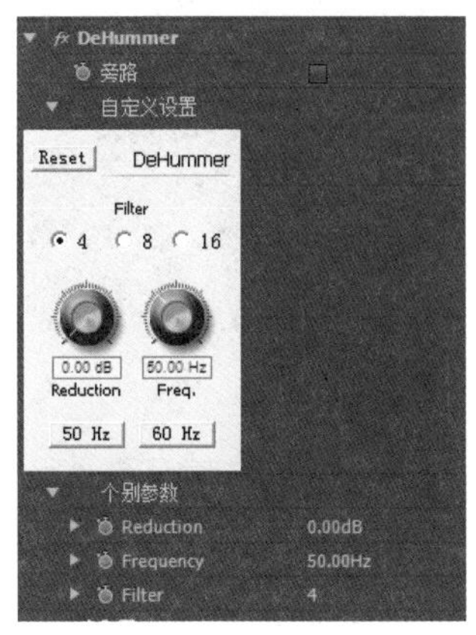

图9-10 【DeHummer】特效的设置界面

图9-11 【延迟】特效的设置界面

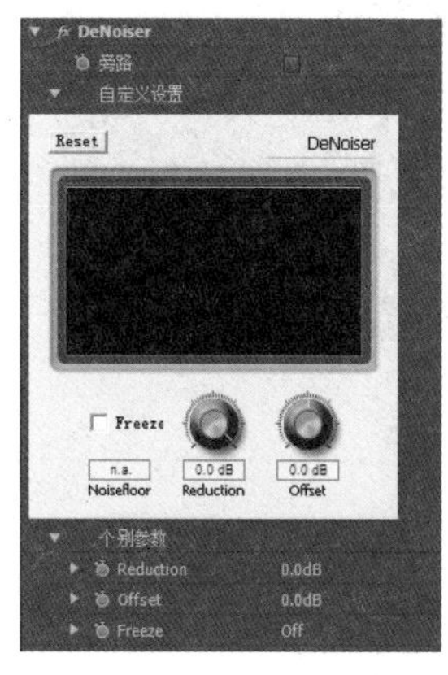

图9-12 【DeNoiser】特效的设置界面

(11)【EQ】特效

【EQ】特效相当于一个变量均衡器，可以调整音频素材的频率、带宽和电平参数。该特效包含3类过滤器，一个低频、一个高频、三个中频，如图9-13所示。

- 【Freq】：设置需要增大或减小的中心频率。
- 【Gain】：设置增大或减小频率的波段量。
- 【Cut】：设置低频段和高频段过滤器从搁置到中止。
- 【Q】：设置每个过滤器波段的宽度。
- 【Output】：设置均衡输出增益，增加或减少频段补偿的增益量。

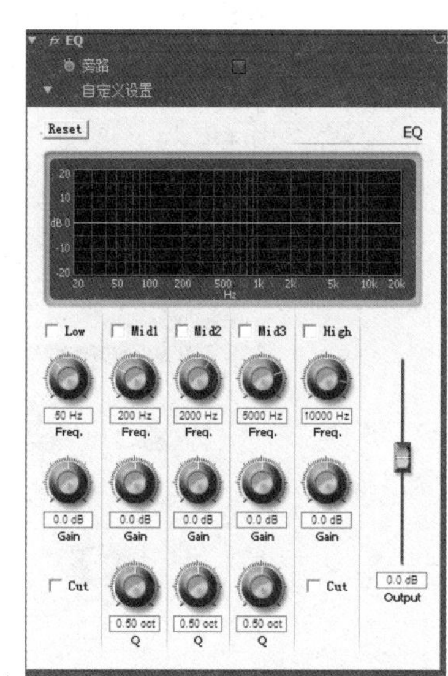

图9-13 【EQ】特效的设置界面

(12)【使用左声道】特效/【使用右声道】特效

这两个特效可以仅保留声音素材中的左/右声道部分的音频信号。如图9-14所示为【使用右声道】特效的设置界面，只有一个【旁路】复选框，与所有特效的【旁路】复选框的意义相同；【使用左声道】特效设置与此相同。

(13)【低通】特效/【高通】特效

【低通】特效用于删除高于指定频率临界值的音频，而【高通】特效用于删除低于指定频率临界值的音频。如图 9-15 所示为【低通】特效设置界面，【屏蔽度】设置指定的频率临界值。

（14）【反相】特效

【反相】特效可将音频的所有声道的相位颠倒，只有【旁路】复选框，具体设置界面如图 9-16 所示。

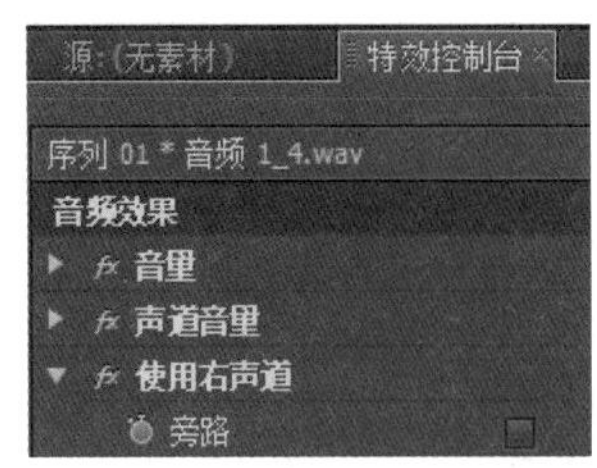

图 9-14　【使用右声道】特效的设置界面

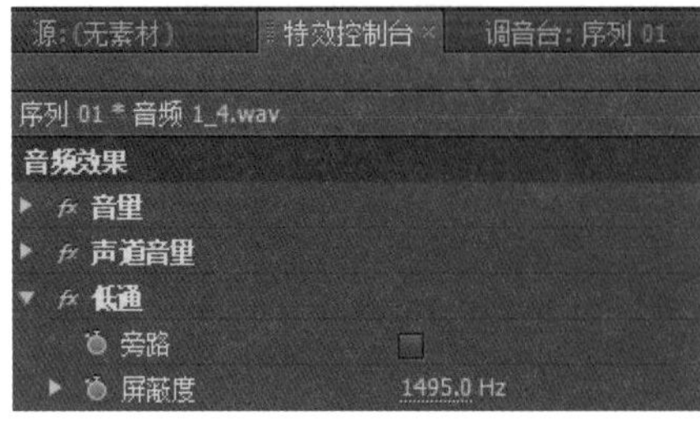

图 9-15　【低通】特效的设置界面

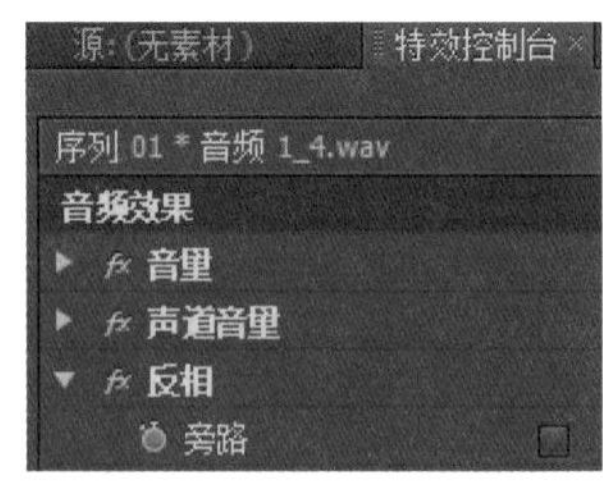

图 9-16　【反相】特效的设置界面

（15）【Reverb】（混响）特效

【Reverb】（混响）特效可以为一个音频素材增加气氛或热情，可模仿在室内播放音频的声音，其设置界面如图 9-17 所示。

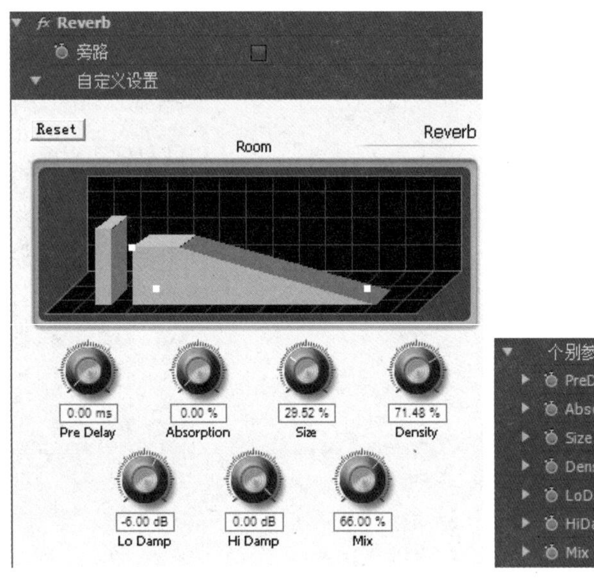

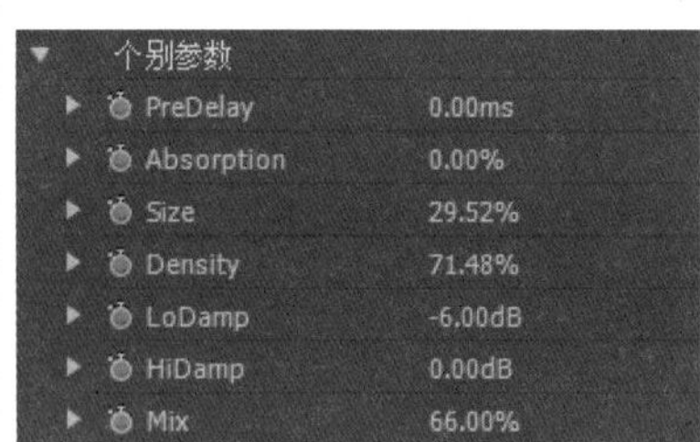

图 9-17　【Reverb】特效的设置界面

- 【PreDelay】：设置预延迟，指定信号和回音之间的时间，这与声音传播到墙壁后被反射到现场听众的距离有关。
- 【Absorption】：设置声音被吸收的百分比。
- 【Size】：设置空间大小的百分比。
- 【Density】：设置回音“拖尾”的密度。
- 【LoDamp】：设置低频的衰减大小，能够防止嗡嗡声造成的回响。

- 【HiDamp】：设置高频的衰减大小，较小的参数能够使回音变得柔和。
- 【Mix】：设置回音的量。

4．音频过渡特效

Premiere 软件为音频素材的过渡提供了【交叉渐隐】的特效效果。音频过渡特效包括 3 种，【恒定增益】特效、【恒定功率】特效和【指数型淡入淡出】特效。

- 【恒定增益】特效：此特效可以让音频素材以恒定速率产生淡入和淡出切换效果，即第二段音频淡入，第一段音频淡出。
- 【恒定功率】特效：此特效能够创建平滑和渐进的过渡效果，它以慢速降低第一段音频素材的前端部分并快速向后端过渡；对于第二段音频素材，则在其前端快速提高音频并慢慢向后端切换。两段音频素材的淡化按照抛物线的方式交叉进行，这种过渡效果很符合人的听觉规律。
- 【指数型淡入淡出】特效：用于第一段音频素材在淡出时，音量一开始下降很快，到后来逐渐平缓，直到该段声音完全消失为止。

应用音频过渡特效的操作步骤如下。

步骤 1　显示节目【时间线】面板，并在同一个音频的时间线轨道上添加相邻的两段音频素材。

步骤 2　在【效果】面板中，单击【音频过渡】|【交叉渐隐】|【恒定增益】特效，并定位到需要的转换特效上，拖动该特效到音频轨道的两个音频素材之间，如图 9-18（a）所示。

步骤 3　在【特效控制台】面板，可对【恒定增益】特效进行调整，其特效的设置界面如图 9-18（b）所示。

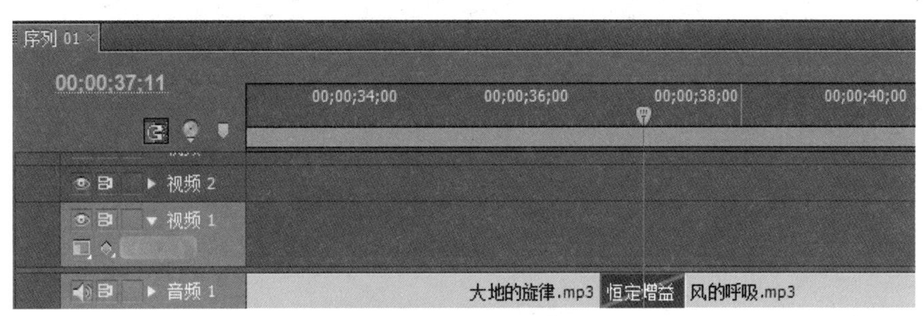

（a）

（b）

图 9-18　应用【音频过渡】特效

【持续时间】：设置切换效果持续的时间，默认为“00: 00: 01: 001”秒。该默认值也可以更改，执行【编辑】|【参数】|【常规】命令进行设置。

【对齐：】：设置效果发挥作用的位置，有4种情况：

- 【居中于切点】：使过渡效果应用于前一段音频素材的后端到后一段音频素材的前端。
- 【开始于切点】：使过渡效果开始于后面音频素材的入点。
- 【结束于切点】：使过渡效果结束于前面音频素材的出点。
- 【自定义开始】：使用户自定义的开始位置，该设置需要用户使用鼠标操作。在【特效控制台】面板右侧的【时间线】面板中，移动鼠标到过渡效果图标上方并按住拖动，即可调整特效的位置。移动鼠标到过渡效果图标两端，按住鼠标拖动能够调整过渡的【持续时间】。

操作步骤

下面制作本实例。

步骤1　新建一个【DV-PAL】下的【标准 48kHz】项目，将项目命名为“配音诗朗诵”，并进行项目的自定义设置。在【项目】面板导入音频素材文件“贝多芬-月光曲.mp3”和“相信未来朗诵.mp3”。

步骤2　分别将两段音频素材拖到【时间线】面板的【音频1】和【音频2】轨道中。

步骤3　为“贝多芬-月光曲.mp3”设置出点，并将其拖到【时间线】面板的【音频1】轨道上。使用剃刀工具，在“1分28秒”的位置处将音频素材分为两段，删除后半段，使两段音频素材的出点对齐，如图9-19所示（读者可根据自己的感觉来设置入点和出点）。

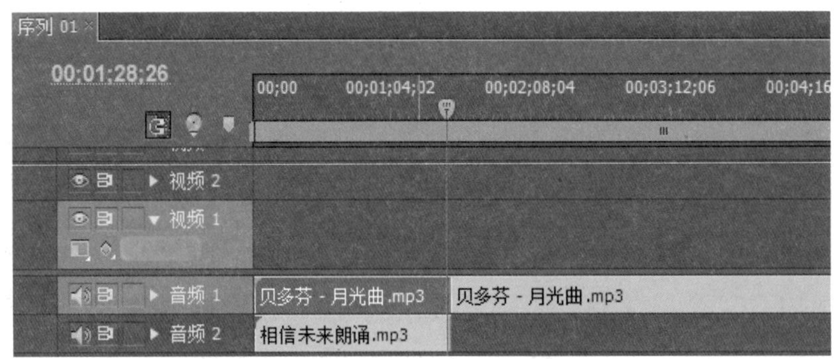

图9-19　音频素材在【时间线】上的摆放

步骤4　通过预览监听，应该突出朗读声，降低背景音乐的效果。若感觉整体音量过高，则调低该音轨的音量。打开【调音台】面板，拖动【音频 1】轨道的音量控制滑块调整音量，如图9-20所示，直到监听效果满意为止。

步骤5　添加淡入淡出特效。

展开【音频1】轨道，为其设置关键帧，如图9-21所示，并设置音频的淡入淡出特效，其设置与视频的淡入淡出特效的设置方法一样。

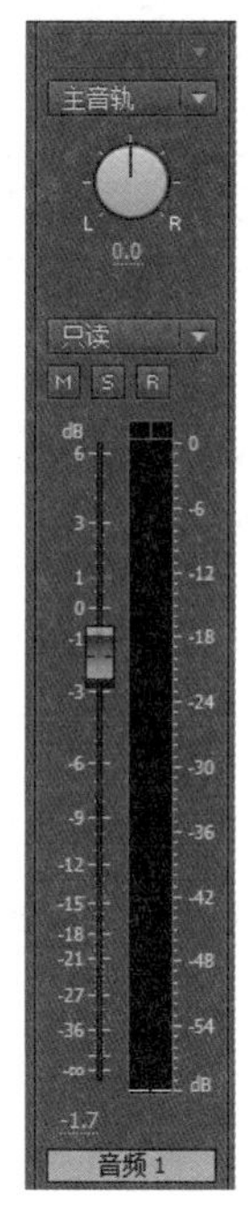

图 9-20　在【音频 1】轨道调整音量

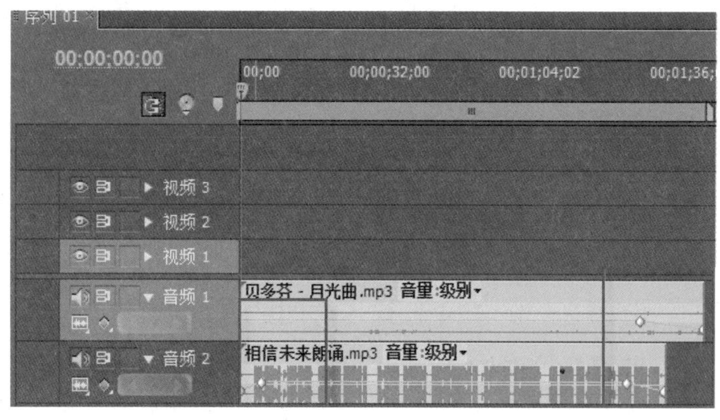

图 9-21　音频的淡入淡出效果

步骤 6　预演监听音频效果，若效果满意，保存项目文件。

课堂实训 22　为歌声加伴唱

通过【效果】|【音频特效】|【多功能延迟】特效，制作伴唱的效果。

操作步骤

步骤 1　新建一个【DV-PAL】下的【标准 48kHz】项目，将项目命名为“为歌声加伴唱”，并进行项目序列设置。在【项目】面板中导入素材文件“歌声.mp3”。

步骤 2　将素材拖到【时间线】面板的【音频 1】轨道中。

步骤 3　选中“歌声.mp3”音频素材，选择【效果】|【音频特效】|【多功能延迟】特效，打开【多功能延迟】特效的设置界面，如图 9-22 所示进行设置。

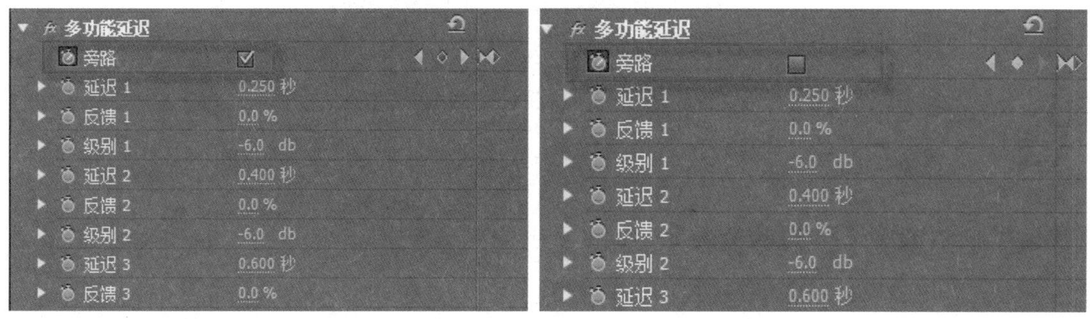

图 9-22　【多功能延迟】特效的设置界面

步骤 4　预听效果，直到满意为止。保存项目，输出音频。

课后实训 10　消除嗡嗡的电流声

录制声音时经常会有一些嗡嗡的电流声，利用【效果】|【音频特效】|【DeNoiser】特效可消除电流声。

操作提示

步骤 1　新建一个【DV-PAL】下的【标准 48kHz】项目，将项目命名为“消除嗡嗡的电流声”，并进行项目序列设置。在【项目】面板中导入素材文件“原声.mp3”。

步骤 2　将素材拖到【时间线】面板的【音频 1】轨道中。

步骤 3　选中“原声.mp3”音频素材，选择【效果】|【音频特效】|【DeNoiser】特效，打开【DeNoiser】特效的设置界面，如图 9-23 所示进行设置。

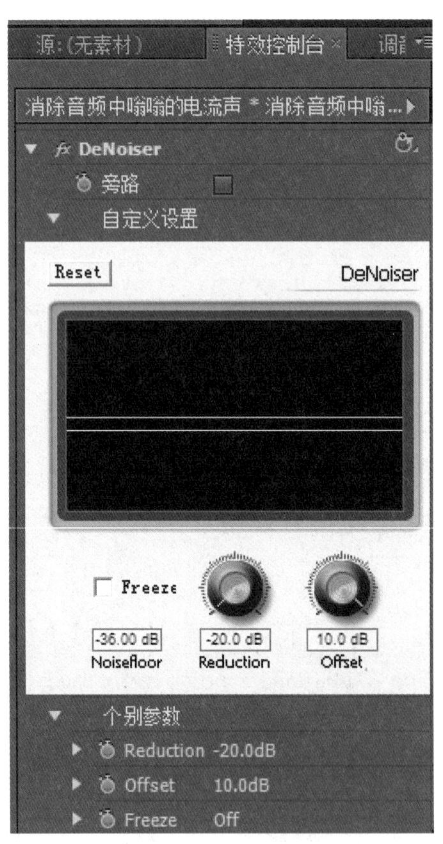

图 9-23　【DeNoiser】特效的设置界面

步骤 4　监听效果，直到满意为止。保存项目，输出音频。

知识拓展

录音范例赏析

男生独唱《鸽子》

1. 准备录音设备。
   计算机与录音设备麦克风连接好，通过耳机监听。
2. 准备歌词及伴奏。
   我喜欢一个女孩，短发样子很可爱，
   她从我的身边走过去，我的眼睛都要掉出来。
   ……
   可爱的鸽子鸽子别太在意，
   长大后我一定来找你。
3. 录音。
4. 降噪、美化声音。
5. 伴奏与清唱混音。
6. 输出音频。

本章小结

本章主要介绍了 Premiere 软件中音频剪辑的主要方法，使用面板控制各个音频轨的声音效果，添加音频特效及过渡效果。

习题 9

简答题

（1）如何通过【调音台】实现多个音频的混合叠加？

（2）自主录制一首歌或一段诗朗诵，并对声音美化。

（3）Premiere 软件中的音频效果很多，感兴趣的读者可自主探究并全面学习。请读者探讨音频的 4 种特效是哪些，其作用分别是什么？

输出数字音视频

完成对音频、视频素材片段的加工处理，并添加字幕、应用特效后，可将所有的素材编辑合成为一个整体作品。经过预览修改，再预览再修改，直到对作品满意后，最后一个环节是按照指定的格式进行导出。

重点知识

■ 输出影片的格式。
■ 视频的输出方法及输出设置。

课堂实训 23　输出不同格式的视频文件

任务描述

Premiere 软件中内置了丰富的视频格式以满足不同用户的需求，本实例通过“手机广告”视频片段的输出讲解三种常用视频格式的输出方法。

操作步骤

步骤 1　单击【文件】|【新建】|【新建项目】命令，新建一个项目，将项目命名为

“格式输出”。

步骤 2 单击【文件】|【导入】命令，打开【导入】对话框，将素材全部导入，如图 10-1 所示。

步骤 3 根据前面学习的内容，设计制作手机广告的视频文件；或者直接打开“手机广告.prproj”项目文件，如图 10-2 所示。

图 10-1 导入素材

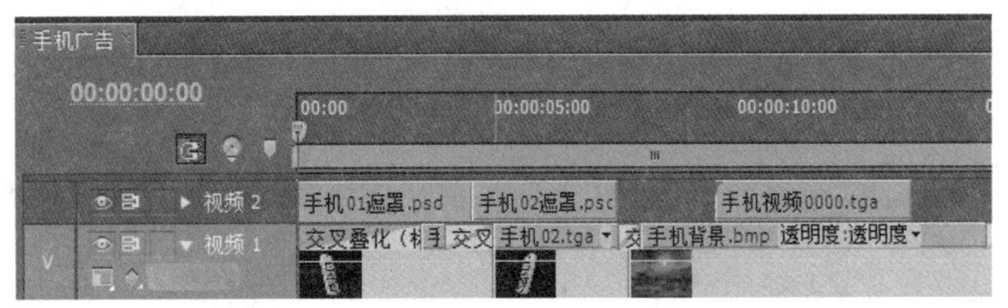

图 10-2 手机广告【时间线】面板

步骤 4 手机广告视频的效果如图 10-3 所示。

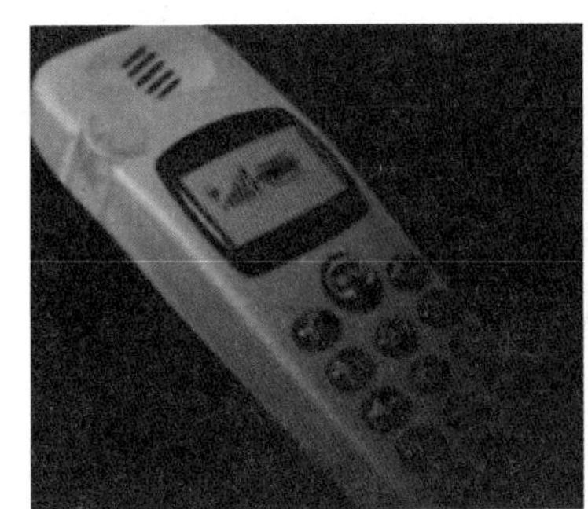
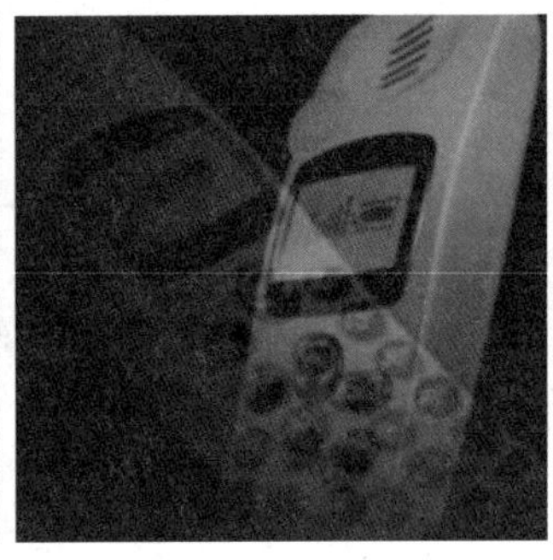

图 10-3 手机广告视频的效果

步骤 5 输出影片。

在实现影片输出之前，先来了解视频作品可以输出的文件格式。

Premiere 软件不仅提供如 DV、CD、VCD、DVD、SVCD 等高质量的文件输出格式，也支持 Web、AAF 等多平台上使用的文件类型，同时还可以输出到可写光盘，记录在录像机磁带中。Premiere 软件可输出的文件格式有 AVI 电影、MOV 电影、gif 动画、Flc/Fli 动画、tif 图形文件序列、tga 图形文件序列、gif 图形文件序列、bmp 图形文件序列等。

（1）输出【AVI】格式的视频文件

单击【文件】|【导出】命令，可选择导出的文件类型，如图 10-4 所示。选择【媒体(M)...】命令后将打开【导出设置】对话框，如图 10-5 所示。

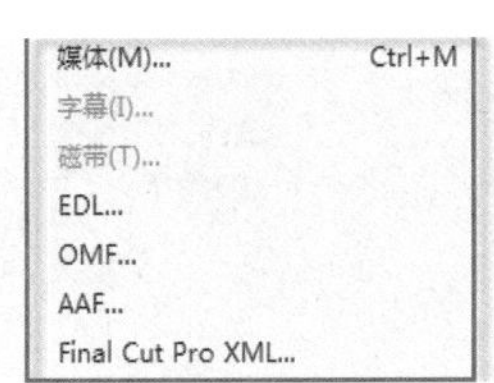

图 10-4 选择导出【媒体(M)...】命令

图 10–5 【导出设置】对话框

左侧是作品的预览窗口，右侧是输出格式的设置界面。如果想对作品的输出格式进行设置，则需要在【导出设置】对话框中单击【格式】下拉列表框，可看到有多种视频格式可供选择，如图 10-6 所示，在此选择【AVI】格式。

单击【输出名称】后的文本框，打开【另存为】对话框，设置文件的保存位置，并设置文件的名称为“手机广告”，如图 10-7 所示。

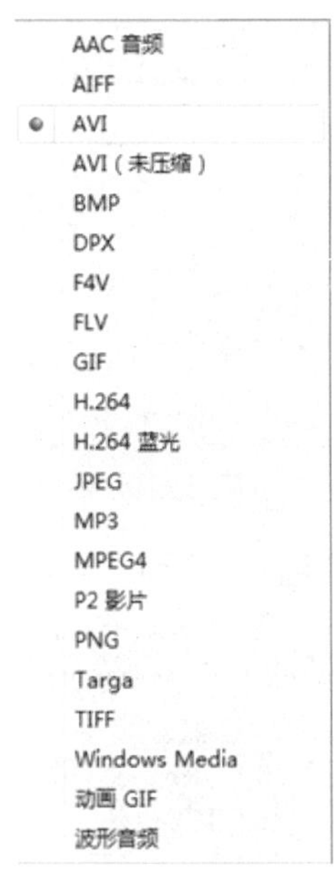

图 10–6 选择“AVI”格式

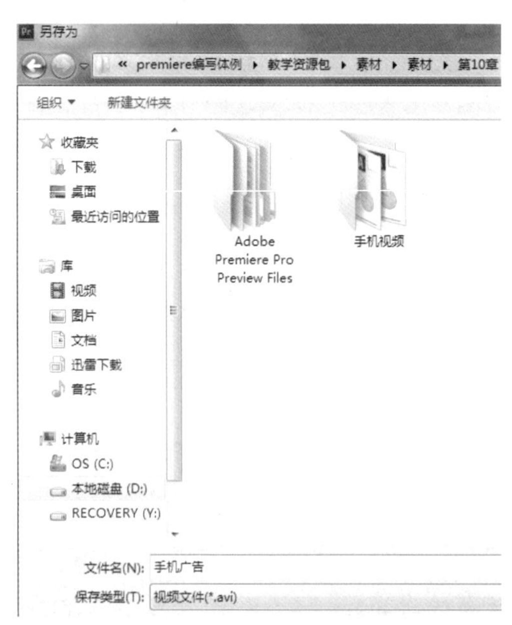

图 10–7 【另存为】对话框

其他设置采用默认设置。单击右下方的 导出 按钮，视频开始输出，如图 10-8 所示。

图 10-8 【编码 手机广告】对话框

（2）输出【H.264】格式的 MPEG 文件

打开“手机广告”项目文件，选择【文件】|【导出】|【媒体(M)...】命令，打开【导出设置】对话框，单击【格式】下拉列表框，选择【H.264】格式，如图 10-9 所示。

图 10-9 【导出设置】对话框

单击右下方的 导出 按钮，输出视频文件“手机广告.mpg”。

提示

如果片段不需要输出声音，可在【导出设置】对话框中只选择【导出视频】复选框，如图 10-10 所示。

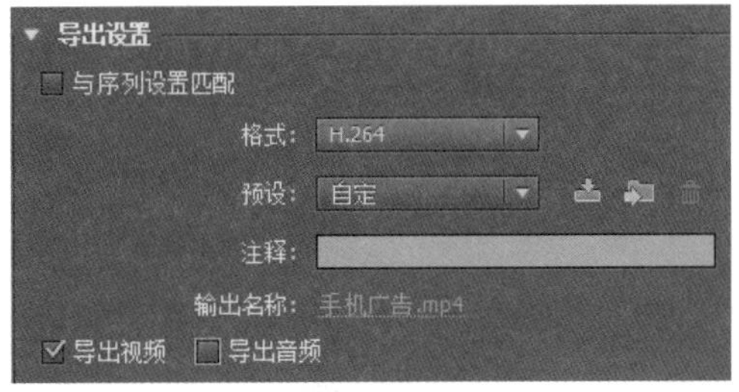

图 10-10 只选择【导出视频】复选框

（3）导出【JPEG】序列格式的视频文件

打开“手机广告”项目文件，单击【文件】|【导出】|【媒体(M)...】命令，打开【导出设置】对话框，单击【格式】下拉列表框，在此选择【JPEG】格式，如图 10-11 所示。

在【预设】列表框中选择【PAL DV】预设，如图 10-12 所示。

图 10–11 【导出设置】对话框

图 10–12 【预设】列表框的设置

单击右下方的【导出】按钮，视频可以输出为“.jpg 序列”格式的文件。

在【导出】按钮旁边还有【元数据...】和【队列】按钮。其中【元数据...】主要用于记录输出视频的媒体信息；【队列】可以调用“Media Encoder”进行批量输出。

知识拓展

在输出命令菜单中还可输出可交换文件，可将编辑好的序列导入到不同的音视频编辑软件中。

1. 输出“字幕(I)...”

在 Premiere 软件编辑的字幕文件会存储在【项目】面板中，如果想在其他的项目中使用该字幕就需要将字幕文件输出。

导出时，选择【项目】面板中的字幕文件，选择【文件】|【导出】|【字幕(I)...】命令，保存文件，字幕文件就会存储为“.prtl”格式的文件。

2. 输出“EDL...”

EDL 是“编辑决策列表”的缩写，是由时间码值形式的剪辑数据组成的表格形式的列表，包括视频音频信息，以便在项目传输的其他剪辑设备中进行进一步的编辑。选择【文件】|【导出】|【EDL...】命令，弹出【EDL 输出设置】对话框，如图 10-13 所示，设置完

成后单击【确定】按钮即可。需要注意的是 EDL 文件中不包含特效效果、颜色校正、声音音量设置等信息。

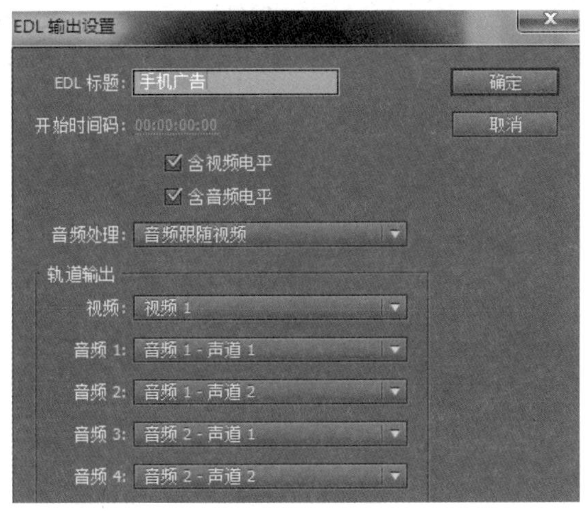

图 10-13 【EDL 输出设置】对话框

3. 输出“OMF...”

OMF 是“公开媒体框架”的缩写，OMF 文件可以在不同的音视频编辑系统中打开，并编辑其音频或视频段落。可以在音频软件 Pro Tools 中处理和完善音频素材，然后再导入 Premiere 软件中使用，【OMF 输出设置】对话框如图 10-14 所示。

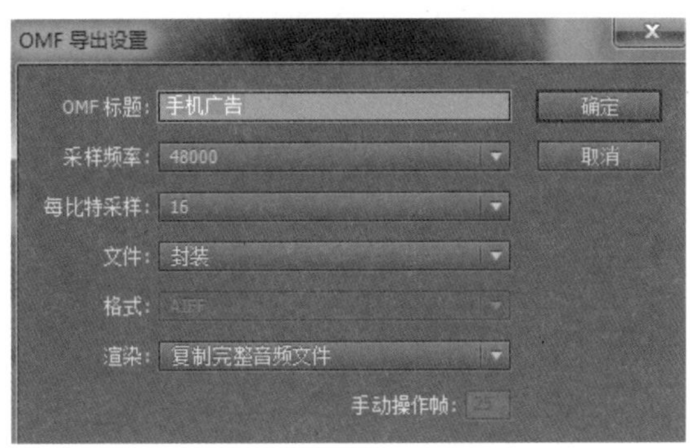

图 10-14 【OMF 输出设置】对话框

4. 输出“AAF...”

AAF 是“高级制作格式”的缩写，它可以在不同的平台、系统和程序间交换数字媒体和元数据，以解决多用户和跨平台的工作协调问题。

5. 输出“Final Cut Pro XML...”

Final Cut Pro 是一款非线性编辑软件。该类型的文件可使 Premiere 软件和 Final Cut Pro 软件的工作环境实现互相兼容。

本章小结

本章主要介绍了输出数字音视频的基本格式及设置。应重点掌握导出为【AVI】和【MPEG】等格式的方法。

习题 10

1. 选择题

（1）在 Premiere 软件中，通过【文件】|【导出】|【媒体】命令，可以将影片输出为（　　）格式。

A．针对不同视频光盘格式的 MPEG 影音文件

B．针对于网络流媒体的 Windows Media

C．TGA、JPEG 等序列图片

D．针对于网络流媒体的 RealMedia 影片

（2）在 Premiere 软件中，导出的媒体有（　　）。

A．音频　　B．视频

C．音视频　　D．字幕文件

2. 简答题

自主探究音视频文件的各种格式的特点是什么？